我国模板脚手架
发展与国外模架考察记忆

中国模板脚手架协会　组织编写
糜加平　编　　著

中国建材工业出版社

图书在版编目（CIP）数据

我国模板脚手架发展与国外模架考察记忆/縻加平
编著；中国模板脚手架协会组织编写．--北京：中国
建材工业出版社，2023.8
　　ISBN 978-7-5160-3779-9

　　Ⅰ.①我…　Ⅱ.①縻…　②中…　Ⅲ.①模板—脚手架
—技术发展—研究—中国　Ⅳ.①TU755.2②TU731.2

　　中国国家版本馆 CIP 数据核字（2023）第 129550 号

我国模板脚手架发展与国外模架考察记忆
WOGUO MUBAN JIAOSHOUJIA FAZHAN YU GUOWAI MUJIA KAOCHA JIYI
中国模板脚手架协会　　组织编写
縻加平　编著

出版发行：中国建材工业出版社
地　　址：北京市海淀区三里河路 11 号
邮　　编：100831
经　　销：全国各地新华书店
印　　刷：北京印刷集团有限责任公司
开　　本：787mm×1092mm　　1/16
印　　张：14.5
字　　数：300 千字
版　　次：2023 年 8 月第 1 版
印　　次：2023 年 8 月第 1 次
定　　价：**58.00 元**

序

2020 年初，正值春节，新冠病毒在国内大流行，我写了一首打油诗：今年春节不一般，新冠病毒来捣乱；武汉全市被封城，全国城镇变静凉；国家一声号令下，全国动员援武汉；白衣天使有大爱，病毒不治不回家；军民合力来预防，全民在家避传染；闲着写篇记忆文，权当再次出国玩。

在此期间，我整理了出国到亚洲的日本、韩国，欧洲的芬兰、荷兰、比利时、法国、德国、奥地利、意大利、卢森堡、英国，北美洲的美国、加拿大，大洋洲的澳大利亚、新西兰等国家的考察日记，一连写了八篇出国考察的记忆文。其中的一些经历、体会和所见所闻，可能大家会有点兴趣或觉得有些帮助。

20 世纪初，国内一些脚手架厂家引进国外先进技术，插销式脚手架在开发的过程中曾被列入国家禁止使用名单，当时在国内也引起了一场不大不小的风波，对此我发表了《插销式钢管脚手架在风波中不断发展》的文章。后来，在 2020 年我又连续发表了《扣件式钢管脚手架在使用中的功绩与整治》《门式脚手架在成长中开花没结果》《碗扣式脚手架在应用中的曲折经历》等几篇文章，得到许多朋友的赞誉。

2001 年，我选用了 1980—2001 年发表的论文和报告共 55 篇，编辑出版了《建筑模板与脚手架研究及应用》这本专著。2014 年，我选用了 2003—2014 年发表的论文和报告 47 篇、未发表的论文 10 篇，编辑出版了专著《国内外模板脚手架研究与应用》。本书选用了我编写的记忆文 24 篇，其中有综合篇 5 篇、模板篇 6 篇、脚手架篇 5 篇、考察篇 8 篇，以及行业专家编写的记忆文 9 篇。

40 多年来，我结合日常工作，编写了许多有关模板、脚手架的研究报告、学术报告、论文和书籍。例如，我主编了《组合钢模板施工手册》《建筑模板与脚手架研究及应用》《国内外模板脚手架研究与应用模板》等 8 本图书；参编了《建筑业 10 项新技术及其应用》《建筑业 10 项新技术应用指南》等 7 本图书；在《施工技术》《建筑技术》《建筑施工》等全国性学术刊物上发表论文 120 多篇，在全国性学术会议上发表重要论文 40 余篇，完成科技研究报告 20 多篇，起到了新技术和新产品的积极推广和导向作用。

2024 年是中国模板脚手架协会成立 40 周年，也是我国模板脚手架行业发展的 40 年。希望本书对我们回顾模板、脚手架行业的发展和取得的成就，借鉴国外的先进技术，促进模板、脚手架的研究开发、技术进步和推广应用有所参考和帮助，对进一步提高我国模板与脚手架的技术水平能发挥一点积极作用，这是我出版这本书的最大愿望。

糜加平

2023 年 5 月 29 日

前　　言

　　在建筑业发展的不同阶段，模板脚手架行业为工程建设做出了重要贡献。经过几代人的辛勤耕耘和无私奉献，我们欣喜地看到，模架行业在发展中前进，在前进中发展，取得了令人瞩目的辉煌成就。

　　为回顾行业几十年走过的艰辛历程，铭记行业发展的奋斗历史，总结行业取得的辉煌业绩，展望行业未来发展的宏伟前景，协会特将业内老专家的回忆文章进行梳理并出版，旨在通过行业老专家对不同历史阶段的回忆，从多个层面和多个角度将多年的行业发展历程串成一条主线，以此反映出不同历史阶段行业的发展力量和前进动力。数十载披荆斩棘，数十载风雨兼程，艰难困苦，玉汝于成，他们奉献了青春、智慧与力量。

　　本书从立项到出版，我们邀请了行业内外的专家、学者、企业家为其献计献策；从初期策划到逻辑、结构、内容的确定，无不凝结着业界同仁的心血和智慧，体现出行业的强大凝聚力。本书的出版是行业发展的一个节点，同时也是行业腾飞的起点，必将成为一个重要的历史记载。

　　本书由糜加平记忆文和行业专家记忆文两部分组成。糜加平记忆文主要通过综合、模板、脚手架、考察四部分对模架行业以国内外考察记录等形式展示。行业专家记忆文部分由多个行业老专家对行业的记忆文章组成，以模架产业主流产品的发展现状和历程为主要内容，这些主流产品的发展和完善支撑了行业的转型升级，而这个过程的背后是实实在在的总结和思考。

　　本书的出版对行业发展历程的记录和精神传承有着重要的意义，对提升我国模板脚手架行业整体水平将起到推动和促进作用。中国模板脚手架协会将与广大会员企业同舟共济，一路前行，推动我国模板脚手架行业实现新跨越，再创新辉煌。

中国模板脚手架协会

目　　录

糜加平记忆文

（一） 综合

中国模板脚手架协会成立前后的故事

中国模板脚手架协会　糜加平

我国模板行业是一个新兴产业，是伴随着改革开放一起蓬勃发展的行业。在20世纪70年代以前，我国没有一个模板生产厂、脚手架生产厂以及模板租赁站。自20世纪80年代初，我国开始全面推广应用组合钢模板，先后建立了一大批钢模板厂、脚手架厂、钢模板专用设备厂、维修设备厂以及钢模板租赁站等，逐步形成了一个独立的模板行业。多年来，我国模板行业的发展和技术进步，在建筑施工中所起的重要作用是有目共睹的，取得的经济效益和社会效益也是非常可观的。我国模板行业从无到有、从小到大，不断发展，经历了很多难忘的故事，让我们一起追忆协会成立前后的那些珍贵记忆。

一、模板协会成立背景

十一届三中全会以后，我国转入以经济建设为中心的发展局面，基本建设进入大发展阶段，对模板有着大量的需求，但面临一个严重问题就是基建用木材十分紧缺，使得许多基建施工工程无法开工。中央有关部门及时提出"以钢代木"的重要技术经济政策。冶金部领导指示自主开发组合钢模板，并将这个课题交给中冶建研院，中冶建研院又将这个任务给了工业化研究室。冶金部要求在1979年年底前拿出钢模板，时间非常紧张。由于我在施工室研究模板技术已有6年的经历，所以这个钢模板的研究课题交给我负责完成。

1979年初，组合钢模板新技术研究成功，首先在上海宝钢建设工程中大量应用。同年12月，冶金部在宝钢召开组合钢模板技术成果鉴定会，中央各部的基建部门和施工企业都参加了会议，组合钢模板科技成果通过了鉴定。

这项技术成果也得到原国家基本建设委员会（简称国家建委）的高度重视，提出推广应用组合钢模板是传统木模板的更新换代，是"以钢代木"、节约木材的重要措施，是模板施工工艺的重大改革。

1. 为了更好地推广应用组合钢模板，国家建委与有关部门高度重视，采取了一系列推广应用重要措施。

（1）正式确定在中央有关各部和有关地区建立钢模板定点生产厂。因为当时钢材都是计划供给，没有计划指标是不可能买到钢材的，建设银行负责对定点厂给予贷款，以解决流动资金不足的问题。

（2）1980年5月，国家建委、国家物资总局和中国人民建设银行联合成立了"组合钢模板推广应用领导小组"，在政策、物资和资金方面给予大力支持，解决了钢材、流动资金和科研经费等一系列问题。

（3）为了交流组合钢模板的施工技术和使用管理经验，从1980年到1983年，在国家建委施工局的支持下，每年组织召开一次全国性组合钢模板会议，包括组合钢模板现场经验交流会、技术规范审定会、施工技术和使用管理经验交流会、技术与管理工作会等。

（4）1981年至1987年，国家建委施工局每年审批很大一笔科研经费，先后支持了冶金、水电、铁道、城乡等有关部门和上海、辽宁、江苏等地区的几十个单位，进行了有关钢模板、钢脚手板、钢支撑系统、维修机具、专用设备、脱模剂等方面的研究工作，取得了40多项科研成果。

2. 在国家建委等部门的支持下，中冶建研院积极组织中央有关部门和地区的专家，编写了各种技术标准、参考书籍和影片等，为钢模板生产和施工企业提供各种资料，为积极推广应用组合钢模板做了大量工作。

（1）1980年，中冶建研院和上海宝钢二十冶、十九冶、五冶等4个单位，共同编制了《组合钢模板施工技术操作规程》。

（2）1980年，中冶建研院组织举办了组合钢模板产品展览会，有全国20多个省市、20多个部门6000多人参观，免费发送钢模板制作图、制作质量标准等资料，对进一步推广钢模板起了较大作用。

（3）1980年，我编写了《组合钢模板》彩色科技影片的剧本，并陪同中冶建研院摄影组到宝钢拍摄钢模板施工应用的过程，到二十冶拍摄钢模板生产情况。影片的拍摄和编辑工作完成后，免费送给了一些模板生产厂和施工企业。

（4）1981年，受国家建委施工局的委托，负责组织冶金、建设、电力、煤炭、铁道、水利等13个单位的专家，编写了国家标准《组合钢模板技术规范》GBJ 214—82。

（5）1980年至1982年，利用刊物、资料、简报、动态等多种形式进行宣传，在各种期刊和学术会议上发表文章50多篇，发送钢模板制作图等资料1000多套。

（6）1983年，我负责组织冶金、水电、煤炭、铁道、城乡、中建等部门和上海、江苏、大连等地区的27个单位，由严希直、糜加平、陈宗严、潘蕭、李铁岩等39位专家和技术人员参加编写了《组合钢模板施工手册》。

（7）1984年，我和陈宗严高工共同编写了《组合钢模板》一书，它是我国第一本系统介绍钢模板生产、施工和管理方面知识的书籍。

（8）1984年，由国家计委施工局发文，我负责组织冶金、建设、电力、煤炭、铁道等部门的8个单位参加，编制出版了国家标准《组合钢模板标准设计》，以便生产的钢模板都可以相互组装使用，以适应工程建设标准化发展的要求。

通过多年钢模板技术的开发和推广应用，钢模板的推广工作取得重大成就，1984年已成立钢模板厂150多家，钢模板年产量达到500万平方米，钢模板拥有量达到1400万平方米，施工使用面已达到41%。另外，随着组合钢模板的推广应用和各种新技术、新产品的开发，从设计、科研、生产、施工和租赁等各个方面，形成了一个独立的模板行业。

二、模板协会成立过程

20世纪80年代初，为了适应改革开放和经济大发展的要求，国家计委施工局发布了准备成立中国施工企业管理协会的通知，中央部委和有关院所也可成立相关协会和专业协会。由于中冶建研院多年的钢模板研究和推广应用工作，已成为全国钢模板研究中心，经原国家计委施工局批准，由中冶建研院负责组建模板协会。

1984年1月27日，在国家计委施工管理局的指导下，中冶建研院召开了中国模板工程协会筹备组成立会议，参加会议的有冶金、水电、煤炭、铁道、交通、石油、化工和国家计委施工管理局等代表13人。会议议定了几个内容：

（1）由有关中央部委的代表组成中国模板工程协会筹备小组，冶金部刘鹤年同志为组长，铁道部李铁岩同志为副组长；

（2）协会初定成立时间为1984年4月至5月；

（3）责成有关同志负责协会组织、文件资料等筹备工作；

（4）成立大会的主要内容：①协会筹备工作报告；②通过协会章程；③讨论协会1984年工作计划和协会经费管理办法；④选举协会理事会和理事会领导机构。

1984年5月29日，经国家计委施工管理局批准，在北京香山召开中国模板工程协会成立大会，有国家计委施工局的领导，中央各部的基建主管部门、施工企业和钢模板厂以及科研、设计单位的会员，共80多人参加会议。

会议选举产生47名理事组成了第一届理事会和领导机构。刘鹤年任理事长；张岳东、王志杰任顾问；康山、李铁岩、宋国秉、陈国翰、严希直、李大斌、糜加平任副理事长；糜加平兼任秘书长（图1）。

图1　协会成立大会合影

20 世纪 80 年代初，我国社会团体还很少，也没有一个政府部门负责社会团体的登记、审批和管理等工作。随着改革开放的不断深入、国家经济建设规模的不断发展，全国各地、各行各业都成立了许多社会团体。到 20 世纪 90 年代初，全国已成立社会团体约有 10 万个，迫切需要有一个政府机构对如此庞大的社会团体进行管理。1991 年，国务院决定在民政部设立社团管理机构，全国性社团由民政部负责审核、登记和管理，省市级社团由各地民政局负责审核、登记和管理。

1991 年，国家机构又一次调整，国家计委施工管理局并入建设部，改为建设部施工管理司；1994 年，又更名为建设部建筑业司。中国施工企业管理协会是否与计委施工局一起并入建设部是一个难题，因为民政部发文进行全国性行业团体登记，要求相同业务的行业协会合并，所以，协会并入建设部后，必须与即将成立的中国建筑业协会合并，因此协会的许多工作人员就要调走。

1993 年 1 月 19 日，中国施工企业管理协会在京召开了理事长扩大会议，通报了该协会目前的处境。为了不影响我们这一批协会到民政部的注册登记，于是让我们各自办手续，到民政部进行登记。

1993 年 2 月 4 日，中冶建研院给冶金部人事司提交文件，提出中国模板工程协会秘书处挂靠在中冶建研院，申请从二级协会办理登记一级协会。另外，由于协会的组成单位不仅有施工企业，还有模板生产厂、科研院所、高等学校、租赁单位、政府管理部门等，民政部要求更名为中国模板协会。

1993 年 3 月 29 日，冶金部给中国模板工程协会发文批复，同意协会到民政部注册登记。

1993 年 6 月 5 日，冶金部人事司给民政部社团登记司发函，同意中国模板工程协会更名为中国模板协会，并请予以注册登记。

1993 年 7 月 6 日，我协会与部分中央部委协会，首批通过民政部核准登记，正式批准为全国性行业团体，并更名为中国模板协会，登记证号为 1454 号，具有社团法人资格。

民政部负责社会团体的管理工作后，开展了一系列的管理措施，全国社会团体的发展工作进入正常化。我协会通过核准登记后，还经历过民政部、工商、税务等部门的多次审核、审计和检查。

1999 年 3 月 4 日，民政部发布社会团体核准登记公告，中国模板协会等 101 个社会团体，经民政部审核，第一批通过核准登记，登记证号为 3046 号。

2001 年全国社会团体共有 12.9 万个，其中，行业协会共有 36605 个，比 2000 年新增 3711 个，全国性行业协会 400 多个，覆盖了国内各个行业、各个领域。

同年 11 月，通过了国家经贸委组织的对协会的清产核资审计工作。

2002 年，按照民政部的要求，完成对中国模板协会租赁委员会、竹胶合板委员会和新疆办事处的复查登记工作。

三、协会遇到一些困难

1. 工作缺乏经验

对我来讲，秘书长的协会管理工作是全新的，我没有一点工作经验，协会具体工作怎么开展都不知道，只能边学边干。中国施工企业管理协会张岳东局长对我们的帮助非常大，从1985年至2002年，每年组织召开各部委协会和专业协会的秘书长联谊会，交流各协会的工作经验和体会、学习行业管理经验、布置下一步协会工作等。自己从中学到很多行业管理经验，特别是张岳东秘书长严谨的工作作风，一直是我学习和敬佩的。当时，民政部还没有开始管理社团的工作，全国社团的工作还没有走入正轨。

2. 协会缺少人员

协会刚成立时，由于秘书处挂靠在中冶建研院，院领导给协会调来两位年轻大学生和王林生、高文琴两位老同志，负责协会秘书处的日常工作。一年后，两位年轻人中一位回院工作，另一位调回了山东老家。后来又招了两个大学生，同样是来了一段时间后就走了。可喜的是孙美珍、陶茂华、李玉芬等老同志主动要求加入协会工作。这些老同志都能专心协会工作，为协会的发展做出了贡献。

3. 活动缺少经费

协会成立时，两手空空、白手起家，也没有部门给协会拨钱，召开成立大会需要的会议经费都拿不出来，还是张岳东局长给了协会一万元的启动费。而那时，政府部门成立的一些协会则能享受政府部门的拨款，协会活动经费一点都不发愁。到了20世纪90年代初，民政部负责对全国性社团审核和管理工作后，提出要求："全国所有社团组织在三年内都要达到自主、自立，国家不再给任何社团拨款。"我们协会是专业性行业组织，不享受政府拨款的待遇，只能依靠自立自养、勤俭节约办协会的精神，将协会办好。协会的经费一直都比较紧张，要吸收年轻接班人参加协会工作比较困难。

协会刚成立时，规定会费收取标准是：团体会员单位每年会费500元，个人会员免收会费。1993年，经常务理事会讨论同意，团体会员单位的会费改为每年1000元。那时，一般协会的会费都在1000元以上。

四、协会工作的几点体会

1973年我参加液压滑动模板的研究工作，1978年负责组合钢模板的研究设计和技术开发工作，1984年筹建成立协会，到2010年退出协会领导岗位，25年连任七届协会副理事长兼秘书长，从事模架行业工作40余年，亲身经历和见证了我国模架行业的发展过程。如今我已退出协会10多年，但还是牵挂着协会的工作，关心协会的发展，想多写一些记忆文，希望能留下这些资料，对行业的发展发挥一定的作用。

下面是我在协会工作中的几点体会。

1. 搞好协会双向服务

协会的生命力在于服务，协会要做好一个坚持：坚持"面向企业，为行业服务"的宗旨；两个关键：得到上级有关部门的指导和广大会员企业的支持；三个作用：要做好政府有关部门的助手作用、为企业当好桥梁作用、为行业做好导向作用。

协会首先要积极做好政府有关部门的助手作用，要争取政府职能的任务，如制定行业标准、质量监督和管理、技术服务和培训、技术交流和咨询等工作。其次要为企业当好桥梁作用，要积极加强与企业的沟通。同时还要为行业做好导向作用，协会要及时了解、研究市场信息和技术动态、发展趋向，为企业提供指导性意见。另外，要加强与协会分支、代表机构和地区性模架协会的沟通，加强合作，发挥协会各自的特点，更好地为企业服务。

2. 促进模架技术进步

协会要将促进模板、脚手架技术进步摆到十分重要的位置。目前我国模板、脚手架工程在技术装备、产品质量、工人素质、组织管理等方面，与国外工业发达国家的差距还很大。

协会要大力扶持技术水平高、产品质量好、生产规模较大和经济效益好的企业为龙头企业，要提倡建立有技术特色的模架企业，如桥梁模板公司、隧道模板公司、爬模公司、滑模公司以及各类脚手架公司等。因为只有企业集团化，才有能力开发和研制高科技、高水平的模板、脚手架产品和技术，参与国际产业竞争。另外，还要在推动技术协作和横向联合方面起组织协调作用。通过企业强强联合，增强企业的科技开发能力，提高市场竞争力。

3. 加强网络信息管理

信息化是我国加快实现工业化和现代化的必然选择，企业信息化建设要与先进的管理理念相结合。国家有关部门曾提出："以信息化带动工业化，是覆盖我国现代化建设全局、实现社会生产力跨越发展的战略举措，是加快国民经济信息化的一项重要任务"，"行业协会等中介机构要充分发挥协调服务作用，总结推广先进经验，积极开展培训，开发、推广行业性软件，发布有关信息，提供咨询服务"。

4. 加强产品质量监督

产品质量是新技术的生命，质量问题将直接影响到新技术的前途；产品质量也是企业的生命，质量问题将关系到企业的生死存亡。

由于生产厂家相互低价竞争，产品质量不断下降，严重影响新技术的推广应用。如钢板扣件、钢支柱、门式脚手架、碗扣式脚手架、钢框胶合板模板等，在国外工业发达国家仍然大量应用，并且还不断有新的发展。但在我国，有不少新技术，推广应用了几年就一个又一个萎缩了，其主要原因是产品质量问题。造成质量下降的原因，除了生产厂的生产设备落后、生产工艺和技术水平低、管理人员的质量意识差等原因外，更重要的是质量管理制度不健全，缺乏严格的质量监督措施和监控机构。

目前，盘扣式脚手架是国外发达国家的主导脚手架，我国也正在大力推广应用这种脚手架。但是，据说在国内建筑市场上，已发现了伪劣的盘扣式脚手架，这给我们敲响了一个警钟——必须引起重视，否则也会重蹈覆辙。

协会要积极配合政府部门发挥行业协会的自律、协调和监督作用，加强对产品的质量监督管理，分批对生产厂进行巡检工作，给产品质量好、技术力量强、生产工艺合理的厂家颁发质量认证书或合格证书，对产品质量差、技术水平低、不具备生产条件的厂家应及时曝光，必要时通过有关部门勒令停产整顿。

同时，对施工和租赁单位购置的模板、脚手架必须进行质量把关，要求必须购买有产品质量合格证的产品，以防劣质产品流入施工现场。只有这样才能提高产品质量，确保新技术的推广应用和建筑施工安全。

5. 规范行业自律

协会要通过与会员企业协商，建立行规、行约，建立行业自律机制，促进企业平等竞争，提高企业素质，维护行业整体利益。另外，在技术、产品和市场日渐趋同的情况下，企业将由产品竞争上升到品牌竞争，协会将继续开展树立模板企业品牌的活动。品牌是一种观念，是一个整体形象，一个品牌代表一个企业。"市场决定前途，产品决定生存，品牌决定发展，人才决定兴衰"，这是企业发展的必由之路。

6. 加强协会自身建设

协会自身建设对协会工作有很大影响，在扩大协会职能的同时，应充实协会秘书处的力量，不断提高业务素质和工作效率。经常听取会员单位的呼声和要求，积极帮助企业排忧解难，保护会员单位的正当利益，协会要让会员单位自觉认为协会就是企业之家。

写于 2021 年 4 月 4 日清明

组合钢模板推广工作中的一些故事

中国模板脚手架协会　糜加平

　　组合钢模板推广过程中有很多故事，这些故事现在很多年轻人都不知道，许多年老的人也不一定清楚。为了推广应用钢模板，很多人付出了毕生的努力，取得了重大成果和业绩。钢模板的使用量曾达到 1 亿多平方米，推广使用面曾达到 75％以上，钢模板生产厂和专用设备厂曾达到 1000 多家，钢模板租赁企业曾达到 13000 多家，年节约木材约 1500 万立方米。这是其他模板和脚手架很难达到的。

　　故事还得从上海宝钢建设工程说起。当时我国刚开始改革开放，基本建设进入大发展阶段，经过多年的乱砍滥伐，木材资源非常缺乏，许多基建工程无法开工，国家提出了"以钢代木"的战略思想。1978 年宝钢建设工程开始施工，当时建筑模板主要是木模板，不能满足宝钢工程建设的需要。原计划从日本进口几十万平方米的钢模板，冶金部李非平副部长等领导到日本新日铁、川铁等公司考察时，看了日本钢模板生产的情况，带回日铁建材和川铁机材的一些产品样本资料及两块钢模板后，于是决定在部内自己开发生产钢模板。

　　也是在 1978 年，我院为了适应宝钢、冀东等冶金建设基地的需要，新成立了工业化研究室，由刘鹤年任室主任，从各个科室抽调一些精兵强将，我也有幸来到刘主任的麾下。冶金部领导就将这个钢模板研制课题交给我院工业化室，并要求在 1979 年年底前拿出钢模板，保证宝钢建设工程的顺利进行。时间非常紧张。由于研究室刚成立，人员较少，几乎每人负责一个课题。这个钢模板的研究课题交给我负责，是因为我在施工室已有 6 年模板技术研究的经历。

　　1972 年我院施工室成立了滑动模板小组，小组人员只有陈宗严高工、牟宏远和我三人，第一个任务是收集、翻译国内外液压滑动模板资料，编辑出版了《国内外液压滑动模板专辑》。

　　1973 年共同编写的《液压滑动模板施工图集》一书，由冶金工业出版社于 1975 年出版发行，这是国内第一本液压滑动模板的书籍。

　　1974 年参加首钢的框架滑模施工工程，组织冶金系统液压滑动模板施工图片展览。编写冶金部标准《液压滑动模板施工技术规定》，这是国内第一个液压滑动模板技术标准，由冶金工业出版社于 1976 年出版发行。

　　1975 年组织冶金系统 14 个单位，由我主编了《液压滑动模板施工图集》，该图集于 1976 年由冶金工业出版社出版发行。

　　1976 年共同主编的冶金部标准《液压滑动模板施工工程设计技术规定》，由冶金工业出版社于 1977 年出版发行。

　　这 6 年内，我们共编写出版了 3 本书、2 个冶金部标准，但是，由于当时时代的特色，一切都是为人民服务，这些书籍和标准中，只能写语录，不能写作者和参编单位的名字，更没有稿酬了。

1979年初，在冶金部的统一领导下，我们立即召开了钢模板选型会议，组织冶金系统14个单位进行钢模板生产技术攻关。我在部领导带回的一些日本钢模板资料的基础上进行设计研究，很快完成了《组合钢模板制作图》《组合钢模板制作质量标准》《组合钢模板维护和管理暂行规定》等冶金部标准的编写。

同年4月，武钢金属结构厂和二十冶金属制品厂首先攻克了钢模板边肋凸棱倾角的技术难关，马上组织在二十冶金属制品厂召开钢模板现场观摩审定会，确定在冶金系统几个钢模板定点厂进行批量生产，组合钢模板首先在上海宝钢建设工程中大量应用取得成功。

同年12月，由冶金部在宝钢召开组合钢模板技术成果鉴定会，中央各部的基建部门和施工企业都参加了会议，组合钢模板技术成果通过了鉴定。

1980年1月，冶金部给我院李万杰院长传达李非平部长的指示："钢模板在宝钢工程中已应用，技术上已经可行了，经济上是否合理，要你们马上拿出一个报告来。"几天后，李院长和刘鹤年主任要我陪同一起去上海宝钢，向李部长汇报。李部长和林华局长看了我编写的《定型钢模板技术经济效果分析》报告后做了批示，要求结合宝钢工程应用的情况进行改写。后来，此报告改成《钢模板与木模板技术经济比较》，李院长将此报告拿到冶金工作会议上交流，准备在冶金系统全面推广应用钢模板。

同年，这项技术成果也得到原国家基本建设委员会（简称国家建委）的高度重视，提出推广应用组合钢模板是传统木模板的更新换代，是"以钢代木"、节约木材的重要措施，是模板施工工艺的重大改革。在宝钢召开了组合钢模板现场经验交流会，并正式确定在中央有关各部建立钢模板定点生产厂。

同年5月，国家建委、国家物资总局和中国人民建设银行联合成立了"组合钢模板推广应用领导小组"，在政策、物资和资金方面给予大力支持，解决了钢材、流动资金和科研经费等一系列问题。因为当时钢材都是计划供给，没有计划指标是不可能买到钢材的，建设银行负责对定点厂给予贷款，以解决流动资金不足的问题。为了这么一个不起眼的钢模板，技术含量不高的小产品，享受国家如此高的待遇，简直是不可思议。

同时，国家建委、国家物资总局和中国人民建设银行又联合下达了《关于认真做好推广使用定型钢模板节约木材的通知》，对搞好钢模板的标准、统一规划、加工制作、资金来源和组织管理等问题都做了明确的规定。

国家建委、冶金部、国家物资总局等部门的领导和大批研究人员、老专家，为推广应用钢模板做了大量工作，使组合钢模板在全国范围内迅速推广，使钢模板在三年内跨了三大步：第一年是开发研制，试点应用；第二年是制定政策，全国推广；第三年是编制国标，统一产品。这是一段难忘的历史，我们不要忘了这些做出贡献的人。

回顾当时钢模板在全国推广时的情景，有很多至今难忘的故事。

（1）国家建委为了尽快推广应用钢模板，及时组织制定国家标准《组合钢模板技术规范》，为钢模板产品的标准化和推广应用打下了良好的基础。1981年3月，国家建委委托我院负责组织中国建科院、冶金部二十冶、电力部水电总局、西北电力建设局、煤炭部建安公司、铁道专业设计院、国家建筑工程二局、水利部水利施工研究所、北京建研所、上海建研所、大连第二建筑公司、山东电力二处等 12 个单位的专家，组成规范编制组编写规范初稿。5 月，由国家建委施工局组织有关部门召开规范初审会，会后，由我负责修改，写出"征求意见稿"。7 月下旬，由国家建委发文至全国有关部门，广泛征求意见。10 月底，由国家建委和国家物资总局联合在北京召开了"全国组合钢模板技术规范审定及经验交流会"，对本规范予以审定。11 月底，写出修改后的"报批稿"，上报国家建委。

1982 年 1 月 22 日，国家建委批准《组合钢模板技术规范》为国家标准规范，编号为 GBJ 214—82，自 1982 年 7 月 1 日起施行，由冶金工业出版社出版发行。一般国家标准编制过程要 2~3 年，本标准的编制过程不到 9 个月，一般国家标准审批过程要 2 年以上，国家建委审批本标准的过程不到 2 个月。可见国家建委对钢模板标准制定工作非常重视，效率之高是少有的。本规范的编制为钢模板产品的标准化和推广应用打下良好的基础，为钢模板租赁事业的发展创造了有利条件

（2）在钢模板的推广过程中，也遇到很大的困难和阻力。

① 木模板在建筑工程中已使用了几十年，由于旧的习惯影响，要工人们马上改用钢模板，一时很难接受。

② 钢模板与木模板比较也是有缺点的，钢模板的重量大，冬天钢模板冻手，夏天钢模板烫手。

③ 在钢模板刚推广时，基本上都采用这种模式：先找一个试点工程，组织其他项目的负责人参观工程，工程完工时召开现场推广会。也可以找两个工程，分别采用木模板和钢模板，进行工程质量和工期的对比。但是，这个试点工程非常难找，因为他们没有见过钢模板，不知道如何使用，担心使用后的工程质量、会不会延误施工工期。刚开始时，采用了给试点施工工程一些补助的办法，每施工一平方米钢模板，可以得到几分钱的补助，以调动施工人员的积极性。后来，全国各地的试点工程很多，这些补助加起来是很大一笔钱，国家财政要拿出这些钱得有一个项目，于是搞了一个节约木材奖项。数年以后，钢模板已在各地普遍推广了，就把这个奖项取消了。

（3）我国组合钢模板开发之前，已经有一些地方生产钢模板了，但是，这些旧钢模板的规格尺寸多，型号复杂。由于这些模板没有标准化，所以一直没有正式的模板厂，模板制作由施工单位的附属加工车间制造。旧钢模板的结构是在角钢焊接的边框上再焊接一块钢板作板面，加工工艺落后，基本上是手工操作，产品质量很差。

组合钢模板的结构是边框和板面一次轧制而成，由于使用专用设备加工生产，加工精度高，产品质量好，可以采用流水生产线，劳动生产率高。旧钢模板一般月劳动生产率为 0.33t/（人·月），组合钢模板可以提高到 1t/（人·月）以上，劳动效率大大提高。组合钢模板研制成功后，钢模板成为正式标准产品，模板制作形成专业化生产，促使全国各地建立了不少钢模板厂。有的地方还发展成钢模板厂一条街，一条街上有几十个模板厂，最有名的是江苏的苏州、辽宁的辽阳和湖北的黄石等市，现在苏州的钢模板厂只剩下长城钢模板厂一家了，辽阳的钢模板厂只剩下辽阳市钢模板厂一家了。

由于钢模板产品的标准化，钢模板的生产设备和工具也逐步走向专业化，制作钢模

板最关键的专用设备是模板轧角机。刚生产钢模板时，这种专用设备还没有地方生产，只能用厂里现有的设备进行改装。在两年时间内，经过各方面的不断革新、不断研究开发，很快研制成功了钢模板连轧机。其间也经历了四个阶段：第一阶段是模板厂利用刨边机碾压模板的 0.3mm 凸棱，这种工艺只能加工一边的凸棱，生产效率很低；第二阶段是利用改装的龙门刨床，滚压模板两侧凸棱，生产效率提高了一倍；第三阶段是专业生产厂研制成功碾压机，生产效率又提高了四倍；第四阶段是专业生产厂研制成功了钢模板连轧机，能使压槽、压棱和轧角三道工艺在一台轧机上完成，生产效率再提高了数倍。

关于钢模板连轧机的情况，日本首先研发了钢模板连轧机，生产了这种轧机共 7 台，大连新威模板制品有限公司从日本买了 1 台，并仿造了 2 台。后来，山西文水工程机械厂从马来西亚买了 1 台。这种轧机在国内很快得到开发，我院研发的钢模板连轧机首先在无锡钢模板厂应用，申报了国家发明专利，并获得冶金部科技成果奖。昆明工程机械厂也开发了钢模板连轧机，并在多个钢模板厂得到应用。石家庄太行钢模板厂的钢模板连轧机至今还在使用。

全国各地一批钢模板生产设备制造厂相继成立，研制成功的钢模板生产设备有钢模板连轧机、压棱机、清角机、轧边机、起棱清角机、一次冲孔机、切头机、矫平机、调角机、焊接组装台等。另外，钢模板使用后，需要清理和维修，因此又建立了一批钢模板维修设备厂，研制成功的产品有钢模板清理机、整形机、矫平机、钢管矫直机、钢管复圆机、U 形卡成型机等。这些专用设备均为国内首创，并获得国家发明奖和多项国家专利。

我们在 20 世纪 90 年代对全国钢模板厂做了初步调查，钢模板生产工艺和设备较先进的厂家有武钢金属结构厂、四川成都华兴机械厂、山西文水工程机械厂、鞍山三冶机械厂、邯郸建安机械厂和邯郸煤矿机械厂等。产品和设备较先进的修复设备厂有旅顺钢模板修复设备厂和旅顺光明建筑机械设备厂等。

（4）1983 年，国家机构调整，国家建委施工局并入国家计划委员会后，改为国家计委施工局。张岳东局长在推广应用组合钢模板的过程中做了大量工作，从 1980 年到 1983 年，每年组织召开一次全国性的推广钢模板的会议。1984 年，他帮助我们筹备成立了中国模板工程协会，张岳东任协会顾问、刘鹤年任理事长、我任秘书长，从此，全国性模板会议就由协会负责召开。

1981 年至 1987 年，国家计委施工局张局长每年申报很大一笔科研经费，由严希直代表施工局，先后支持了冶金、水电、铁道、城乡等有关部门和上海、辽宁、江苏等地区的几十个单位，进行了有关钢模板专用设备、钢脚手板、钢支撑系统、维修机具、脱模剂等方面的研究工作，取得了 40 多项科研成果。"组合钢模板"科技成果先后获得冶金部重大科技成果二等奖、冶金部科技进步二等奖、冶金部消化吸收引进先进科技成果奖、国家级科技进步三等奖；钢模板连轧机、钢模板防锈脱模剂等成果获国家发明奖；钢模板修复机和清理机等获多项国家专利。

（5）在政府有关部门的支持下，组合钢模板在全国得到大量推广应用，许多生产和施工企业急需参考资料。当时国内还没有这方面的参考书籍，为此，我们专门组织编写和制作了各种参考书籍和影片。

① 1983 年，在国家计委施工局的组织下，由冶金、水电、煤炭、铁道、城乡、中建等部门和上海、江苏、大连等地区的 27 个单位提供资料，由严希直、糜加平、陈宗严、潘萧、惠茂亭、孙德义、李铁岩、王根林、李大斌、黄作瑞等 39 位专家和技术人员参加编写了《组合钢模板施工手册》。该书由中国铁道工业出版社出版发行，为现场施工和管理人员提供了一本指导钢模板应用技术的工具书。

② 1984 年，我和陈宗严根据工作实践，广泛吸收了冶金、建设、水电、煤炭等系统和各地区使用钢模板的经验，编写了《组合钢模板》一书。该书由冶金工业出版社出版发行，是我国第一本系统介绍钢模板生产、施工和管理方面知识的书籍。

③ 1988 年，为了有助于从事模板租赁和管理的人员能提高有关钢模板、钢脚手架的技术水平和业务知识，我与王根林、陶茂华合作编写了《组合钢模板施工技术与租赁管理》一书，这是为钢模板租赁企业进行技术培训提供的一本系统介绍组合钢模板和钢脚手架知识的教材。

④ 1980 年，我编写了《组合钢模板》彩色科技影片的剧本，并陪同我院摄影组到宝钢去拍摄钢模板施工应用的过程，到二十冶拍摄钢模板生产情况。电力部山东肥城电厂、水电部葛洲坝工程局等单位也拍摄了钢模板工程应用的录像。

（6）钢模板实现标准化后，国内各地钢模板厂都采用标准制作图加工，钢模板规格尺寸基本统一，不同生产厂生产的钢模板都可以相互组装使用，为施工单位配备模板提供了方便，为模板租赁企业创造了有利条件。

钢模板租赁企业有以下几种类型：

① 建筑施工单位的内部租赁站。这些施工单位规模较大，拥有相当数量的钢模板，为提高模板利用率、加快模板周转速度，模板统一归公司材料部门管理，统一调度使用，实行内部租赁方式。模板库存较多时，也可以对外租赁。

② 钢模板生产厂设立的租赁站。有不少规模较小的施工企业，使用钢模板的数量不多，使用次数较少，工期紧急，又缺乏资金，钢模板厂的租赁站可以帮助解决这些企业的困难。

③ 木材公司设立的租赁站。国家为了保护森林资源，实行限额采伐木材。木材公司没有木材就无法经营了，在全国各地的大小木材公司都设立了钢模板租赁站，既解决了这些木材公司的经营困难，又帮助施工企业解决了工程紧急、资金困难的问题。

④ 个体户设立的租赁站。我国地域辽阔，各地都进行基本建设，许多中小城市和乡镇的建筑工程，以及农村私人建房也需要大量模板。许多个体老板看中了这个商机，个体租赁站遍及全国各地。

经过数年的发展，全国各地大小城市和乡镇到处可见到钢模板租赁站。钢模板租赁企业曾达到 13000 多家，建筑器材拥有量达 850 多万吨，在当时没有一个建筑产品的租赁企业能达到这个数量。

写于 2017 年 7 月 11 日

我国模板行业发展的回顾

中国模板脚手架协会　糜加平

　　我国模板行业是一个新兴行业，是伴随着我国改革开放一起发展的。30多年来，我国模板行业的技术进步和在建筑施工中所起的重要作用是有目共睹的，取得的经济效益和社会效益也是非常可观的。模板行业是从无到有、从小到大得到较大发展；模板、脚手架的品种规格不断完善；模板设计和施工技术水平不断提高；模板行业在建筑施工中的作用越来越大；模板行业为国家经济建设做出了巨大贡献。目前，全国建筑施工用各种钢模板、各类钢脚手架和钢跳板、钢支撑、钢横梁等的用钢量达到3260多万吨，木胶合板模板使用量达到1200多万立方米（图1），竹胶合板模板的使用量达到400多万立方米。2007年我国各种模板的年产量总计达8亿平方米以上，是名副其实的世界模板生产大国。我作为模板行业的创始人之一，25年连任协会副理事长兼秘书长，亲身经历和见证了我国模板行业的发展历程。

图1　在德国慕尼黑博览会参观

一、模板行业建立的背景

　　十一届三中全会以后，我国转入以经济建设为中心的发展局面，基本建设进入大发展阶段，但面临一个严重问题就是基建用木材十分紧缺，使得许多基建施工工程无法开工。中央有关部门及时提出"以钢代木"的重要技术经济政策。1978年上海宝钢工程建设需要大量模板，由于当时我国还是主要采用木模板，并不能满足工程建设的要求。

原计划要从日本进口大量组合钢模板，后来冶金部领导指示要自己开发组合钢模板，并将这个课题交于冶金部建筑研究总院，我院又将它交给我负责完成。

1979 年初，在冶金部有关部门的领导和支持下，由冶金部建筑研究总院与二十冶、武钢金属结构厂等单位协作，研究成功了组合钢模板生产和施工工艺，首先在上海宝钢建设工程中被大量应用。同年 12 月，由冶金部在宝钢召开组合钢模板技术成果鉴定会，中央各部的基建部门和施工企业都参加了会议，组合钢模板科技成果通过了鉴定。

1980 年 5 月，由原国家建委施工局组织在宝钢召开了组合钢模板现场经验交流会，交流了宝钢工程应用钢模板的经验，并正式确定首先在中央各部建立钢模板定点生产厂，大量推广应用组合钢模板。

1981 年 10 月，由原国家建委施工局和国家物资总局组织在北京召开全国组合钢模板技术规范审定及经验交流会。此次会议使钢模板产品标准化，为推广应用打下良好基础。

1982 年 11 月，由原国家建委施工局组织在常州召开全国推广使用组合钢模板经验交流会，交流了组合钢模板的施工技术和使用管理经验。

1983 年 7 月，由原国家计委施工局组织在河北沙河市召开全国组合钢模板技术与管理工作会议，邀请有经验的科技人员为钢模板生产厂、施工单位和租赁站等人员进行讲课。

1984 年 1 月，由原国家物资总局组织在北京召开全国木材节约代用会议，重点表彰了以钢代木，推广应用钢模板成绩显著的单位。

通过多次召开全国性经验交流会，钢模板的推广应用取得重大成就，已建立钢模板厂 150 多家，钢模板年产量达到 500 万平方米，钢模板拥有量达到 1400 万平方米，施工使用面已达到 41%。经原国家计委施工局批准，由我院负责组建，于 1984 年 5 月 30 日在北京成立了中国模板协会，中央各部门和省市所属的有关科研、生产、施工、租赁和管理部门等 80 多个单位和个人加入了协会。随着组合钢模板的推广应用和各种新技术、新产品的开发，从设计、科研、生产、施工和租赁等各个方面，形成了一个独立的模板行业。由此开始，我国模板行业不断发展壮大，以后还相继成立了"中国建筑金属结构协会建筑模板脚手架委员会""中国建筑学会施工学术委员会模板与脚手架专业委员会""中国模板协会租赁委员会""中国模板协会竹胶板专业委员会""中国模板协会木胶合板专业委员会"等一批全国性二级社团组织，以及一批地方性社团组织。

二、我国模板行业取得的成就

1. 模架企业的数量不断增加

20 世纪 70 年代初，我国建筑结构以砖混结构为主，建筑施工用模板以木模板为主，当时还没有一家模板生产厂。组合钢模板的大量推广应用，改革了模板施工工艺，节省了大量木材，钢模板使用量曾高达 1 亿多平方米，推广应用面曾达到 75% 以上，钢模板生产厂曾达到 1000 多家，钢模板租赁企业曾达到 13000 多家，年节约代用木材约 1500 万立方米，取得了重大经济效果和社会效果。

20 世纪 90 年代以来，我国建筑结构体系又有了很大发展，高层建筑、超高层建筑和大型公共建筑大量兴建，大规模的基础设施建设，城市交通和高速公路、铁路等飞速发展，对模板、脚手架施工技术提出了新的要求。我国不断引进国外先进模架体系，同时也研制开发了多种新型模板和脚手架。当前，我国以组合钢模板为主的格局已经打破，已逐步转变为多种模板并存的格局，组合钢模板的应用量正在下降，新型模板的发展速度很快。

全钢大模板在 1996 年后得到大量推广应用，现有全钢大模板厂 150 多家，年产量达到 460 万平方米。竹胶合板模板是在 20 世纪 90 年代末得到大量推广应用，现有竹胶合板模板厂 500 多家，年产量达到 270 万立方米。木胶合板模板在 1997 年开始大量进入国内建筑市场，并得到迅猛发展，现有木胶合板模板厂 700 多家，年产量达到 997 万立方米。桥梁模板是 20 世纪 90 年代中期发展起来的，现有桥梁模板厂 200 多家，年产量达到 800 多万平方米。

20 世纪 60 年代以来，扣件式钢管脚手架在我国得到广泛应用，其使用量占 60％ 以上，是当前使用量最多的一种脚手架。目前，全国钢管脚手架有 1000 万吨以上，但是这种脚手架的最大弱点是安全性较差、施工工效低、材料消耗量大。

20 世纪 80 年代初，我国先后从国外引进门式脚手架、碗扣式脚手架等多种形式脚手架。碗扣式脚手架是新型脚手架中推广应用最多的一种脚手架，在许多重大工程中得到大量应用。20 世纪 90 年代以来，国内一些企业引进和开发了多种插销式脚手架，由于这些新型脚手架是国际主流脚手架，具有结构合理、技术先进、安全可靠、节省材料的优点，在国内一些重大工程中已得到大量应用。目前，国内有专业脚手架生产企业 200 余家。

2. 模架的品种和规格不断完善

随着混凝土施工技术的发展，模板材料向多样化和轻型化发展，模板使用向多功能和大面积发展。20 世纪 80 年代，我国模板工程以组合钢模板为主。20 世纪 90 年代以来，由于新型材料的不断出现，模板种类也越来越多，目前使用的主要有以下几种。

（1）钢模板。除组合钢模板外，已开发了宽幅钢模板、全钢大模板、轻型大钢模、63 型钢框钢面模板等。

（2）竹胶合板模板。最早使用的是素面竹席胶合板模板，现已开发了覆膜竹帘竹席胶合板模板、竹片胶合板模板、覆木或覆竹面胶合板模板等。

（3）木胶合板模板。目前大量使用的是素面木胶合板模板，应提倡使用覆膜木胶合板模板。

（4）钢（铝）框胶合板模板。最早使用的是 55 型钢框胶合板模板或 63 型钢框胶合板模板，现已开发了大型钢（铝）框胶合板模板等。

（5）塑料模板。最早使用的是定型组合式增强塑料模板、强塑 PP 模板。目前开发的产品多种多样，如增强塑料模板、中间空心塑料模板、低发泡多层结构塑料模板、工程塑料大模板、GMT 建筑模板、钢框塑料模板、木塑复合模板等。

随着模板工程技术水平的不断提高，模板规格正向系列化和体系化发展，出现了不少适用于不同施工工程的模板体系，如组拼式大模板、液压滑动模板、液压爬升模板、台模、筒模、桥梁模板、隧道模板、悬臂模板等。

20 世纪 60 年代初，扣件式脚手架在国内得到大量应用，至今仍是应用最普遍的一种脚手架。20 世纪 70 年代以来，我国从国外引进并开发了门式脚手架、方塔式脚手架、碗扣式脚手架等。

20 世纪 90 年代以来，随着我国大量现代化大型建筑体系的出现，扣件式钢管脚手架已不能适应建筑施工发展的需要，国内一些企业引进国外先进技术，开发了多种新型脚手架，如各类圆盘式脚手架、U 形耳插接式脚手架、V 形耳插接式脚手架、方板式脚手架以及各类爬架等。

3. 模架设计和施工技术不断进步

20 世纪 60 年代，模板工程施工都是由木工进行放大样，施工设计比较简单。20 世纪 70 年代以后，随着建筑规模越来越大，建筑结构体系越来越复杂，一般都是由技术人员用人工进行设计、计算和绘图。20 世纪 90 年代以来，模架施工设计进行了重大改革，设计手段又有了新的飞跃，一些模板公司开发了各种模板设计软件，已有不少模板公司和施工企业利用计算机进行模板施工设计、计算和绘图，不仅速度快、节省人工，而且计算精确，还可节省模板和配件的置备量。

20 世纪 80 年代以来，我国模板施工技术也有了较大的进步，如台模施工方法已开发了立柱式、挂架式、门架式、构架式等多种形式的台模。爬模施工技术现已从人工爬升发展到液压自动爬升，爬升动力从手动葫芦、电动葫芦发展到特殊大油缸、升降千斤顶，从只能爬升外墙施工发展到内外墙同时爬升施工。全钢大模板施工技术从"外挂内浇"施工工艺，发展到"外砌内浇"及"内外墙全现浇"施工工艺。电梯井筒模施工技术也发展很快，已开发了各种形式的筒模。

20 世纪 90 年代以来，随着我国铁路、公路建设的飞速发展，桥梁和隧道模板施工技术得到了很大进步。如在高速铁路和公路的桥梁中，已向大体积大吨位的整孔预制箱梁方向发展。在现浇箱梁的施工中，已大量采用移动模架造桥机及挂篮，广泛应用于城市高架、轻轨、高速铁路和公路桥施工。在隧道衬砌施工中，已广泛使用模板台车。近几年模板台车不断创新，从平移式发展到穿行式，从边顶拱模板发展到全断面模板。目前模板台车主要有穿行式全断面模板台车、平移式全断面模板台车、针梁模板台车、穿行式马蹄形模板台车、非全圆断面模板台车等，并广泛应用于公路、铁路、水利水电的隧道施工。

4. 模架在施工中的作用越来越大

现浇混凝土结构的费用、劳动量、工程进度和工程质量等，在很大程度上取决于模板工程的技术水平及工业化程度。随着建筑结构体系的发展，大批现代化的大型建筑体系相继建造，其工程质量要求高、施工技术复杂、施工进度要求快。模板质量的优劣，直接影响到混凝土工程的质量好坏及工程成本。当前，许多现浇混凝土工程要求达到清水混凝土的要求，因此，对模板的质量和技术也提出了新的要求。

20 世纪 80 年代以来，推广应用组合钢模板使现场施工面貌发生了很大变化，模板的装拆施工由过去木工的锯、刨、钉的传统操作，改为用扳子、锤子等工具的简单操作。采用大模板又使模板装拆施工实现机械化吊装，大大提高了施工工效和施工速度。采用爬模、滑模工艺的工程一般可减少模板用量 60% 左右，采用早拆模板技术一般可减少模板用量 40%～50%。采用新型脚手架不仅施工安全可靠、装拆速度快，而且脚手架用钢量可减少 30% 以上，装拆工效提高 2 倍以上，施工成本可明显下降，施工现场文明、整洁。新型模架和先进模板施工工艺在各地重点工程和全国大部分示范工程中已大量应用，在混凝土施工中的作用越来越大。

三、一些体会

1. 边学边干，献身模架工程事业

20 世纪 70 年代，我国模板、脚手架施工工艺很落后，组合钢模板的推广应用，促进了模板施工技术的重大进步。为了了解国外模架先进技术的发展情况，协会多次组织会员单位到国外先进模板公司考察学习，并引进国外先进模架技术。为了在模板行业中推广应用模架新技术，不但要组织新型模架的技术开发，还要了解模架设计、生产工艺和施工技术，还要组织技术交流、技术培训、工程试点、制定技术和管理标准等一系列行业管理工作。我 1973 年参加液压滑动模板的研究工作，1978 年负责组合钢模板的研究设计和技术开发工作，1984 年中国模板协会成立，我兼任协会秘书长，1999 年从冶金部建筑研究总院退休后，专职协会秘书长工作，2010 年退出协会秘书长职务。我从事模板、脚手架行业工作 40 余年，将大半生献身给模架工程事业。

20 世纪 80 年代初，我国行业协会刚兴起，中国施工企业管理协会和中央部委一批协会相继成立，中国模板协会也是同期成立的，并接受中国施工企业管理协会的业务指导。20 世纪 90 年代初，全国性社会团体由民政部审核登记，我们这批协会都是首批通过核准登记的。对我来讲，秘书长的协会管理工作是全新的，没有一点工作经验。中国施工企业管理协会每年组织召开各部委协会秘书长会议，交流各协会的工作经验和体会、布置下一步协会工作，自己学到很多行业管理经验，特别是中国施工企业管理协会张岳东秘书长严谨的工作作风，一直是我学习和敬佩的。

2. 技术创新，促进行业技术进步

利用技术发展协会，依靠协会开发技术，这是我在协会多年工作的一点体会。由于我是模板研究室主任兼协会秘书长，这给我开展研究工作提供了有利条件，可以组织有关会员企业和专家参与模板、脚手架的研究开发，及时提出行业发展方向。我组织开展的研究项目除组合钢模板外，有定型钢跳板、YJ 型钢管架、YJ 型门式脚手架、钢模板矫平机、碗型承插式脚手架、竹胶板模板和钢框竹胶板模板等十一项国家级和部级重点科研项目；主编九项国家级和部级技术标准；申报"碗型承插式脚手架"和"自承式钢竹模板"两项国家专利。我个人也得到了一些荣誉，先后荣获国家级科技进步奖和十多项部级科技成果奖，以及冶金部先进科技工作者、全国施工技术进步先进个人、全国标准化荣誉工作者、冶金部标准化先进工作者等。

我们还通过大会推荐新产品、新技术；召开现场应用研讨会，新产品、新技术交流会和评议会；在有关刊物和简讯上进行介绍等多种形式，促进了模架新技术的推广应用。多年来，得到协会支持推广应用的模架新产品、新技术，有宽幅钢模板、钢模板自动连轧机生产线、钢模板维修设备、覆膜竹胶板模板、覆膜木胶板模板、钢框胶合板模板、组拼式全钢大模板、无背楞全钢大模板、塑料模板、玻璃钢模壳、门式脚手架、碗

扣式脚手架、插销式脚手架、方塔式脚手架、爬升式脚手架、轻型钢脚手板、模板快拆体系等。这些新技术的推广应用，对模板行业的技术进步起到了很大的促进作用。

3. 走出去请进来，学习国外先进技术

中国模板协会原理事长刘鹤年说过，随着改革开放，协会应组织会员单位多走出国门，看看我国的模板、脚手架与国外先进国家有多少差距，学习国外先进技术和管理经验。多年来，协会组织 10 多次出国技术考察，先后赴芬兰肖曼木业有限公司，德国 HÜNNEBECK、PERI、MEVA，奥地利 DOKA，意大利 FARESIN，英国 SGB，西班牙 ULMA，美国 SYMONS，加拿大 ALUMA、Tabla，澳大利亚 SPI、科康，日本川铁机材工业、住金钢材工业，韩国金刚工业株式会社等 50 多个模板公司进行考察和交流。

通过出国技术考察，我们增长了见识，开阔了眼界，学到了不少东西，获取了大量有价值的模板、脚手架资料，这对指导我国模板工程技术进步，将会有很大促进作用。有些企业已经将考察中学到的技术应用到国内模板设计中，有些企业的模板产品已走出国门，特别是一些脚手架企业，已具备加工生产各种新型脚手架的能力，产品的材料控制、生产工艺、产品质量和安全管理等方面，都能达到国外标准的要求。现在日本、韩国、欧洲、美国等许多国家和地区的脚手架企业，基本上已经不在本土生产脚手架，有许多企业和贸易商到中国来订单加工。

我们还广泛邀请国外模板公司到中国来，到协会年会上进行技术交流，让更多的企业了解国外的模板、脚手架新技术以及发展趋势。随着我国基本建设规模的大发展，外国模板公司对中国建筑市场越来越有兴趣，纷纷到中国来设立办事处，与中国企业合资办厂，销售模板、脚手架产品和施工技术。我们对有意进入中国市场的外国模板公司认真接待，给予帮助，引进和学习国外模板公司的先进技术，促进模板行业的发展。

4. 结合日常工作，撰写书籍论文

20 世纪 80 年代，在政府有关部门的支持下，组合钢模板在全国大量得到推广应用，许多生产和施工企业急需参考资料，当时国内还没有这方面的参考书籍。为此，我们专门组织编写了各种参考书籍。1985 年组织冶金、水电、煤炭、铁道、城乡、中建等部门的 21 个单位参加，编制出版了《组合钢模板施工手册》，为现场施工和管理人员提供了一本指导钢模板应用技术的工具书。1986 年我和陈宗严合作编写出版了《组合钢模板》一书，这是我国第一本系统介绍钢模板生产、施工和管理方面知识的书籍。1988 年我与王根林、陶茂华合作编写了《组合钢模板施工技术与租赁管理》一书，这是为钢模板租赁企业进行技术培训提供的一本系统介绍组合钢模板和钢脚手架知识的教材。

1994 年我组织编写的《中国模板行业十年发展与技术进步》一书，是我国第一本反映模板行业 10 年改革、发展和技术进步的专业书籍。

1994 年建设部提出建筑业重点推广应用 10 项新技术，为了更好地推广应用建筑业 10 项新技术，2001 年建设部组织编写出版了《建筑业 10 项新技术及其应用》一书，由 10 项新技术咨询服务单位的负责人和专家共 17 人参加编写。我负责编写"新型模板、脚手架应用技术"一章。2005 年和 2010 年对"建筑业 10 项新技术"在内容上做了大幅调整，拓宽了覆盖面，建设部分别组织编写出版了《建筑业 10 项新技术（2005）应用指南》和《建筑业 10 项新技术（2010）应用指南》，我参加编写了"模板及脚手架技术"中的一部分。

2001 年我撰写出版了《建筑模板与脚手架研究及应用》一书。该书收集了笔者二十多年来在全国性学术刊物和全国性学术会议发表的部分重要论文，以及重要科技研究报告，是我国第一本模板与脚手架技术论文专著，对回顾二十多年来我国模板与脚手架工作的开展历史、研究开发、技术进步和推广应用等将会有所参考和帮助。

多年来，我结合日常工作，写出了许多有关模板、脚手架的研究报告、学术报告、论文和书籍。其中主持编写了《组合钢模板施工手册》《建筑模板与脚手架研究及应用》等 7 本书籍；参加编写了《建筑业 10 项新技术及其应用》《建筑业 10 项新技术应用指南》《建筑百科全书》等 7 本书籍；在《施工技术》《建筑技术》《建筑施工》等全国性学术刊物上发表论文 90 多篇，在全国性学术会议上发表重要论文 30 余篇，完成科技研究报告 10 多篇，发挥了新技术和新产品的积极推广和导向作用。

写于 2013 年 10 月 3 日

我国模板、脚手架企业和技术的发展动向

中国模板脚手架协会　縻加平

一、概况

据有关资料介绍，欧洲模板工程的费用占钢筋混凝土结构工程费用的 52.7%，其中人工费占钢筋混凝土费用的 46.7%，材料费用只占 6%。

我国的情况不同，模板工程的费用约占钢筋混凝土工程费用的 20%～30%，其中人工费用较低、材料费用较高。

20 世纪 70 年代，我国建筑结构以砖混结构为主，建筑施工用模板以木模板为主。20 世纪 80 年代，各种新结构建筑体系不断出现，现浇混凝土结构猛增，研制成功了组合钢模板先进施工技术。

20 世纪 90 年代以来，我国建筑结构体系又有了很大发展，使建筑施工技术必须进行重大改革，对模板、脚手架技术也提出了新要求。我国不断引进国外先进模板、脚手架体系，也研制开发了各种新型模板、脚手架。

二、我国模板企业的发展方向

1. 我国建筑产品按功能可分为四类

（1）重大基础设施：如高速公路、铁路、地铁、桥梁、大型水利工程等。

（2）大型公用建筑：如各种会展中心、商务大楼、文体场馆、航空港等。

（3）市政设施：如环保、交通、供水、电气等。

（4）房地产业：如住宅楼盘、商业建筑、厂房建筑等。

前三类建筑工程都属专业施工特征，其施工应用的模板均为专业模板，如大模板、桥梁模板、隧道模板、道路模板、水坝模板等。

第四类是一般工民建工程，其施工应用的模板主要是通用模板，如组合钢模板、钢框胶合模板，还有专用模板，如全钢大模板等。

目前，国内的模板产品主要是第四类，各模板生产厂对模板市场的定位主要在第四类，大都是通用模板的生产厂，当然也有些厂可以加工专业模板，而作为专业模板厂的厂家很少，如河北三博桥梁模板厂等。

但是，目前我国基础设施和大型公用建筑的任务非常大，如高速公路、铁路、高速铁路、地铁、桥梁、商业楼、火电、水电等。尤其是西部地区的开发，大部分是基础设施的投资。而我国适应这些工程施工的专业模板很少，尤其是没有定型模板，这方面将是模板行业的发展重点，也是模板行业的机遇。

2. 我国模板企业的三种模式

（1）具备综合技术开发能力的专业化模板公司。这类模板公司必须具有自己的模

板、脚手架体系，具有开发、设计、制作和技术服务等全方位的能力，应是国家级的排头兵，是模板行业的龙头企业，能逐步走向国际跨国模板公司的模式。

（2）具有行业特征的模板专业公司。这类模板公司虽然也具备设计、开发、制造和技术服务的功能，但是，只局限于某一特定范围。如全钢大模板生产厂，桥梁模板生产厂、碗扣、门式、爬式脚手架生产厂等。

（3）专业生产厂。目前大部分钢模板厂和木、竹胶合板厂都属于这种类型，只能进行产品生产，缺乏开发、设计能力，技术力量薄弱，生产工艺落后，企业管理水平低，产品质量难以保证。

这三种模式的模板企业，其中第三类的占90％以上，第二类的占10％以内，第一类的还没有。今后应发展第二类和第一类的模板企业，当然第一类的企业目前还缺乏这个实力，难以达到第一类企业的水平，第二类企业可以重点发展，尤其是对准基础设施的模板、脚手架技术，要大力进行开发。

三、我国模板的发展动向

1. 模板材料多样化

（1）木模板。20世纪60年代之前，最初的模板都是采用木散板，在施工现场按结构形状拼装成混凝土模型。

（2）钢模板。20世纪70年代以来，开始研究钢模板，一直没有形成钢模板体系。组合钢模板：1979年初，首先在上海宝钢建设工程中大量应用。组合钢模板是传统木模板的更新换代，由于推广应用组合钢模板，不仅是"以钢代木"、节约木材的重要措施，也是模板工程施工工艺的重大改革。

（3）全钢大模板。20世纪70年代初，北京一建在开发全钢大模板方面做了大量工作，首先在北京前三门建成大量住宅建筑。20世纪90年代，大模板施工方法在北京、上海、广州等地得到大量推广应用。

（4）木胶合板模板。20世纪80年代初，开始从国外引进胶合板模板，在上海、北京、广州、南京等一些高层建筑工程中应用。20世纪90年代初，开发了素面木胶模板，20世纪90年代中，开发了覆面木胶合板模板。其中青岛华林胶合板公司是最早开发的，其在1987年引进芬兰的生产设备和技术，首先生产了酚醛覆膜木胶合板模板。以后，覆面木胶合板模板成为我国的主导模板。

（5）竹胶合板模板。20世纪80年代后期，由四川和浙江的竹胶合板厂最早研究开发生产。1989年8月，由冶金部建筑研究总院等科研、生产、施工和管理等18个单位，经过四年多的努力，对竹胶合板的结构性能和生产工艺等方面有了很大改进。20世纪90年代，竹胶板模板被国家科委、建设部等部门列入新型模板推广应用后，推广应用量越来越大，生产厂家越来越多。

（6）钢框木（竹）胶合板模板。20世纪80年代后期，不少单位开发了钢框胶合板模板，1994—1996年得到大量应用。但在1997年以后，使用量明显减少，不少生产厂纷纷转产，主要原因是钢框、胶合板的生产技术和产品质量问题没有解决。

（7）中型钢模板。20世纪90年初，开发了中型钢模板（也称宽面模板），这种模板具有面积较大、施工工效高的特点，可与组合钢模板配套使用。1997 年后，70 型的钢模板得到大量应用，原因是这种模板刚度较大，能散装也能拼装大模整体吊装，使用寿命可达到 200 次左右。

（8）塑料模板。1982 年初，上海、江苏等地最早开发了塑料平面模板。1995 年，唐山现代模板股份合作公司在清华大学等单位的技术支持下，研制和开发了增强塑料模板，最早在建筑和桥梁工程中得到大量应用。21 世纪以后，各地塑料模板企业开发了多种塑料模板，如增强塑料模板、空心塑料模板、低发泡多层结构塑料模板、工程塑料大模板、GMT 建筑模板、钢框塑料模板、木塑复合模板等。

（9）铝合金模板。1986 年北京市铸铝制品厂和北京市二轻建筑公司联合研制成功了稀土铸铝合金模板，这是我国最早开发的铝合金模板技术。2005 年北京捷安建筑脚手架有限公司多次到美国进行考察，了解铝合金模板的生产和使用情况，并于 2008 年开发了 54 型铝合金模板。到了 2010 年前后，有一大批钢模板生产企业和铝制品加工企业加入到铝合金模板制造的行业，铝合金模板的推广应用得到很大的发展。

2. 模板施工多方法

（1）台模，也称飞模，由面板和支架两部分组成。我国在 20 世纪 70 年代末，首先在一些冷库的无梁楼盖工程中大量应用。20 世纪 80 年代中期，我国台模施工方法得到较快发展，出现了各种形式的台模：

① 立柱式台模；
② 桁架式台模；
③ 悬架式台模；
④ 门架式台模；
⑤ 构架式台模。

（2）筒模，由模板、角模和紧伸器等组成，主要适用于电梯井内模的支设，同时也可用于方形或矩形狭小建筑单间、构筑物及筒仓等结构。20 世纪 90 年代，随着高层建筑的大量兴建，电梯井筒模的推广应用发展很快，开发了各种形式的筒模：

① 模板，采用大钢模板或钢框胶合板模板；
② 角模，有固定角模和活动角模两种；
③ 紧伸器，有集中式和分散操作式等。

（3）滑升模板（简称滑模），由模板结构系统和提升系统两部分组成。20 世纪 50 年代，我国已经用滑模施工筒壁结构，只是用的手动丝杠千斤顶。20 世纪 70 年代，从罗马尼亚引进液压千斤顶，液压滑模施工工艺得到迅速推广应用和发展。主要用于筒塔、烟囱和高层建筑，也可以水平横向滑动，用于隧道、地沟等工程。

（4）爬升模板（简称爬模），由大模板、爬模系统和爬升设备三部分组成。我国爬模起步较晚，20 世纪 80 年代初，首先在烟囱、筒仓等工程中试用。20 世纪 80 年代中期，爬模在高层建筑工程中获得成功，在施工技术上不断创新，应用范围越来越广。

爬升模板主要适用于桥墩、筒仓、烟囱和高层建筑等形状比较简单，高度较大，墙壁较厚的模板工程。

（5）大模板：大模板由于模板面积大，所以称为大模板，大模板施工主要适用于浇筑钢筋混凝土墙体。20 世纪 70 年代初，北京的建筑公司开始研制全钢大模板。20 世纪 80 年代，全钢大模板没有得到推广应用。到了 20 世纪 90 年代，随着各地高层建筑的大量建造，大模板施工方法得到设计、施工和建设单位的欢迎，推广应用到国内很多地方。大模板按其结构形式的不同可分为以下几种：

① 整体式大模板；

② 拼装式大模板；

③ 模数式大模板。

四、我国脚手架的发展动向

我国长期以来普遍使用竹、木脚手架，20 世纪 60 年代以来，开发了各种形式的钢脚手架。钢脚手架可分为固定组合式脚手架、移动式脚手架和吊脚手架三大类，其中固定组合式脚手架又有钢管脚手架和框式脚手架两大类。

1. 钢管脚手架（又称单管脚手架）

是各国应用最广泛的脚手架之一，其中又可分为扣件式脚手架、承插式脚手架等。

（1）扣件式脚手架。这种脚手架由钢管和扣件两部分组成。20 世纪 60 年代初，我国开始应用扣件式钢管脚手架，具有加工简便、搬运方便、通用性强等特点，已成为我国使用量最大、应用最普遍的一种脚手架。但是，这种脚手架的安全性较差、施工工效低，不能满足高层建筑施工的发展需要。

（2）承插式脚手架。这种脚手架是单管脚手架的一种形式，主要由主杆、横杆、斜杆、可调底座等组成。由于各国对插座和插头的结构设计不同，形成了各种形式的承插式脚手架：

① 碗扣式脚手架。这种脚手架的插座由上、下碗和限位销组成。1976 年，英国首先研制成功碗扣式脚手架。20 世纪 80 年代中期，我国铁科院在学习英国 SGB 公司有关资料的基础上，结合实际情况，在结构上做了一点修改。当时，这种脚手架在新型脚手架中发展速度最快、推广应用量最多，在高层建筑和桥梁工程施工中均已大量应用。

② 楔紧式脚手架。这种脚手架是由北京比尔特模板公司研制的，脚手架的构造与碗扣式脚手架基本相仿，插座也是由上、下碗和限位锁组成。在每个下碗内，可以同时插入 6 个不同方向的横杆。其主要特点：a. 横杆的插头插入下碗内，利用斜面能楔紧自锁；b. 利用下碗上 4 个互相垂直的定位凹槽，可以搭设四边和多边形脚手架。

③ 圆盘式脚手架。这种脚手架由德国莱亚公司在 20 世纪 80 年代首先研制成功。1997 年，我国有的生产厂开始试制这种脚手架。这种脚手架由主杆、横杆和斜杆组成，主杆上的圆盘插座开设 8 个插孔，可以连接 8 个不同方向的横杆和斜杆，每根横杆的插头与主杆的插座可以独立锁紧，单独拆除。可广泛用作各种脚手架、支架和大空间支撑。这种脚手架在欧洲各国已成为主导脚手架。

④ 卡板式脚手架。20 世纪 90 年代，日本朝日产业株式会社研制成功了方板式脚手架。1996 年，在我国建立无锡正大生建筑器材公司，生产这种脚手架。其插座为方形钢板，四边各开设 2 个矩形孔，四角设有 4 个圆孔。横杆插头的构造设计新颖独特，组装时，将插头插入插座的矩形孔内，打下插头的楔板锁定接头。拆卸时，只要松开楔

板，就能拿下横杆。

⑤ 轮扣式脚手架。这种脚手架由北京金兴泰建筑器材公司开发成功，这种脚手架的插座为轮扣形的钢板，四边凸出部分开设矩形孔。横杆两端各焊接一个长形插头，每个轮扣上可以同时插入 4 根横杆。拆卸时，只要敲击插头松开，就能拿下横杆。

2. 框式脚手架

框式脚手架有门形、梯形、三角形等多种形式。

（1）门式脚手架。这种脚手架由立框、横框、交叉斜撑、脚手板、可调底座等组成。20 世纪 70 年代以来，我国先后从日本、美国、英国等国家引进门式脚手架，在一些高层建筑工程施工中应用。到了 20 世纪 80 年代，国内有一些厂家开始试制门式脚手架，由于大部分是仿照国外产品，采用英制尺寸，产品规格不同，质量标准不一致。有些厂采用钢管的材质和规格不符合要求，严重影响了这项新技术的推广。20 世纪 90 年代，这种脚手架没有得到发展，不少脚手架厂家关闭或转产。

（2）方塔式脚手架。这种脚手架由标准架、交叉斜撑、连接棒、可调底座、顶托等组成。由德国首先开发应用，在西欧各国广泛应用。20 世纪 90 年代初，我国在大亚湾核电站和二滩水电站工程中，首次引进这种脚手架，无锡远东建筑器材公司不久研究开发了这种脚手架。由于这种脚手架的承载能力大，每个单元塔架最大荷载可达 180kN，主要用于桥梁工程。

（3）三角框塔式脚手架。这种脚手架由三角框、横杆、对角杆、可调底座、顶托等组成。在英国、法国开发较早，20 世纪 70 年代，日本开始大量应用这种脚手架。我国在秦山核电站二期工程中，首次使用这种脚手架。这种脚手架的承载能力大，每个单元塔架最大荷载可达 120～150kN；装拆灵活、部件轻巧，可组成三角形和四角形塔架。

3. 附着式升降脚手架（也称爬架）

20 世纪 80 年代以来，随着高层建筑的大量增加，爬架施工工艺很快得到开发和应用，在高层和超高层建筑施工中的应用发展迅速，已成为高层和超高层建筑施工脚手架的主要形式。爬架主要由架体结构、提升设备、附着支撑结构和防倾、防坠装置等组成。这种脚手架吸收了吊脚手和挂脚手的优点，不但可以附墙升降，而且可以节省大量材料和人工。我国爬架施工技术起步较晚，爬架是对传统落地式脚手架的一次重大改革，将是高层建筑施工中主要的外脚手工具。

4. 早拆支撑体系

早拆支撑体系是现浇楼板模板施工的先进施工工艺，由平面模板、模板支架、早拆柱头、横梁和底座等组成。20 世纪 80 年代末，北新施工技术研究所最早开发应用了北新早拆模板体系，早拆柱头采用滑动式升降头。天津也较早应用了早拆体系，早拆柱头为螺杆式升降头。后来不少模板公司研制出多功能早拆柱头，其构造一般采用螺杆与滑动结合的升降头。

五、几点建议

1. 对模板公司发展的几点建议

（1）模板企业模式应发展为模板专业公司；

（2）产品定位在满足基础设施、公用建筑的专业模板体系；

（3）逐步形成规模化生产和集团化经营，有条件时可与国外模板公司合作。今后，应向综合专业化模板公司发展，向跨国模板公司靠近。

2. 制定配套政策，改革模板管理体制

（1）建立模板工程质量监理制度；

（2）完善项目承包制度；

（3）发展专业模板公司；

（4）进行资质审查和认证；

（5）大力开展租赁业务。

3. 加强质量管理，提高产品质量

（1）加强生产厂的技术力量，提高产品技术水平；

（2）提高管理人员的质量意识，健全质量管理体系；

（3）组织有关人员进行产品质量监督和质量认证；

（4）尽快颁发和实施有关标准；

（5）防止劣质产品流入施工现场。

4. 提高对新型模板和脚手架的认识

（1）认识推广应用新型模板的必要性；

（2）对新型模板进行综合经济效益分析；

（3）多种模板在施工中并存。

六、存在的主要问题

1. 科技投入不足；

2. 技术进步不快；

3. 产品质量不高；

4. 生产规模不大；

5. 信息技术不强；

6. 专业化队伍不多。

此文为 2009 年前书写草稿，于 2022 年 9 月整理

国外建筑模板、脚手架技术的发展动向

中国模板脚手架协会　糜加平

一、概况

模板是浇灌混凝土构件的重要施工工具，模板工程是混凝土和钢筋混凝土结构工程施工中量大面广的施工工艺。在现浇混凝土结构工程的费用中，模板工程的工程费用一般占 30% 以上。其中人工费占的比例很高，一般占现浇混凝土结构工程人工费的 28%～45%。

据德国 PERI 模板公司的资料介绍，在现浇混凝土结构工程总费用中，模板工程的人工费占 46.7%，材料费只占 6.0%；混凝土工程的人工费占 7.8%，材料费占 21.8%；钢筋工程的人工费占 8.7%，材料费占 9.0%。

由此可见，在现浇混凝土结构工程中，模板工程所需的工程费用和劳动量，要比混凝土工程和钢筋工程大得多。

二、国外模板和脚手架技术发展动向

（一）模板技术的发展

1. 模板规格的体系化

20 世纪之前，最初的模板是采用木散板，按结构形状拼装成混凝土模型。

20 世纪初，开始出现了装配式定型木模板，可以在现场拼装，拆模后可周转使用。

20 世纪 50 年代后半期，在法国等国家开始应用大型模板，可采用机械吊装。这种大模板施工方法在欧洲、美国、日本等国家和地区都有了很大的发展，许多国家的模板公司已形成各具特色的大模板体系。

20 世纪 60 年代初，组合式定型模板在工程中开始应用，由于具有通用性强、周转次数多、应用范围广等特点，已成为主导模板。

20 世纪 70 年代以来，许多国家的模板规格已形成各具特色的模板体系。如适用于混凝土墙体的大模板体系；适用于各种混凝土结构的组合式模板体系；适用于混凝土楼板、平台的台模体系；适用于同时浇灌混凝土墙体和楼板的隧道模体系；适用于高层建筑的滑动模板、爬升模板和提升模板体系；以及适用于坝堤施工的悬臂模体系等。

20 世纪 80 年代以来，许多国家的模板企业都实行了集团化经营、规模化生产，逐步形成企业集团，成立了各种模板集团公司、跨国模板公司（专业化、集团化）等。

2. 模板材料的多样化

20 世纪之前，最早的模板是使用木材制作的。木胶合板的应用已有百年以上历史，在欧美等国家很早已开始应用。1912 年左右，芬兰最早应用木胶合板；1934 年，美国开始应用木胶合板；日本是在二次大战后从美国引进的。

1908 年美国最早使用钢模板，并且很快传入其他国家；20 世纪 30 年代后，钢模板传到日本，20 世纪 50 年代开始大量应用。钢模板有全钢大模板、轻型钢模板和组合钢模板等几种类型。

20 世纪 60 年代初，美国研制了铝合金模板；20 世纪 70 年代，美国国际房屋有限公司生产了一套铸铝合金模板体系，这种模板具有刚度好、周转次数多、表面可带装饰图案等特点，在 50 多个国家和地区得到应用。

20 世纪 60 年代中期，日本开始使用 ABS 树脂制作塑料模板，德国 Alkus 塑料模板公司从 1985 年开始研究和开发能替代木模板的塑料模板。20 世纪 90 年代以后，塑料模板在国外工业发达国家发展很快，GMT、EPIC 和轻型塑料模板、塑料模壳、塑料衬模等的品种规格也越来越多。

20 世纪 80 年代以后，美国等国家一般已采用铝合金型材加工制作铝合金模板了，美国许多模板公司还生产了装饰铝合金模板。在韩国建筑工程中，采用轻型全铝合金模板较多，在欧洲很少采用全铝合金模板，采用铝框胶合板模板作楼板模板施工比较多。

另外，还有采用玻璃钢、耐水纸、橡胶、纺织品等材料制作成的模板，以及树脂砂浆的装饰模板、透光模板、透水模板、柔性充气模板、密助网眼钢模板等。

（二）脚手架技术的发展

20 世纪初，英国首先应用了用连接件与钢管组成的钢管支架，并逐步完善，发展为扣件式钢管支架（脚手架），很快推广应用到世界各地。在许多国家已形成各种形式的扣件式钢管支架，并成为当前应用最普遍的模板支架。

20 世纪 30 年代，瑞士发明了可调钢支柱，这是一种单管式支柱，其结构形式有螺纹外露式和螺纹封闭式两种。

20 世纪 50 年代，美国首先研制成功了门式脚手架；到了 20 世纪 60 年代初，欧洲、日本等国家和地区先后引进并发展了这种脚手架。在欧洲，许多国家还研制和应用了与门形支架结构形式相似的梯形、四边形、三角形等模板支架体系。

20 世纪 60 年代，德国首先开发应用了方塔式脚手架，名称为 ID15，在西欧各国得到广泛应用。20 世纪 90 年代初，我国在大亚湾核电站工程中引进这种脚手架。

20 世纪 70 年代中，英国 SGB 模板公司首先研制成功了碗扣式钢管脚手架，至今在世界各地已得到推广应用。我国也引进了碗扣脚手架，并在全国大量推广应用。

20 世纪 80 年代以来，欧美等发达国家开发了各种类型的插销式钢管脚手架。由于这种脚手架的插座、插头和插销的种类和品种规格很多，主要有两种形式，即盘销式钢管脚手架和插接式钢管脚手架。

1. 盘销式钢管脚手架

盘销式钢管脚手架的插座有圆盘形插座、方板形插座、圆角形插座、多边形插座、十字形插座等，插孔有四个，也有八个的，插孔的形状插头和插销的形式也多种多样。

（1）圆盘式钢管脚手架。这种脚手架是德国莱亚（Layher）公司在 20 世纪 80 年代首先研制成功的，目前许多国家采用并发展了这种脚手架，它的插座、插头和楔板的形状及连接方式各不相同，脚手架的名称也不同。

（2）圆角盘式钢管脚手架。该脚手架是德国 PERI 公司开发研制成功的。圆角盘插座上有 4 个大圆孔和 4 个小圆孔，横杆插头插入大圆孔内，斜杆插头插入小圆孔内。其不但可广泛用作各种脚手架、模板支架，还可用作看台支架。

（3）方板式钢管脚手架。20 世纪 90 年代，日本朝日产业株式会社研制成功了方板式脚手架，其插座为方形钢板，四边各开设 2 个矩形孔，四角设有 4 个圆孔。横杆插头的构造设计新颖独特，组装时，将插头的 2 个小头插入插座的 2 个矩形孔内，打下插头的楔板，锁定接头。拆卸时，只要松开楔板，就能拿下横杆。

2. 插接式钢管脚手架

（1）U 形耳插接式钢管脚手架。该脚手架是在 20 世纪 80 年代，由法国 Entrepose Echaudages 公司首先研制成功的。该公司是一家有 50 多年历史的老企业，它开发设计的 U 形耳插接式钢管脚手架在欧洲和亚洲建筑市场已得到大量推广应用。

（2）V 形耳插接式钢管脚手架。这种脚手架是在 20 世纪 90 年代，由欧洲脚手架公司研制成功的。其结构形式是每个插座由 4 个 V 形卡组成，插头为 C 形卡，结构比较简单，组装很方便。目前，已有不少国家采用这种脚手架，如智利、印度、阿联酋等。

（三）模板系统的体系化

1. 墙体模板体系

（1）无框模板体系。用木工字梁或型钢作檩条，面板为实木模板或胶合板模板，还有一种胶合板模板和钢连接件连接的简易无框模板。

（2）带框模板体系。包括三种：①小型钢框胶合板模板的边框和肋为热轧扁钢；②轻型钢框胶合板模板的边框和肋为冷弯型钢；③重型钢框胶合板模板的边框和肋均为空腹钢框。

（3）全钢墙体模板体系。包括三种：①全钢大模板；②轻型钢模板；③组合钢模板。

（4）铝合金墙体模板体系。包括三种：①铝框胶合板模板；②组合式铝合金模板；③全铝合金大模板。

（5）塑料墙体模板体系。包括三种：①钢框塑料模板；②装饰塑料模板；③保温泡沫塑料模板。

2. 楼板模板体系

（1）活动支架体系。包括五种：①木梁、木模、钢（铝合金）支柱支模体系；②钢梁、木模、钢支柱体系；③钢桁架、插销式支架支模体系；④钢梁、钢框胶合板模板、钢支柱支模体系；⑤铝框胶合板模板、铝合金（钢）支柱支模体系。

（2）无支架体系。包括两种：①可调桁架、胶合板支模体系；②可调钢梁、胶合板支模体系。

（3）台模施工体系。包括五种：①立柱式台模；②框架式台模；③桁架式台模；④悬挂式台模；⑤折叠式台模。

（4）模壳施工体系。

（5）快拆模施工体系等。

3. 柱模板体系

（1）圆形钢柱模板体系。

（2）钢（铝合金）框柱模板体系。

（3）木梁、胶合板模板体系。

（4）型钢、钢模板体系。

（5）型钢、钢框胶合板模板体系。

4. 筒体模板体系

（1）HÜNNEBECK 筒模体系。

（2）PERI 筒模体系。

（3）ALPA 筒模体系。

（4）大型圆形筒模体系。

5. 爬升模板体系

由大模板、爬升系统和爬升设备三部分组成。有人工爬模和自动爬模两种方法，悬挂式爬模也有采用吊车提升的人工爬模和采用液压油缸提升的自动爬模。

6. 滑升模板体系

由模板结构系统和提升系统两部分组成，在液压系统的控制下，千斤顶带着模板和操作平台，沿爬杆自动向上爬升，也可以水平横向滑动。

7. 单面模板体系

单面模板浇筑混凝土时，所有现浇混凝土的侧压力由一面的支架承受。主要适用于大坝、护坡、大型基础等。

8. 桥梁模板体系

桥面箱梁等构件一般采用预制工艺制作，在现浇箱梁的施工中，已大量采用移动模架造桥机及挂篮等。

9. 隧道模板体系

在隧道衬砌施工中，已广泛使用模板台车，目前模板台车主要有穿行式全断面模板台车、平移式全断面模板台车、针梁模板台车、穿行式马蹄形模板台车、非全圆断面模板台车等。

（四）模板支承体系工具化

1. 扣件式钢管支柱

2. 可调钢（铝）支柱

3. 铝合金支柱

4. 门式支架（脚手架）

5. 框式支架（脚手架）

6. 碗扣式支架（脚手架）

7. 插销式支架（脚手架）

该脚手架主要有盘接式脚手架和插销式脚手架两种形式。

8. 方塔式支架

9. 早拆支撑体系

10. 其他

三、技术不断创新，设备不断更新

欧洲许多跨国模板公司有不少是老企业，如奥地利多卡模板公司创立于 1868 年，芬欧汇川木业有限公司创立于 1883 年，英国 SGB 模板公司创立于 1920 年，德国 HÜNNEBECK 模板公司创立于 1929 年，德国 NOE 模板公司创立于 1939 年。这些老企业能够长久不衰，不断发展为跨国模板公司，就是靠技术不断创新，设备不断更新。PERI 模板公司创建于 1969 年，MEVA 模板公司创建于 1970 年，但都已发展为跨国模板公司，都是不断开发新产品，提高技术性能，满足施工工程的需要。

另外，采用先进的专用设备，模板、脚手架生产工艺都已形成自动化生产线，先进的生产设备确保产品的加工质量和加工速度。

四、规模化生产、集团化经营

当前，国外发达国家的模板公司数量都不多，但是生产规模很大，如德国的模板公司数量并不多，但德国模板公司在国际上有较大影响的有 20 多家，不少模板公司都已发展为跨国模板公司，如呼纳贝克、培利、诺埃、多卡、帕夏尔、MEVA 等。其中，德国呼纳贝克公司在世界范围内有 60 多个生产基地，在 50 个国家有代表处，有一批姐妹公司和 50 多个租赁公司，其规模应是较大的。

德国 PERI 公司在全世界 55 个国家拥有 42 个子公司或代表处，拥有客户 25000 个，每年可完成 5 万个以上模板工程项目，70% 的业务都在国外。

又如奥地利 DOKA 公司，在德国等国家有生产基地，在 43 个国家有办事处。芬兰是木材加工国家，现有木材加工企业 130 多家，其中木胶合板企业有 23 家。舒曼公司是其中规模较大的一家，该公司拥有 9 家木材加工厂，2 个姐妹厂。舒曼公司还是突曼斯多集团公司的成员。

欧洲许多国家是世界上模板技术最先进的国家，许多国家模板公司的数量不超过百家，但大多实行集团化经营、规模化生产。

德国 MEVA 模板公司，由于钢框塑料板模板的价格较高，销售比较困难，因此以租赁为主，该公司的年营业额中，80% 为租赁收入。

德国 PASCHAL 模板公司，其销售网点在德国国内有 5 个，分布在全球 60 多个国家，有 60 多个租赁公司。

英国 SGB 模板公司，有职工约 5000 人，在欧洲、亚洲、中东等地 15 个国家有代表处，在英国有 60 余个租赁和销售分部。

美国西蒙斯模板公司，在美国的建筑市场份额中约占 70%，其模板租赁业务也遍及世界很多国家。

此文为 2009 年前书写草稿，于 2022 年 8 月整理

（二）模板

竹胶板模板和钢竹模板推广应用中的一些故事

中国模板脚手架协会　糜加平

图 1　糜加平　教授级高工，中国模板脚手架协会原秘书长

　　我国是世界上竹材资源最丰富的国家之一，2007 年全国竹林面积约 900 多万公顷，占全国森林面积的 3%，占世界竹林面积的 1/4；竹材年产量 1400 多万吨，相当于木材年产量的 10%，占世界竹材年产量的 1/3。竹材产区分布较广，全国竹林面积 67 万公顷以上的重点产竹县有 130 个，主要产地在华东、中南和西南地区，其中以福建、湖南、浙江、江西、广东、广西、云南、四川、安徽和湖北等 10 个省的竹材资源最丰富。由于竹材生长周期短，发展竹材人造板生产不需要很多投资和设备，即可使山区致富。2007 年全国竹材人造板产量约 720 多万立方米，其中竹地板产量为 3000 多万平方米，竹业总产值约 500 多亿元。

　　竹材人造板有四种加工方法：（1）竹片法，通过锯、剖、刨等方法，将圆竹加工成竹片，以竹片作为基材，胶合成人造板；（2）竹篾法，通过机械或手工将圆竹加工成厚度 0.8～1.5mm，宽度 10～15mm 的竹篾，再将竹篾编成竹席或用线编成竹帘，再胶合成板材；（3）竹碎料法，将小径级竹材、竹材加工或采伐剩余物，经削片、刨片、热磨等加工方法，制成竹刨花或竹纤维，再进行重组胶合制成刨花板、中密度纤维板；（4）复合法，将上述三种板材与木材、纸张、布料、金属和塑料等不同材料重新组合成复合竹材人造板。

竹胶合板是一种轻质、高强多功能的新型材料，竹胶合板的用途很广，应用范围不断扩大，可以使用于以下几个方面：（1）建筑业方面，可用于混凝土模板、人行走道板、脚手板等施工工具，以及用作地板、天花板、门板、隔板等室内装饰材料；（2）包装业方面，可用作机械和配件、轻工业品、小商品等各类包装箱；（3）造船业方面，可用作船舶内部围墙、仓板和船用床、柜、桌、椅等家具；（4）运输业方面，可用作火车、汽车、拖拉机等车厢的车厢板和底板；（5）农业方面，可用作风车、水车、粮仓等结构材料。

另外，竹胶合板在用作桌、椅、衣柜等家具，以及屏风、机壳、活动房屋、临时工棚等方面也有较大发展前景。国外印度、泰国、越南和日本等亚洲国家，在研制和应用竹胶板方面也都有较大的进展。在几内亚、埃塞俄比亚、刚果、赞比亚和苏丹等非洲各国，对竹材加工和利用也都有不同的发展。

一、竹胶合板模板开发的原因

20 世纪 80 年代末，我国现有森林资源非常贫乏，木材供应紧张的情况将长期存在。随着国内钢材供应的紧张和价格的上涨，大多数钢模板厂生产不正常，不少钢模板厂停工待料，钢模板的产量不断下降。又由于不少施工单位对当时钢模板的价格难以接受，被迫重新使用木模板，使模板工程技术出现倒退现象。当时我国基建规模虽有较大的压缩，但钢模板的需要量仍然很大，其原因是：（1）每年需要更新的钢模板量很大，当时全国钢模板的拥有量已达到 2500 多万平方米，施工使用面占 60％左右，钢模板的年产量总计约 500～600 万平方米，而每年需要更新的钢模板量达 500 多万平方米，新增加的钢模板量几乎大部分用于补充损耗的钢模板；（2）基建规模虽有压缩，但是还有不少新建工程和未停建工程仍然需要钢模板，有些工程由于模板不足而使工程进度受到一定影响；（3）由于钢材供应减少，钢模板产量不断下降，而劳务输出也需要钢模板、钢支柱等施工工具才能出国施工；（4）由于组合钢模板的板面尺寸较小，拼缝较多，板面易生锈，清理工作量大，用组合钢模板拼装成大面模板，较难适应现代高层建筑中清水混凝土工程施工的需要。

在这种情况下，不少科研单位、钢模板厂认为有必要寻找新的出路。因地制宜研究和开发各种新型轻质材料为面板的模板，节省木材和钢材，是当前我国模板工程中一项紧迫的任务。竹胶合板是充分利用我国丰富的竹材资源，自行研制开发的一种新型建筑模板材料。20 世纪 70 年代，竹胶合板大部分用于生产、包装，少部分用于生产汽车和火车的底板。20 世纪 80 年代中期，竹胶合板开始用作建筑模板，其中以四川生产厂家最多。四川有 50 多个厂家，浙江也有 30 多个厂家。当时的竹胶合板模板都是竹席板结构，黏结胶为脲醛胶，表面无覆膜层处理。这种模板的防水性差，使用寿命短，不符合清水混凝土施工的要求。

为了进一步解决竹胶板模板的质量问题，1989 年初，中国模板协会组织有关人员先后到四川、浙江、江苏、上海、河北等地的有关竹胶板厂、钢模板厂、建筑研究所和有关主管部门，对竹胶板和钢竹模板的研制工作进行了调查和商讨。调查结束后，由糜加平、陶茂华提交了《竹胶合板模板和钢竹模板的调查报告》，报告提出推广竹胶合板模板和钢竹模板是可行的，但是有不少问题需要协作攻关解决。与此同时，张秉铎、李增夫提出了《竹胶板模板和钢竹模板的调查报告》，并认为在我国推广竹胶合板模板和钢竹模板替代部分钢模板符合国情，是节木代钢的一条出路，同时也存在一些问题。

协会组织人员通过调查研究，提出了开发新型模板的几个观点：（1）在今后较长一段时间内，组合钢模板在模板工程中仍占主导地位，其他新型模板只能作为它的补充和部分替代；（2）新型模板的模数应与组合钢模板的模数一致，并能与组合钢模板互相组合拼装，连接件和支撑件能互换通用；（3）新型模板的材料应立足国内，要因地制宜选用资源丰富、性能良好、价格较低的模板材料。当前应重点研究和开发钢竹模板，并积极探索农业剩余物加工的人造板做覆膜模板。

二、钢竹模板的研制工作

1989 年 6 月 26 日，由冶金部建筑研究总院代表中国模板协会向建设部施工管理司、中国基建物资配套承包供应公司和冶金部建设司等部门，提交了"关于申请钢竹模板科研项目立项的报告"。根据这两个调查组的《钢竹模板的调查报告》，一致认为在当前我国木材资源严重缺乏、钢材供应紧张的情况下，开发钢框竹胶板模板是以竹代木、以竹代钢、充分利用丰富的竹材资源、降低模板成本和施工费用的正确方法，是模板工程技术中一项重要的研究课题。当时钢竹模板还存在以下几个主要问题：一是模板模数和结构型式混乱；二是没有统一的钢竹模板质量标准；三是竹胶合板厂生产工艺较落后。钢竹模板的研制工作量很大，其内容包括：（1）钢框和竹胶板模板的设计和试制；（2）钢竹模板的构造设计、模数设计和体系设计等；（3）制订竹胶板模板和钢竹模板的质量标准；（4）钢竹模板的工程试点应用和管理问题等。

每一个部分都有很多技术问题，涉及到轧钢、材料、机械、土建等不同专业，其研究组织工作比开发钢模板更复杂。希望上级领导部门在政策、物资和资金等方面给予支持。建设部、物资部和冶金部的有关领导对研究开发竹胶板模板和钢竹模板工作很重视，把它列入建设部、冶金部和物资部的重大科技研究项目。

1989 年 8 月，由中国模板协会组织上海、浙江、四川、江苏、江西等地的科研单位、生产厂（包括竹胶板、钢竹模板、钢框型材、涂料等厂家）、施工企业和管理部门等 18 个单位参加钢竹模板研制组。经过四年多的共同努力，对竹胶板的结构性能、生产工艺、表面处理等进行了研究，并有了很大改进，还建立了竹胶板厂、钢竹模板厂、涂料厂和钢框型材厂等几十条生产线，生产了竹胶板模板 200 多万平方米，钢竹模板 3 万多平方米，在四川、浙江、江苏、上海等地的数十项模板工程中应用，取得良好的经济效益。

研制组各单位经过多年的共同努力，在竹胶板的结构、加工工艺等方面做了大量工作，取得了有效的成果。各地加工的竹胶板模板有以下几种形式：

1）竹编胶合板模板

1987年，四川省首先开发了竹编胶合板模板，这种胶合板是将竹子劈成篾片，用人工或编织机编成单板，干燥后将单板涂黏结胶，组胚后热压成型。其优点是加工工艺简单，竹材利用率高。主要缺点是采用手工编织，生产效率低；人工劈篾片的厚薄不均，宽窄不一，板面平整度较差。黏结胶为脲醛胶，表面无覆膜处理，这种模板的防水性差，使用寿命短，故应用较少。

2）竹帘竹编胶合板模板

这种胶合板是将竹子劈成竹条，厚度一般为3～6mm，用人工或编织机编成竹帘，干燥后，将竹帘涂黏结胶，纵横向铺放，在其两表面各放1层或2层竹编单板，组胚后热压成型。其优点是由于浙江的竹子是毛竹，直径较大，竹材利用率高，一般可达70%，成本较低，竹帘适宜于机械化加工，生产工艺简单。黏结胶为酚醛胶，模板的防水性和耐磨性好，周转次数多。缺点是竹帘的平整度和密实度不易控制。

1989年，浙江莫干山竹胶合板厂研制了竹帘竹编胶合板模板，这种竹帘竹编胶合板模板发展十分迅速。1991年，中国模板协会组织杨嗣信、叶可明等14位专家参加成果鉴定会，通过了科技成果鉴定。

3）竹片胶合板模板

这种胶合板是将竹材截断，劈成3块，去内外节，再经高温软化处理后，将竹材压平，并用刨光机刨成一定厚度的竹片，再经干燥处理后，将竹片涂胶，纵横向铺放组胚后热压成型。其优点是适宜于机械化加工，板面平整，强度和刚度较好，施胶量也较少。缺点是竹材利用率低，一般仅40%左右，加工工艺较复杂，设备投资较多。

4）覆面胶合板模板

这种胶合板是将竹编或竹帘单板，经纵横铺设组胚后，在其两表面各加1层木单板或竹皮单板，再施胶热压成型。其优点是表面平整、板厚度均匀，更利于作表面处理，提高竹胶板的质量，缺点是加工工艺较复杂，见图2、3。

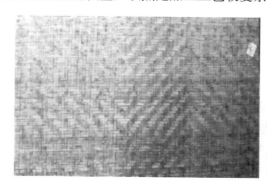
图2　竹胶合板

图3　覆面竹胶板

（1）研制组在竹胶合板表面处理方面也取得了较大进展，主要覆面处理方法有以下两种：

① 涂料覆面处理。涂料主要有聚氨酯涂料和不饱和聚酯两种。聚氨酯涂料的耐磨、耐碱等性能较好。涂料在竹胶板上的涂层方法有两种：一种是冷涂面层，涂料配料后，在常温下即可涂层，这种方法加工方便，在模板生产厂或施工现场均可冷涂加工。由于采用手工涂刷，涂层厚度不均匀，加工速度慢。因此，研制组研究出了 ZM－90 建筑模板涂料，可以涂刷或喷涂在竹胶板表面，大大提高了竹胶板的使用寿命。另一种是热涂面层，在竹胶板厂将竹胶板涂层后，用热压机热压加工。这种方法使涂层的竹胶板面层平整光滑，加工速度快。但是，涂层必须在工厂用热压机加工，在施工现场无法加工。

② 浸胶纸覆面处理。将经过浸胶处理的覆面纸，在热压成型竹胶板工艺中，直接覆面处理。也可以将竹胶板表面刷光后，再热压浸胶覆面纸。浸胶纸的种类有几种，可根据所要求的竹胶板模板使用寿命来选择不同的浸胶纸。竹胶板模板经涂料或浸胶纸覆面处理后，虽然价格有一定提高，但是其使用寿命可以提高到 35～60 次。另外，在施工中模板表面可以不刷脱模剂，模板容易拆除，清理方便。

（2）钢竹模板承受的荷载主要由钢框来承担，所以在设计钢框断面时，既要考虑降低用钢量，又要保证钢框结构具有足够的刚度。研制组在钢框的设计中，采用过以下几种形式。

① 扁钢型钢框。1986 年设计了扁钢型钢框，扁钢板厚为 3mm，设计时主要考虑钢模板厂能利用现有设备进行加工。经过荷载试验和工程应用，这种钢框模板的刚度较差，不能满足使用要求。

② 钢板冷弯钢框。1987 年设计了钢板冷弯型钢，钢板厚度为 3mm，一般钢模板厂只要将设备稍加改造就能加工生产。经过理论计算和荷载试验，模板刚度有明显提高，基本上满足使用要求。缺点是仍然要使用大量紧缺的薄钢板，模板成本较高。

③ 热轧钢框。1988 年根据调查研究的情况，试制了热轧钢框型材，设计时主要考虑到钢竹模板应能与钢模板相互组合拼装，钢框型材高度采用 55mm；其次，为增加钢框的刚度，型材厚度应尽量加大，但由于考虑利用 U 形卡来连接，型材厚度采用 3～4mm；另外，考虑牛腿能避开 U 形卡，面板厚度应小于 12mm。由于竹模板的静曲强度、冲击强度等都高于木胶合板，面板厚度可采用 9mm。通过工程应用证明，钢框型材在强度和刚度上都能满足要求。

三、竹胶板模板和钢竹模板的推广应用

1992 年由建设部施工管理司、物资部木材节约办公室和冶金部科技司联合召开的钢竹模板和竹胶合板模板部级鉴定会，在四川泸州举行。为促进模板工程技术的发展，推广应用新型模板，在鉴定会期间，还组织召开了新型模板推广应用工作会。有来自北京、上海等 15 个省市、地区的有关单位代表 100 多人参加会议。代表们认为，研究、开发钢竹模板、竹胶板模板是充分利用我国丰富的竹材资源，实现"以竹代木""以竹代钢"，促进我国模板工程技术进步的一项重要措施。

该项成果通过科技成果鉴定，于 1993 年被国家科委批准为"国家级科技成果重点推广计划"。1994 年又被建设部、冶金部列为科技成果推广项目。

1994 年建设部将竹胶板模板列入建筑业重点推广应用 10 项新技术之一，中国模板

协会组织成立了新型模板、脚手架推广服务中心，通过推广服务中心领导小组，根据建设部关于 10 项新技术推广工作部署，配合建设部开展竹胶合板模板等新型模板推广工作，以及交流推广工作的经验和体会。同年 10 月 11 日，新疆建筑工程总公司在乌鲁木齐市召开了钢框竹胶板模板和快拆支撑体系技术推广会，来自新疆建工系统、冶金建设公司、新疆生产建设兵团、自治区科委、计委、建设厅等单位的代表参加会议。12 月 28 日，由中国模板协会和济南市土木建筑学会共同组织，由无锡嘉力模板制造公司生产和济南四建集团公司试用的钢竹模板现场应用研讨会，在济南召开了，有来自山东各地施工、设计、高等院校等 75 个单位的 200 余名代表出席会议。

1997 年 12 月 9 日，湖南洪江联合竹胶板厂在上海召开竹胶板模板推广应用会议，建设部、湖南省建委，上海市建工、城建、住总等建设公司的有关代表共 120 余人参加会议。为了更好的推广应用竹胶合板模板，中国模板协会还开展了技术服务、技术培训、行业调查等一系列工作。

1995 年 6 月 2 日，受建设部委托，由冶金部建筑研究总院主编，负责组织有关单位共同编制完成的《竹胶合板模板》（JG/T 3026—1995）行业标准，通过部级技术鉴定，于 1996 年 5 月 1 日正式实施。该行业标准又于 2003 年 9 月 27 日，由北京建筑工程学院和中国模板协会主编，会同有关单位共同完成《竹胶合板模板》的修订工作，并通过部级审查。95 年 7 月 10 日，中国模板协会发文对全国 70 多个竹胶板厂的产量、品种、生产能力、生产工艺等进行调查。

为了加强对竹胶板厂的产品质量管理，提高企业质量管理意识和技术水平，协会与中南地区竹胶板协会联合，在湖南株洲中南林学院，分别举办《竹胶板模板生产技术和质量标准》和《竹胶板模板行业标准》二期培训班，有来自浙江、江西、江苏、湖南、湖北、四川、广西等地厂家的百余名学员参加。

1997 年 10 月，中国模板协会与中南地区竹胶板协会组织有关厂家，历时 24 天对湖南 9 家、江西 3 家、浙江 2 家、广西 1 家共 15 家竹胶合板厂进行行业标准检查。为了将中南地区协会提升为中国模板协会的分支机构，协会向民政部提出申请登记，经民政部审批同意，于 2002 年 12 月在湖南株洲召开中国模板协会竹胶合板专业委员会第一届会员代表大会，选举出专业委员会第一届理事会，中国模板协会竹胶合板专业委员会正式成立。

四、钢竹模板和钢木模板的前景

我国是森林面积较少的国家，森林面积仅占世界森林面积的 4% 左右。1950 年第一次森林资源清查，森林覆盖率为 8.6%。为了保护和开发森林资源，国家实施了天然林保护区，大量种植和发展人工林。经过 50 多年的保护天然林和发展人工林的努力，2008 年第七次森林资源清查，森林覆盖率已达到 20.36%。

20 世纪 80 年代中期，我国木材资源缺乏，钢材供应困难，但是竹材资源丰富，并且竹林生长期短，一般 2～3 年即可成材，并且一次种植可多次采伐。竹材的防水性和耐磨性等物理力学性能较好，所以开发了竹胶板模板。由于竹胶板模板在资源方面有一些优势，据资料介绍，在 1998 年全国各种模板使用量中，竹胶板模板占 30%，木胶合板模板占 23％，小钢模占 35％，木、竹、钢模板已形成三足鼎立的格局。2007 年全国竹胶板模板企业有 420 家，年生产量约 270 万立方米；木胶合板模板企业有 700 多家，年生产量约 991 万立方米。在全国各种模板使用量中，木胶合板模板占 71％，竹胶板模板占 21％，小钢模占 4％，木胶合板模板的使用量远超过竹胶合板模板，已成为我国第三代模板，但竹胶板模板仍占一定比例。

到 2013 年竹胶板模板企业仅存约 100 多家，生产规模大幅度萎缩，企业经营困难，生存也有了问题。主要原因是：

（1）2000 年全国竹林面积为 410 万公顷，而全国木材人工林面积已达到了 4140 公顷，2007 年，全国竹林面积为 900 万公顷，全国木材人工林面积已达到 5850 万公顷。其中速生林杨树人工种植面积达到 936 万公顷，分布也很广，可年产杨树木材 1 亿多立方米，我国木胶合板原料用量中杨木占 70％，是我国木胶合板生产用材的主要资源，竹胶合板的资源优势已没有了。

（2）竹胶板模板企业是劳动密集型产业，企业规模较小，大部分是手工劳动，生产工艺落后，技术力量薄弱，产品质量较难控制，主要问题是板面厚薄不均，厚度公差较大，存在不同程度的开胶等缺点，使用寿命也较短，竹材资源浪费较大。

通过多年的努力，我国研制成功了开竹机、破篾机、织帘机、竹篾剖切机等，但许多中、小型企业没有能力购置这些设备，导致劳动力成本大幅上涨，竹胶板也没有了竞争优势。由于许多木胶合板企业涌入建筑市场，木模板比竹模板有一定的价格优势，市场产品竞争越来越激烈，许多竹胶板企业出现亏损，导致一些实力不强、技术能力不足的厂家倒闭或另谋出路。留下一些企业规模较大，产品质量较好的生产厂。竹胶合板企业只有通过科技创新，实现企业转型升级走出困境。我国曾开发过多种钢框模板，如钢框木胶合板模板、钢框中密度纤维板模板、钢框麻屑板模板、钢框塑料板模板和钢框竹胶板模板等，前面几种模板由于资源不足或力学性能较差，都没能大量开发应用。竹胶板模板具有资源丰富、使用性能好、价格较低等特点，因此，钢框竹胶板模板是我国新型模板推广的重点。

钢框竹胶板模板在 1994—1997 年曾得到大量推广应用，但 1998 年以后，使用量明显减少，主要原因是：

（1）竹胶板模板的使用寿命达不到要求，一般只能周转使用 20～30 次；

（2）竹胶板模板的厚薄均匀度未解决，钢竹模板的产品质量难以达到标准要求；

（3）钢竹模板的加工制作、体系设计等方面起步较低，生产加工以手工操作为主，机械化和自动化程度较低；

（4）钢框型材的生产和结构设计也不成熟，钢框结构形式尚未定型，生产批量小，生产厂均为小型轧钢厂，加工工艺落后，产品质量也难以保证。

20 世纪 80 年代末，我国有一些单位对钢框木胶板模板也进行了开发应用工作。1986 年福建省第二建筑公司与省建筑科研所联合研制了钢框木胶合板模板。1987 年青岛瑞达模板公司与中国建筑科学研究院合作，中国建筑技术发展中心与青岛华林胶合板公司合作，用该公司生产的酚醛薄膜热压的胶合板作面板，试制成功了钢框木胶合板模板，在一些地区推广应用，得到了使用单位的好评。当时，《北京日报》曾发表文章，称这是第三代模板，不久将全面替代组合钢模板。由于当时我国木材资源十分紧缺，这种模板价格又较高，因此，没有得到推广应用。

我国钢框木胶板模板的研究和开发工作也已经开展了多年，从面板材料、模板设计、施工技术等方面取得了较大进步。这种模板的边框截面高度有 55mm、70mm、75mm、78mm 等多种规格，这些都属中、小型模板。55 型模板可与钢模板通用，连接件简单，模板刚度小，加工面积不宜过大，仅为过渡性模板。另外，70、75、78 型几种模板的截面高度相差不大，规格偏多不利于生产厂和施工单位的应用，所以在后来编制的《钢框胶合板模板》标准中，选定边框高度为 75mm。

20 世纪 90 年代以来，随着我国经济建设迅猛发展，高层建筑和超高层建筑大量兴建，大规模的基础设施建设工程以及城市交通、高速公路飞速发展。木胶合板的需求量猛增，胶合板生产厂大批建立。木胶合板模板和钢框胶合板模板是国外应用最广泛的模板形式之一，我国也建立了一批专业模板和脚手架公司，大大地促进了我国模板、脚手架工程的技术进步。

1996 年中国模板协会在北京冶金部建筑研究总院召开了全国新型模板、脚手架推广应用经验交流会，参加会议的有来自冶金、建设、铁道等 10 多个部门及北京、上海、天津、河北等 20 个省市的代表共 136 人。同时，冶金部、建设部、铁道部、国内贸易部、中建总公司以及有关部门的领导也参加了会议。会议期间在冶建院内举办了新型模板、脚手架展览会和产品发布会，有 20 多个单位展示了国内各种新型模板、新型脚手架及相关附件、建材等的产品，施工工程应用图片和模型。其中北京北新施工技术研究所、北京利建模板公司、北京赫然建筑新技术公司、中建柏利工程技术发展公司、北京比尔特施工新技术研究所等单位展示了各种钢框胶合板模板。

写于 2021 年 10 月 10 日

为什么木胶合板模板没能被替代

中国模板脚手架协会 糜加平

我国是森林面积较少的国家，森林面积仅占世界森林面积的4％左右。1950年第一次森林资源清查，森林覆盖率为8.6％。全国国有林区原有131个林业局，到了20世纪70年代，25个林业局森林资源枯竭，70多个林业局过伐。当时，我国解决木材供应不足的主要措施有二个，一是开源，开发新林区和进口国外木材；二是节流，发展人造板工业，提高木材出材率和综合利用率；以及推广木材代用品，提出"以钢代木""以塑代木"等。

20世纪60年代，我国提出了"以钢代木"，在建筑施工中开始研究钢脚手架和钢模板，但发展速度十分缓慢。1979年初，组合钢模板研制成功，在全国各地迅速推广应用，模板工程的"以钢代木"不断深入发展。

那时，我国木材严重短缺，钢材供应也很紧张。在这种情况下，有人对"以钢代木"提出怀疑，也有人提出"应该一开始对三大缺口材料退避三舍，寻找其他出路"，三大缺口材料是钢材、木材、塑料。所以，在"以钢代木"推广应用钢模板的同时，有不少单位寻找其他出路，积极研究和开发各种材料模板的工作一直在进行。

一、木胶合板模板是如何发展的

1. 20世纪80年代："以钢代木"、开发各种材料模板

1988年青岛瑞达模板公司与中国建筑科学研究院合作，开发生产了钢框木胶合板模板，这种新型模板在许多建设工程中得到应用，也受到有关领导部门的重视。当时，曾在《北京日报》上大力宣传这是第三代模板，不久将全面替代组合钢模板。由于我国木材资源十分短缺，当时木胶合板模板的成本较高，施工企业还难以接受，结果没有得到推广应用。

2世纪80年代，木胶合板模板没有得到推广应用，但是，有不少单位积极研究和开发了各种材料的模板。

1）塑料模板

1982年宝钢工程指挥部和上海跃华玻璃厂联合研制成组合式增强塑料模板，这种模板采用玻璃纤维增强的聚丙烯为主要原料注塑成型，模板结构和规格尺寸与钢模板基本相同。

2）玻璃钢圆柱模板

1985年北京市建筑工程研究所和北京市六建公司采用玻璃纤维布为原材料，不饱和聚酯树脂为黏结剂，联合研制成玻璃钢圆柱模板。

3）铸铝合金模板

1985年北京市第二建筑公司引进美国Contech公司的铸铝合金模板，在北京建造

了几幢多层住宅试验楼。1986 年北京铸铝制品厂与北京市二轻建筑公司合作，研制成功了稀土铸铝合金模板。

4）覆面麻屑板模板

1986 年冶金部建筑研究总院与兰西县焊接设备厂合作研制成钢框覆面麻屑板模板，这种麻屑板是利用生产亚麻纤维的废料——麻屑模压成板材，板材表面加以覆膜处理。

5）中密度纤维板模板

1987 年广东省建筑科研设计所研制成中密度纤维板，由三联建筑模板有限公司在中密度板表面涂布一层纤维布，制作成中密度纤维板模板。

6）砂塑板模板

1988 年昆明工学院研制出以废砂、炉渣、矿渣、石英砂等为主要原材料，以废塑料为粘结剂的复合材料。昆明建筑安装公司用来制作建筑模板。

7）木塑板模板

1988 年湖南邵东复合材料厂生产一种木塑板，以木屑、茶子壳为主要原材料，以废塑料为粘结剂，江西建筑机械厂用来制作钢框覆面模板。

8）竹胶合板模板

1987 年，四川省首先开发了竹编胶合板模板，由于四川的竹子是慈竹，竹子的直径较小。这种竹编板主要缺点是采用手工编织，生产效率低；人工劈篾片的厚薄不均，板面平整度较差，故应用较少。

1989 年，浙江莫干山竹胶合板厂研制了竹帘竹编胶合板模板，浙江的竹子是毛竹，直径较大，竹材利用率高，生产工艺简单。这种竹帘胶合板模板发展十分迅速。1991年，由中国模板协会组织的有杨嗣信、叶可明等专家参加的成果鉴定会，通过了科技成果鉴定。

2. 20 世纪 90 年代：推广竹胶合板模板、初用素面木胶合板

20 世纪 90 年代以来，随着我国经济建设迅猛发展，高层建筑和超高层建筑大量兴建，大规模的基础设施建设工程以及城市交通、高速公路的飞速发展。木胶合板的需求量猛增，胶合板生产厂大批建立，但是，利用竹材制作的竹胶合板模板得到大量推广应用，其原因是：

（1）我国木材资源十分缺乏，但是，竹材资源极为丰富，全国的竹林面积占世界竹林面积的 1/4，竹材年产量占世界年产量的 1/3。

（2）竹材的强度、刚度、耐水性、适用性等的性能都较好，是用作建筑模板的理想材料。

1990 年全国竹胶合板厂 80 多家，模板年生产能力已达 10 万立方米。

1995 年，全国已有竹胶合板厂 160 多家，其中生产素面竹胶合板模板的厂家有 50家，覆面竹胶合板模板的厂家有 30 多家，竹胶合板模板年产能力约 18 多万立方米。

1993 年，木胶合板厂仅 400 多家，木胶合板年产量仅为 212.45 万立方米。

1999 年，由于我国杨树速生林的大力发展，以及加工技术的进步和市场的驱动，木胶合板生产厂发展达到 2000 多家，木胶合板的年产量达到 727.64 万立方米，产量增加了 3.4 倍。

有一些民营人造板厂开始投入建筑市场，利用素面木胶合板用作建筑模板，这种模板价格较低，在一些大城市的建筑工程中大量应用，由于大多是脲醛板，模板使用寿命较短，一般只能使用3～5次，甚至1～2次，没有得到推广应用，还受到社会上各方面的非议。

3. 进入21世纪：木胶合板模板发展迅速，钢竹木模板形成三足鼎立的格局

2003年木胶合板年产量达到新高峰为2102.35万立方米，十年间产量增加了近十倍，木模板年产量为459万立方米。到了2009年，木胶合板厂达到4500多家，年产量猛增到4451.24万立方米，木胶合板总产量居世界第一，木模板产量达到1335万立方米。

2003年，全国有竹胶合板厂300多家，400多条生产线，竹胶合板模板年产能力约200多万立方米，模板实际年产量达120万立方米。

同时，有一些胶合板厂开发出酚醛覆面胶合板模板，这种模板在表面平整度、厚薄均匀度等方面均优于竹胶合板模板，因此，覆膜木胶合板模板及钢框木胶合板模板体系得到重点推广应用。我国以钢模板为主的格局已经打破，钢模板与木模板、竹模板形成了三足鼎立的局面。

4. 进入2010年后：木模板使用量居首位，多种模板并存（图1）

图1 木模板楼板

2010年，木模板年产量达到1470万立方米；2013年，木模板年产量达到3918万立方米；2017年，木模板年产量高达4707万立方米，使用量已占模板使用总量的70%左右，已在各种模板中居首位。2017年，竹胶合板年产量为572万立方米，其中，竹胶合板模板的年产量为229万立方米。

钢模板的使用量大量减少，研究和开发了新型塑料模板和铝合金模板，形成了多种模板并存的局面。

二、为什么木胶合板模板能快速发展

1. 木材资源得到快速增长

我国是森林资源贫乏，木材供应十分短缺的国家，三十多年前，曾有专家预测木胶合板生产将是无米之炊，在制订"十五"和"十一五"规划时，木胶合板曾被列为限制发展的产品。二十多年前，也有专家预测，"长期大规模使用木胶合板模板必将产生严

重后果，这样下去必然会出现毁灭性的砍伐，造成毁林现象，破坏生态平衡，后患无穷"。十多年前，也有专家提出对待木胶合板模板的对策"不是发展，而是治理；不是鼓励，而是限制"。

但是，实际情况是我国木胶合板产量持续高速增长，我国森林资源并没有得到毁灭性的破坏，森林覆盖率从 1998 年的 16.55%，到 2008 年增加到 20.36%。我国木胶合板生产不再是无米之炊，木材资源已得到快速增长，并且木胶合板和木模板的产品还大量出口到欧美、日本、韩国、非洲等国家。主要是采取了以下几个发展森林的措施：

（1）世界林业发展大致经历了三个阶段，即破坏森林阶段、保护和恢复森林阶段、改造和发展森林阶段。我国在 20 世纪 60 年代以前是破坏森林阶段，20 世纪 70 和 80 年代是保护森林阶段，20 世纪 90 年代是恢复森林阶段，2000 年以后是改造和发展森林阶段。

经过多年的植树造林，人工林面积已增加到 5326 万平方公顷以上，居世界首位。目前，我国林业已处在由木材生产为主，向以生态建设为主的历史性阶段，逐步由以采伐天然林为主向以采伐人工林为主转变。近年来，我国森林面积每年以 200 万平方公顷的速度增加，人工林木生长量已大于消耗量。

（2）我国每年有数千公顷土地实行退耕还林，还启动了速生丰产林工程。我国江苏、山东、河北和浙江等省都是天然林缺乏的省份，从意大利引进速生林杨树后，丰富的杨树资源使得这几个省已成为我国木胶合板和木胶合板模板的主要生产基地。

随着木材资源的变化，我国木胶合板产地分布也发生根本变化，东北木胶合板产量已不足全国的 5%，西北、西南地区木胶合板产量不到全国的 4%，而 75% 的木胶合板产量集中在长江和黄河下游地区。

（3）杨树人工林的开发，带动了中、小胶合板企业的发展。杨树产业的发展和市场的驱动，激发了人工造林、护林、用林的积极性。如江苏省 20 世纪 80 年代的森林覆盖率为 2%，现在已上升到 10% 以上。

（4）木材加工技术有了很大的创新，大大提高了木材的利用率，降低了木胶合板的成本，从原料面临衰竭的困境，发展成为杨木资源富裕的胶合板制造大国。目前，我国木胶合板原料用量中杨树木材占 70%，已成为我国胶合板生产用材的主要资源。

2. 推广应用中的问题得到改善

木胶合板模板在推广应用中，主要存在以下一些问题。

近年来，随着木胶合板模板的市场占有率越来越大，生产厂家越来越多，市场竞争也越来越激烈。一些厂家为了抢占市场，忽视产品质量，低价进行竞争，有些厂家的生产设备和技术条件还没有完备，就急于投产，导致产品质量下降。这个阶段的产品档次低，质量低，价格低，企业竞争激烈。

过去一些企业生产工艺和设备落后，技术力量薄弱，缺乏严格的质量监督措施，为了抢占市场，进行低价竞争。有些施工企业也只要模板价格便宜，不考虑综合成本，忽视木材的浪费，大批低质量的木模板流入施工现场。

经过近十年来的市场洗礼和技术革新，已有不少木模板企业在加强质量管理，改进生产工艺和设备等方面都有了较大的进步，有不少企业已能生产出质量较好的覆膜胶合板模板。如有用于别墅、工业建筑等，使用 10 次左右的模板；有用于高层建筑，使用 20～30 次以上的模板；有与钢（铝）框模板配套，使用 30～50 次的模板；也有使用 80～100 次木塑板。这些产品能满足一般民用建筑、超高层建筑，以及核电站、隧道、桥梁、航站楼等各种建筑的要求。

关于木材资源浪费严重，废弃木模板处理不当，在建筑工地大量堆积，产生污染施工环境的问题，这不是木模板本身的问题，而是施工企业现场管理措施不到位，废旧模板的回收利用的工作没有做好造成的。据调查，目前工地上使用过的废旧木模板，大部分已被回收利用，废旧木模板堆积如山的现象已看不到了（图 2）。

图 2　再次加工成模板

如在河北左各庄市场上，有几百家废旧木模板回收企业。他们从全国各地回收废旧木模板，将较好的废模板挑选出来，有的可做椅子的座板、靠背及托盘等；有的通过插接、拼接等方式，再次加工成模板，出口到非洲和中东地区；还有的用废模板加工成宽条，做成预应力积成板和工字梁；剩余的废料粉碎后加工成刨花板、密度板，或投入锅炉内焚烧还可产生能量。

三、为什么木胶合板模板没能被替代

木模板是国外应用最广泛、使用量最多的模板型式之一，木模板表面平整光滑、耐磨性强、防水性较好；模板强度、刚度较好，能多次周转使用；材质轻、适宜加工大面模板，是一种理想的模板材料。

当前，铝合金模板和塑料模板正在大力推广，有些文章中言词有点夸大，如有些铝合金模板文章中讲"铝合金模板是建筑模板在经历了木模板、钢模板、塑料模板之后的第四代模板""目前在国内正在取代木模板、钢模板和塑料模板"等。有些塑料模板的文章中宣传"塑料模板必将取代传统的木质模板""塑料模板为木模、钢模、铝模之后的第四代新型模板"等。

我国铝模板开发和应用的时间不长，在"绿色施工""绿色模板""环保节能"政策的鼓励下，近几年有一大批钢模板生产厂和铝制品加工企业加入到铝模板制造行业，但是对铝模板生产、施工和管理中存在的一些问题还没有很好解决。如生产环节中有铝模板的标准不统一、非标模板太多、模板制作质量等问题；施工环节中有铝模板的施工管理、模板表面混凝土黏结处理、模板重复使用次数及模板回收利用等问题。

在欧洲建筑市场中，有木模板、钢模板、钢（铝）框胶合板模板，几乎没有全铝模板，因为铝模板主要适合于标准化的高层住宅建筑和多层楼群，施工方法适合于散装散拆的人工操作，对于体育场、机场、水电站、核电站、道路、桥梁等结构形式复杂的工程不适合，采用机械化程度高的大模板吊装施工也不适合。所以，还是以大量使用木模板体系为主，木模板的使用量在 70%以上。北美建筑市场中，大多是钢、铝框胶合板模板体系，少量有全铝模板。

全塑料模板在欧美各国应用也较少，钢（铝）框塑料板模板和装饰塑料模板应用较多，如德国 MEVA 模板公司与 Alkus 塑料公司合作，开发了钢框塑料板模板，这种塑料板的材质轻、耐磨性好、周转使用次数多，一般可达到 500 次以上，使用年限可超过 10 年。塑料板的两表面为硬质塑料，中间为添加玻璃纤维和辅助材料的增强塑料。在硬质塑料与增强塑料之间，粘贴 0.5mm 厚的铝纸，其作用是可以较好解决塑料板热胀冷缩和阻燃性的问题。但是这种塑料板的价格比芬兰维萨板还高 3～4 倍。

我国塑料模板经过 10 多年的发展取得了很大进步，在模板结构、材料性能和使用功能方面都有了较大提升。但是，总体来说，塑料板的强度和刚度较小，热胀冷缩、阻燃性及废塑料模板的回收利用等问题没有很好解决。

30 多年来，木模板是在很多反对声、怀疑声中，不断地发展壮大的，现在木模板的使用量已在各种模板中居首位。目前，我国已初步形成多种模板并存的格局，各种模板之间不是要取代，而是要相互合作，并存互补。一个工程可以采用多种不同材料的模板，以达到施工方便、快捷、经济、合理的目的。

各模板材料都有不同的特点和不足。如钢板和铝板的强度高、刚度好，而脱模性较差，容易黏结混凝土，适合于做模板边框。木板和塑料板的表面光滑，脱模性较好，而强度和刚度不足，适合于做模板的板面。多种模板并存，充分发挥各种模板材料的特点，大力研究和开发钢（铝）框胶合板模板和钢（铝）框塑料板模板是最好的选择。当前，有关部门和协会应发挥好导向作用，借鉴国外先进模板技术和经验，引领模板、脚手架技术健康发展，进一步促进我国模板和脚手架的创新开发、技术进步和推广应用。

我国木胶合板模板的发展和前景

中国模板脚手架协会 糜加平

一、木模板发展的四个阶段

1. 第一阶段：20 世纪 80 年代

1981 年，在钢模板推广应用不久，开始从国外引进木胶合板模板，在上海宝钢建设工程及深圳、广州、北京等一些建筑工程中得到应用。

1986 年，福建省第二建筑公司与省建筑科研所联合研制了钢框木胶合板模板，这种木胶合板的表面经过塑料浸渍饰面或涂层处理。在省内 10 多个工程得到应用。

1987 年，青岛华林胶合板有限公司引进芬兰劳特公司的生产设备和技术，生产了覆膜木胶合板模板。

1988 年青岛瑞达模板公司与中国建筑科学研究院合作，利用这种胶合板为面板，开发生产了钢框木胶合板模板，这种新型模板在许多建设工程中得到应用，也受到有关领导部门的重视。当时，曾在北京日报上大力宣传这是第三代模板，不久将全面替代组合钢模板。我也曾给《北京日报》去信，表示这不可能，但是，30 年后再看，现在这个预言实现了，木模板真的替代了钢模板，成为第三代模板。由于我国木材资源十分短缺，当时木胶合板模板的成本较高，施工企业难以接受，结果没有得到推广应用。

20 世纪 80 年代，木胶合板模板没有得到推广应用，但是，有不少单位积极研究和开发了各种材料的模板。

1）塑料模板

1982 年宝钢工程指挥部和上海跃华玻璃厂联合研制成"组合式增强塑料模板"，这种模板采用玻璃纤维增强的聚丙烯为主要原料，注塑成型，模板结构和规格尺寸与钢模板基本相同。

2）玻璃钢圆柱模板

1985 年北京市建筑工程研究所和北京市六建公司采用玻璃纤维布为原材料，不饱和聚酯树脂为黏结剂，联合研制成玻璃钢圆柱模板。

3）铸铝合金模板

1985 年北京市第二建筑公司引进美国 Contech 公司的铸铝合金模板，在北京建造了几幢多层住宅试验楼。1986 年北京铸铝制品厂与北京市二轻建筑公司合作，研制成功了稀土铸铝合金模板。

4）覆面麻屑板模板

1986 年冶金部建筑研究总院与兰西县焊接设备厂合作研制成钢框覆面麻屑板模板，这种麻屑板是利用生产亚麻纤维的废料——麻屑模压成板材，板材表面加以覆膜处理。

5）中密度纤维板模板

1987年广东省建筑科研设计所研制成中密度纤维板，由三联建筑模板有限公司在中密度板表面涂布一层纤维布，制作成中密度纤维板模板。

6）砂塑板模板

1988年昆明工学院研制出以废砂、炉渣、矿渣、石英砂等为主要原材料、以废塑料为粘结剂的复合材料。昆明建筑安装公司用来制作建筑模板。

7）木塑板模板

1988年湖南邵东复合材料厂生产出一种木塑板，以木屑、茶子壳为主要原材料、以废塑料为黏结剂，江西建筑机械厂用来制作钢框覆面模板。

以上几种材料的模板都没有推广应用，但是，利用竹材制作的竹胶合板模板得到大量推广应用。

2. 第二阶段：20世纪90年代

20世纪90年代以来，随着我国经济建设迅猛发展，高层建筑和超高层建筑大量兴建，大规模的基础设施建设工程以及城市交通、高速公路的飞速发展。木胶合板的需求量猛增，胶合板生产厂大批建立，

1993年，胶合板厂仅400多家，木胶合板年产量仅为212.45万立方米。

1999年，由于我国杨树速生林的大力发展，以及加工技术的进步和市场的驱动，胶合板生产企业飞速发展达到2000多家，厂家增加了5倍，木胶合板的年产量达到727.64万立方米，产量增加了3.4倍。

有一些民营人造板厂开始投入建筑市场，利用素面木胶合板用作建筑模板，这种模板价格较低，在一些大城市的建筑工程中大量应用，由于大多是脲醛板，模板使用寿命较短，一般只能使用3～5次，甚至1～2次，没有得到推广应用，还受到社会上各方面的非议。

3. 第三阶段：进入21世纪

2003年木胶合板年产量达到新高峰为2102.35万立方米，十年间产量增加了近十倍，木模板年产量为459万立方米，约占总产量的20%～30%。到了2009年，木胶合板厂达到4500多家，年产量猛增到4451.24万立方米，木胶合板总产量居世界第一，木模板产量达到1335万立方米。

同时，有一些胶合板厂开发出酚醛覆面胶合板模板，这种模板不仅在表面平整度、厚薄均匀度等方面均优于竹胶合板模板，因此，覆膜木模板及钢框木模板体系得到重点推广应用。我国以钢模板为主的格局已经打破，钢模板与木模板、竹模板形成了三足鼎立的局面。

4. 第四阶段：2010年后

2010年，木模板年产量达到1470万立方米，2013年，木模板年产量达到3918万立方米。2017年，木模板年产量高达4707万立方米，使用量已占模板使用总量的70%左右，已在各种模板中居首位。

2000年以来，我国木胶合板行业形成了4大产业基地。以邢台、廊坊为中心的河北产业基地；以临沂为中心的山东产业基地；以嘉善为中心的浙江产业基地；以徐州为中心的苏北产业基地。4省的胶合板产量，约占全国产量的70%。

二、木模板发展的原因

木模板是国外应用最广泛、使用量最多的模板型式之一，木模板具有表面平整光滑、容易脱模、强度、刚度较好，能多次周转使用，材质轻、适宜加工大面模板等特点，是一种理想的模板材料。

但是，木模板在推广应用中还存在一些问题，一是木材资源浪费严重，废弃木模板处理不当，污染施工现场环境；二是企业布局不合理，在一些地区特别集中，企业数量过多、规模不大、设备简陋、技术力量弱；三是产品档次低、质量低、价格低、企业竞争激烈。

30多年来，我国对推广应用中是否限制使用木胶合板模板，一直存在着很大的意见分歧。有的专家提出"严禁使用木胶合板模板"，对待木胶合板模板的对策"不是发展，而是治理；不是鼓励，而是限制"。我向有的专家提出"采用木胶合板模板应是发展方向"。

1. 木材资源的增长

我国曾是森林资源贫乏、木材短缺的国家，三十多年前，曾有专家预测木胶合板生产将是无米之炊，在制订"十五"和"十一五"规划时，木胶合板曾被列为限制发展的产品。二十多年前，也有专家预测"长期大规模使用木胶合板模板必将产生严重后果，这样下去必然会出现毁灭性的砍伐，造成毁林现象，破坏生态平衡，后患无穷"。

但是，实际情况是我国木胶合板产量持续高速增长，森林资源并没有得到毁灭性的破坏，森林覆盖率从1998年的16.55%，到2008年增加到20.36%，并且木胶合板和木模板的产品还大量出口到欧美、日本、韩国、非洲等国家。

2. 节能环保的改善

在木模板推广应用中，由于木模板施工管理存在一些问题，近来，有的专家提出"这种高物耗、高污染的木胶合板作为模板，20年来已造成我国森林资源和生产、运输能源达95%的惊人浪费"。

从木材加工成板材，再加工成模板，耗费的能量较小。据国外资料介绍，每加工1吨钢材、塑料、铝材的能耗量分别为木材的27倍、34倍和300倍。据美国的一项研究表明，美国所有工业原材料产品中，木材产品占47%，钢铁产品占23%，而木材产品消耗的能源只占4%，钢铁产品占了48%。

还有专家提出，木模板的使用次数少，木材浪费严重；废弃木模板在建筑工地大量堆积，产生污染环境的问题。这些不是木模板本身的问题，而是生产厂和施工企业的管理问题。过去一些企业生产工艺和设备落后，技术力量薄弱，缺乏严格的质量监督措施，为了抢占市场，进行低价竞争。有些施工企业也只要模板价格便宜，不考虑综合成本，忽视木材的浪费，大批低质量的木模板流入施工现场。

经过近十年来的市场洗礼和技术革新，已有不少木模板企业在加强质量管理，改进生产工艺和设备等方面都有了较大的进步，有不少企业已能生产出质量较好的覆膜胶合板模板。如兴山木业公司生产的覆膜木胶合板模板，有用于别墅、工业建筑等，使用10次左右的模板；有用于高层建筑，使用20～30次以上的模板；有与钢（铝）框模板配套，使用 30～50 次的模板；也有使用 80～100 次木塑板。这些产品能满足一般民用建筑、超高层建筑，以及核电站、隧道、桥梁、航站楼等各种建筑的要求。现在木模板产品使用 10 次左右的只占到销售量的 15％，使用 20～30 次的占到 75％，使用 30～50 次的占到 10％。

三、木模板发展的前景

当前，铝合金模板和塑料模板正在大力推广，有些文章中的言辞有点夸大，如有的铝模板文章中讲"铝合金模板是建筑模板在经历了木模板、钢模板、塑料模板之后的第四代模板""目前在国内正在取代木模板、钢模板和塑料模板"等。有的塑料模板的文章中宣传"塑料模板必将取代传统的木质模板""塑料模板为木模、钢模、铝模之后的第四代新型模板"等等。

在欧洲建筑市场中，有木模板、钢模板、钢（铝）框胶合板模板，几乎没有全铝模板，因为，铝模板主要适合于标准化的高层住宅建筑和多层楼群，施工方法适合于散装散拆的人工操作，对于体育场、机场、公共建筑、水电站、核电站、道路、桥梁等结构形式复杂的工程不适合，采用机械化程度高的大模板吊装施工也不适合。所以，还是大量使用木模板体系为主，木模板的使用量约在 70％以上。北美建筑市场中，大多是钢、铝框胶合板模板体系，少量有全铝模板。

我国铝模板开发和应用的时间不长，在"绿色施工""绿色模板""环保节能"政策的鼓励下，近几年有一大批钢模板生产企业和铝制品加工企业加入到铝模板制造行业，但是，对铝模板生产、施工和管理中存在的一些问题还没有很好地解决。如生产环节中有铝模板的标准不统一、非标模板太多、模板制作质量等问题；施工环节中有铝模板的施工管理、模板表面混凝土黏结处理、模板重复使用次数及模板回收利用等问题。

我国塑料模板经过 10 多年的发展取得了很大进步，在模板结构、材料性能和使用功能方面都有了较大提升。但是，总体来说塑料板的强度和刚度较小，热胀冷缩、阻燃性及废塑料模板的回收利用等问题没有很好解决。

30 多年来，木模板是在很多反对声和怀疑声中，不断的发展、壮大的，现在木模板的使用量已在各种模板中居首位。目前，我国已初步形成多种模板并存的格局，各种模板之间不是要取代，而是要相互合作，并存互补。一个工程可以采用多种不同材料的模板，以达到施工方便、快捷、经济、合理的目的。

各种模板材料都有不同的特点和不足，如钢板和铝板的强度高、刚度好，而脱模性较差，容易黏结混凝土，适合于做模板边框。木板和塑料板的表面光滑，脱模性较好，而强度和刚度不足，适合于做模板的板面。多种模板并存，充分发挥各种模板材料的特点，大力研究和开发钢（铝）框胶合板模板和钢（铝）框塑料板模板是最好的选择。当前，有关部门和协会应发挥好导向作用，借鉴国外先进模板技术和经验，引领模板、脚手架技术健康发展，进一步促进我国模板和脚手架的创新开发、技术进步和推广应用。

写于 2019 年 4 月 29 日

我国塑料模板的发展过程及与发达国家的差距

中国模板脚手架协会　糜加平

建筑塑料制品的生产和应用能耗都远低于其他材料，如 PVC 的生产能耗仅为钢材的 1/5，铝材的 1/8；PVC 管材用于给水比钢管节能 62%～75%，用于排水比铸铁管节能 55%～68%；用于塑料门窗可节约采暖和空调能耗 30%～50%。塑料模板是一种节能型和绿色环保的产品，因此，推广应用塑料模板是节约资源、节约能耗、"以塑代木""以塑代钢"的重要措施。推广应用塑料模板具有广阔的发展前景，采用塑料模板应该是发展方向。

一、国外塑料模板的发展概况

20 世纪 60 年代中期，日本开始使用 ABS 树脂制作塑料模板，德国 Alkus 塑料模板公司从 1985 年开始研究和开发能替代木模板的塑料模板。20 世纪 90 年代以后，塑料模板在国外工业发达国家发展很快，塑料模板的品种规格也越来越多。欧美等发达国家根据塑料的材料特性，如塑料具有耐水性好、可塑性强、表面光滑、容易脱模的特点，开发了各种品种规格的塑料模板。

1. 钢框塑料模板（图 1）

德国 Alkus 塑料模板公司于 2001 年开发了新型塑料面板，2002 年与 MEVA 模板公司合作开发钢框塑料模板，这种塑料板材质轻、耐磨性好、周转使用次数多，并且清理和修补方便，经济效益好。据一些工程应用证明，这种模板重复使用次数能达到 500 次以上，有的模板已达到 1000 次，使用年限可超过 10 年，见图 1、2。

图 1　钢框塑料模板

2. GMT 建筑模板

由于塑料模板的刚度和强度较低，为了提高塑料模板的刚度和强度，一些模板公司在原料配方或模板结构上进行改进。GMT 在国际上是 20 世纪 80 年代才开发，20 世纪

90 年代广泛应用的"以塑代钢"新型复合材料，它具有钢材、玻璃钢等材料的共同优点。韩国开发了 GMT 复合材料的建筑模板，并已大量用于楼板模板和墙体模板建筑施工工程中。GMT 模板质量轻，仅为 $7.8kg/m^2$，强度和刚度较高，一般情况下，素板可以重复使用 45 次以上，钢框塑料模板可以使用百次以上，见图 2、图 3。

图 2　塑料楼板模板　　　　　　　　图 3　塑料墙模板

3. 塑料模板体系

斯洛文尼亚研制开发了 EPIC 塑料模板体系，这种模板选用聚丙烯为基材，特殊纤维增强的复合材料，采用注塑模压成型，对模板结构作了改进，模板的强度和刚度较高。模板重量轻，最大的模板重量为 17.6kg，模板可以周转使用 300 次以上，全套模板体系由 7 种规格模板和 25 种连接件组成。模板和连接件均采用复合材料制作，模板体系较完整，承载能力可达到 $40kN/m^2$，可以应用于基础、墙、柱、楼板等模板工程，见图 4、图 5。

图 4　塑料墙模板　　　　　　　　图 5　塑料楼板模板

4. 全塑料装饰墙模

美国 ACC 模板公司研制开发了一种全塑料装饰墙模，这种模板的边框和内肋均为高强塑料，板面为压制成各种花纹的塑料板，利用连接件可拼装成墙模或柱模，浇注混凝土后可以浇注各种仿石块的混凝土墙面，外形非常逼真，装饰效果很好，这种模板还可与钢框胶合板模板组合使用，见图6。

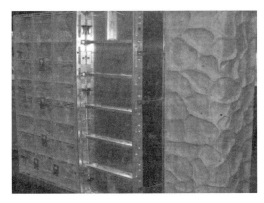

图6　全塑料装饰墙模

5. 可塑模板内衬

由于塑料具有较大的可塑性，能按设计要求形成独特的混凝土形状。德国NOE模板公司研制开发了一种NOE PLAST可塑模板内衬，已设计出130多种不同花纹，可以把精美的木纹、浮雕、大理石、花岗石等多种外饰面真实地表现到混凝土上，它能创造出更具建筑美感的混凝土表面。

这种模板内衬用于预制混凝土和现浇混凝土结构，都能得到同样的效果，如果使用得当，可以周转100次以上。这种模板内衬可以广泛应用于桥梁、立交桥、建筑外墙、隔音墙、天花板，以及车站、办公楼、饭店等公共建筑的地坪，见图7。

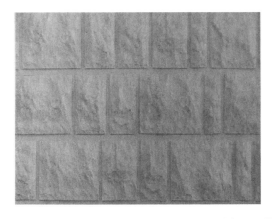

图7　可塑模板内衬

6. 空心塑料模板

在20世纪90年代，日本KANAFLEX集团公司研制开发了一种空心塑料模板，这种模板采用正反面均为平面，中间用竖肋隔成许多空心的结构，因此模板重量很轻，仅为$6.9 kg/m^2$，比木胶合板模板还轻20％以上。这种模板厚12mm，主要应用于楼板模板施工，并可以与木胶合板模板通用，周转使用次数可达20次以上，也可以在塑料板面上加工木框，提高模板的承载能力，这种木框塑料模板可以作墙体模板施工，见图8。

图 8　日本空心塑料模板

7. 一次性塑料模板

美国生产塑料模板的企业很多，有的用泡沫塑料作一次性模板，既作墙体模板又作墙体保温层，利用钢筋或塑料杆将两面墙体模板连接，见图9。还有一种硬塑料模板，见图10，既可作墙体模板，又可作为墙体的外墙面，不用拆模，施工很简便。

图 9　泡沫塑料模板　　　　　　　图 10　墙体塑料模板

8. 塑料布模板

德国PECA模板公司经过多年的研究和工程应用，开发了一种在钢筋骨架上粘贴一层塑料布的模板，这种模板主要用于基础、楼板等模板施工。根据施工混凝土结构的尺寸，可在模板工厂预先加工成型，再运到施工现场安装，混凝土浇筑完后，拆除模板非常轻便，有些基础模板可以不拆除，施工费用也可以大幅降低，见图11、图12。

图 11　塑料基础模板　　　　　　　图 12　塑料楼板模板

9. 保温泡沫塑料模板

塑料还具有导热系数小，耐腐蚀性好的特点。1994 年，加拿大模板公司开发了保温泡沫塑料墙体模板，这种模板是一次性模板，既可以作模板又可以作墙体的保温层。由于模板施工操作轻便，不用大型施工机械设备，又不用拆除模板，它的施工成本更低；墙体不仅有良好的保温效果，还有较好的隔音效果。与多数建筑墙体相比，可以降低噪声 50％。由于墙体有特殊的保护，能较长时间不会腐烂，所以使用这种墙体模板是安全可靠的。这种模板也是节能环保的产品，不仅可以节省大量木材，使用后还可以回收再利用，施工现场几乎没有废品。这种模板已大量用于住宅、商场、医院和学校等建筑。

二、我国塑料模板的发展过程

我国塑料模板已经历了 40 年的发展过程，塑料模板的品种规格也越来越多，目前在建筑工程和桥梁工程中也已得到大量应用，取得很好的效果。但是，建筑塑料模板的技术性能和产品质量还不完善，产量仍较低，还没有得到普遍推广应用，各种塑料模板正处于不断开发和发展的阶段。

1. 我国塑料模板最早应用于 20 世纪 80 年代

我国最早的塑料模板是在 1982 年，由宝钢工程指挥部、上海跃华玻璃厂和冶金部建筑研究总院联合研制成定型组合式增强塑料模板，并于 1983 年通过鉴定。这种模板选用聚丙烯为基材，玻璃纤维增强的复合材料采用注塑模压成型，模板结构和规格尺寸与组合钢模板基本相同，在上海宝钢的民用建筑、厂房基础和围堤等 10 多项建筑工程中得到应用，取得较好效果，见图 13。

图 13　玻璃纤维增强塑料模板

由于当时生产塑料模板的技术缺乏，加工的塑料模板有一些收缩变形，施工的混凝土墙面平整度较差。不过在围堤工程的施工中，还是取得了很好的效果。当时，在上海宝钢工程的长江入海口处要修建一个围堤，施工需要模板，钢模板在海水中容易生锈，并且重量也大。塑料模板在海水中不会生锈，重量又轻。在修建围堤过程中，预先把塑料模板拼装成很多大模板，等待海水退潮以后，几个人马上一起扛着一块拼装大模板，到海边拼装成围堤模板，然后，马上浇灌混凝土，在海水涨潮之前完成了围堤工程。

1984年常州市建筑科学研究所与东方红塑料厂联合研制成组合式塑料模板，1985年无锡市塑料五厂也研制了组合式塑料模板。这两家厂研制的塑料模板都是以聚丙烯为基材，玻璃纤维增强的复合材料采用注塑模压成型，模板结构和规格尺寸也与组合钢模板基本相同。

1988年昆明工学院研制了以废砂、炉渣、矿渣、石英砂等为主要原材料，以废塑料为黏结剂的复合材料，主要用作地砖、装饰板、包装箱板和排水管等，昆明建筑安装公司曾用来试制钢框塑料板模板，曾在几个建筑工程中试点应用，使用效果不理想。另外，湖南邵东复合材料厂生产了一种木塑板，以木屑、茶籽壳为主要原材料，废塑料为黏结剂，江西建筑机械厂曾用来试制钢框木塑板模板，效果也不好。

上述几种塑料模板，由于模板的承载力和刚度较低，耐热性较差，板面易产生蠕变，不能满足施工的要求。另外，当时聚丙烯材料的价格较高，因而没能得到大量推广应用。

2. 20世纪90年代塑料模板进展不大

到了20世纪90年代，由于竹胶合板模板和木胶合板模板的大量推广应用，以及聚丙烯材料的价格仍然较高等原因，开发建筑塑料模板的单位较少，因而塑料模板发展的速度较慢。当时开发规模较大，技术上有所创新，产品质量较好并在多个建筑工程得到大量应用的企业，首推唐山现代模板股份合作公司。

1995年该公司在清华大学、中科院化学所、河北理工大学、唐山塑料研究所等单位的技术支持下，研制成功了采用改性增强聚丙烯复合材料制作的模板（简称强塑PP模板），这种模板是以聚丙烯树脂为基材，添加防老化、阻燃等助剂，采用SiO_2纳米材料改性，玻璃纤维增强的结构性板材。一般是两层玻璃纤维布复合聚丙烯薄板，其中有机材料占60%，无机材料占40%。将十几种用于增强的化工原料经造粒机加工后，均匀分散在PP树脂中，再经拉片机加工成薄板，将板片和玻璃纤维布分层铺设后，放入层压机中，加温至200℃，热压成型。用层压法制作的板材密实度、平整度、刚度和强度都优于其他工法，见图14。

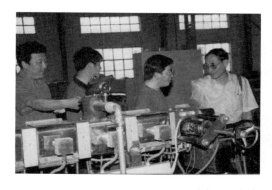

图14 考察塑料面板加工厂

由于强塑PP模板的物理力学性能已能达到混凝土模板的施工要求，用于素板模板可以周转50次以上，用于钢框塑料板模板可以周转150次左右，模板价格也已接近胶合板模板。这种模板是我国最早在建筑和桥梁工程中得到大量应用，应用效果也较好的塑料模板，见图 15。

图 15　强塑 PP 模板

不幸的是由于公司领导的决策失误，公司被迫倒闭。当时，唐山兴起一股建设钢厂热潮，公司领导也贷款建设钢厂，等到钢厂建设工程快完成了，不幸资金链断了，被迫把模板公司卖了。2005 年，现代模板公司转让给唐山瑞晨建筑材料有限公司，其产品也在许多施工工程中大量应用。

3.21 世纪塑料模板的新发展

随着国家大力提倡开发节能低消耗的产品，以及我国塑料工业的发展和塑料复合材料的性能改进，各种新型塑料模板也正在不断开发和诞生。各地陆续投入生产塑料模板的企业已有百余家，开发的塑料模板产品多种多样，如增强塑料模板、空心塑料模板、低发泡多层结构塑料模板、工程塑料大模板、GMT 建筑模板、钢框塑料模板、木塑复合模板等。

1）增强塑料模板

2004 年湖北石首鑫隆塑业有限公司研制成功了竹材增强木塑模板，这种模板是以聚丙烯树脂为基材，添加木屑和阻燃剂，以竹筋为增强的结构性板材。2006 年又研制成功了剑麻增强塑料模板，以剑麻纤维为增强的结构性板材。这两种模板均采用层压机热压成型。其特点是材料的强度和刚度较好，能达到有关标准的要求；树脂内添加了增强材料，减少了树脂的用量，减轻了产品的重量，降低了产品的成本。但是，这两种模板的重量较重，现场施工时不易钉钉子，板材厚度不易控制。

2009 年又研制了混杂纤维增强再生塑料模板（FRTP 塑料模板），这种模板结构为 ABCBA 型，中间层为支撑层 C，两侧 B 为增强层，表层 A 为工作层。支撑层 C 采用剑麻纤维增强和废旧再生料制作的发泡结构，增强层 B 采用剑麻纤维与玻璃纤维的混杂纤维增强，废旧再生料制作。工作层 A 采用新鲜树脂与各种助剂制作，见图 16。

制作采用挤压机挤出成型，其特点是重量轻，易于施工；光滑平整，可钉可钻可锯。素板使用次数可达 30～50 次，用于钢框塑料模板可以使用 100 次左右，这种模板在民用建筑和桥梁工程中得到大量应用，效果很好。几年来，该公司不断进行技术创新，研究和开发新的塑料模板，公司规模也不断扩大，经济效益非常显著。

图 16　FRTP 塑料模板

2）工程塑料大模板

2002 年北京天冠伟业工程塑料模板公司经过几十次的工艺配方试验，模具加工，生产设备改造，模板试制和试验，大模板工程试用等一系列工作，克服了许多困难，经过三年多的努力，研制成功了工程塑料大模板系列产品。这种模板是在 GFPP 塑料中，添加十几种辅助材料，经混合搅拌后，用专用造粒机制成混合料粒，再由挤出机加工成板材、异型材、管材等部件，在车间内加工组装焊接成工程塑料大模板，见图 17。

工程塑料大模板的面板为 PP 增强塑料板，板厚为 10～12mm；模板边框为专用 PP 增强塑料异型材，截面为不等边角形状；模板竖肋、横肋为专用双腹工字形 PP 增强塑料异型材。模板支撑为专用 PP 增强塑料圆形管材。经组装焊接可以加工成各种规格、形状的模板系列，如组拼式墙体大模板，见图 18；楼板专用大模板，见图 19；柱模板；门窗口模板；电梯井模板，见图 20；以及阴角模、阳角模、梁模、楼梯模、阳台模等。

图 17　加工车间　　　　　　　　　　　图 18　组拼式墙体大模板

图 19　楼板专用大模板　　　　　　　　　图 20　电梯井模板

工程塑料大模板与全钢大模板相比具有显著的优点：

① 塑料大模板的自身重量轻，每平方米约重 28.5kg，全钢大模板每平方米约重 125kg，是塑料模板的 4.4 倍。因而塑料模板组拼灵活、轻便、不用起重设备就可以装拆施工。

② 塑料模板表面光滑，易于脱模、耐腐蚀性好，使用中不用刷脱模剂和防腐处理，混凝土浇筑后，超过规定拆模时间，仍能脱模自如。大钢模表面必须进行防腐处理，每使用一次都必须清理板面，刷脱模剂。

③ 塑料大模板单位面积的重量比全钢大模板轻 4.4 倍，单位面积的价格比全钢大模板低。另外，塑料大模板的运输费、装卸人工费、起重设备占用费等都低于大钢模，因而塑料大模板具有很好的使用经济效果。

塑料大模板曾在一些建筑工程中得到应用，取得较好的效果。但是，大模板没有得到大量推广应用，主要原因是缺乏资金。公司领导曾与不少中外投资老板洽谈过，最后都没有谈成。

3）空心塑料模板

塑料模板普遍存在强度和刚度较小、重量较重、现场施工时不易钉钉子、板材厚度不易控制的问题。为了解决这个问题，除了在塑料原材料中添加各种附加剂，以增强塑料模板或发泡减轻模板重量外，还可以在板材的结构上进行改进，研发空心的塑料模板，达到既可以减轻模板重量，又可以增强模板强度的目的。

2007 年日本日兴企画有限公司在江苏盐城独资建立了盐城日兴企画塑业有限公司，开发了空心的塑料模板。这种模板正反面为平面，中间用竖肋隔成许多空心的结构，每平方米的重量为 9.5kg，模板厚度为 15～18mm，周转使用次数预计可达 50 次左右，见图 21。

当时，生产正反面为平面的空心塑料模板企业，有北京亚特化工有限公司、江苏恒塑板材科技有限公司、宿迁市宏瑞复合板有限公司、宿迁市盛翔塑胶有限公司等数十家。中间空心的结构也不相同，有竖肋、斜肋和梅花形肋等多种形式，这种模板主要用于楼板模板施工。

图 21 空心塑料模板

为了增强模板的强度和刚度，不少企业陆续开发了各种有背肋的空心塑料模板。如南京奇畅建筑工程塑料模板有限公司开发了奇畅建筑工程塑料模板，这种模板采用连续挤压成型技术，模板正面为平面，背面有 4 道竖背肋，中间用竖肋隔成许多空心的结构，每平方米的重量为 11.1kg，模板厚度为 40mm，周转使用次数预计可达 40 次左右。

又如无锡尚久模塑科技公司开发的背楞式塑料模板，陕西富平秦岭有限公司开发的秦塑建筑模板，均为背面为带竖背肋的空心塑料模板，模板有平面模板、阳角模板和阴角模板，能适用于梁、板、墙和柱等结构部位。

4）GMT 建筑模板

GMT 是玻璃纤维连续毡增强热塑性复合材料（Glass Fiber Mat Reinforced Thermoplastics）的英文缩写，它是用可塑性的聚丙烯及合金为基材，中间加进玻璃纤维和云母组合增强而成的板型复合材料，它是目前国际上最先进的复合材料之一。它具有钢材、玻璃钢等材料的共同优点，如重量轻、强度高、耐疲劳、耐冲击、有韧性、防腐性好、耐磨性和耐水性好等。

GMT 在国际上是 20 世纪 80 年代才开发，20 世纪 90 年代广泛应用的"以塑代钢"新型复合材料，主要用于中高档汽车结构材料和零配件、建筑模板、包装箱和集装箱的底板与侧板、家用电器、化工装备、体育场馆的座椅和运动器材、军工产品等。主要生产地在美国、德国、韩国和日本等国家，韩国和日本的 GMT 建筑模板已大量用于建筑工程中。韩国在中国创办的韩华综化塑料有限公司生产的 GMT 建筑模板，已在北京、上海等多个建筑工程中大量应用，取得较好的效果。

2006 年江苏双良复合材料有限公司在复旦大学和华东理工大学的技术支持下，采用国家 863 计划 GMT 项目的科研成果，设计和开发生产了 GMT 建筑模板，通过试制和试验已获得成功，2007 年 GMT 建筑模板正式投产并在建筑工程中试用。由于该公司的管理层领导对 GMT 建筑模板的市场前景有不同看法，将该产品停产，改制其他产品。

2009 年该公司将研制 GMT 建筑模板的多项技术专利和设备转让给上海铂砾耐材料科技有限公司，铂砾耐公司在技术改进和产品开发方面做了大量工作，该产品已在不少建筑工程中得到应用，见图 22。

图 22　GMT 建筑模板

三、塑料模板存在的主要问题

1. 产品行业标准不完善，规格杂乱

（1）塑料模板虽然有近 40 年的历史，但至今在产品技术方面，虽然有一本塑料模板行业标准，但是很不完善，有些生产企业还没有企业标准。随着塑料模板在建筑施工中应用越来越多，市场前景越来越好，许多塑料生产企业进入到生产塑料模板的行列。合格的塑料模板产品必须有比重、吸收率、抗拉强度、静曲强度、弹性模量、冲击强度、表面耐磨、变形温度、收缩率、阻燃性和抗老化性等技术指标，并满足建筑模板的要求。但是，有一些企业对建筑模板的技术性能要求不了解，提供的产品样本中没有产品技术指标和试验报告，或有指标项目，无具体指标数据，这样的产品用户能放心使用吗？

（2）建筑模板的规格尺寸要满足建筑施工和建筑模数的要求。目前各厂家塑料模板的形式多样，产品规格尺寸不相同，采用的生产工艺也不统一，品种规格十分杂乱。应尽快制订适应不同形式塑料模板体系的标准。原来的标准限制了塑料模板的多样化发展，局限了材料的适用范围，有些企业提供的产品规格尺寸不符合建筑模数的要求。

因此，应尽早完善塑料模板的行业标准，提出模板的各项技术指标和规格尺寸的统一标准，才能促进塑料模板的健康发展。

2. 塑料模板的性能缺陷，需要进一步改进

塑料具有耐水、耐酸、耐碱性好、可塑性强等特点。同时，还存在强度和刚度较小，耐热性和抗老化性较差，热胀冷缩系数大等缺点。

（1）模板强度和刚度较小的问题

为了提高塑料模板的强度和刚度，许多企业添加玻璃纤维、竹筋、植物纤维和木质材料等辅助材料增强模板，但是其强度和刚度比竹（木）模板还低。目前塑料模板主要以平板型式用作顶板和楼板模板，承载量较低，只要适当控制次梁的间距就能满足施工要求。但是要用作墙柱模板，必须加工成钢框塑料模板或带背肋中空塑料模板。因此，还要调整塑料模板的配方，改进生产工艺，提高塑料模板的性能。

（2）热胀冷缩系数大的问题

塑料板材的热胀冷缩系数比钢铁、木材大，因此塑料模板受气温影响较大，如夏季

高温期，昼夜温差达 40℃，据资料介绍，在高温时，3m 长的板伸缩量可达 3～4mm。如果在晚上施工铺板，到中午时模板中间部位将发生起拱现象；如果在中午施工铺板，到晚上模板收缩会使相邻板之间产生 3～4mm 的缝隙。

要解决膨胀大的问题，可以通过调整材料配方、改进加工工艺来缩小膨胀系数。据介绍有的企业已解决了塑料模板膨胀系数较大的问题。另外，在施工中可以选择一个平均温度的时间来铺板，或在板与板之间加封海绵条，可以做到消除模板缝隙，保证浇注混凝土不漏浆，又可解决高温时起拱的问题。

（3）阻燃和耐高温的问题

目前，塑料模板主要用作楼板模板，由于铺设的钢筋连接时，电焊的焊渣温度很高，落在塑料模板上，易烫坏板面，影响成型混凝土的表面质量。据了解，前几年某建筑工地曾发生过塑料模板燃烧的事故。因此，在聚丙烯中必须加入适量的阻燃剂，提高塑料模板的阻燃性，防止塑料模板引起燃烧。另外可以在电焊作业时采取防护措施，如给电焊工发一块石棉布，对平面模板可以平铺在焊点下，对竖立模板可以将一块小木板靠在焊点旁，就可以解决电焊烫坏塑料模板的问题。

（4）耐老化的问题

塑料在阳光下，受到紫外线的作用，很容易老化，在低温下会发脆。因此，在原材料中必须加入适量的抗老化剂，提高塑料模板的耐老化性能。据资料介绍，这种塑料模板使用 6 年的衰老度仅为 15％，能正常使用 8 年以上。

3. 未形成塑料模板体系，需要进一步完善

国外塑料模板已形成多种模板体系，如斯洛文尼亚 EPIC 集团公司研制开发了 EPIC 塑料模板体系，越南 FUVI 塑料模板公司开发了全塑料模板体系，意大利 GEOTUB 塑料模板公司开发了塑料平面模板和圆弧形模板，可以用于墙、板、梁和柱等多种混凝土结构。我国塑料模板企业大部分只生产塑料平板，主要用于建筑和桥梁工程的水平模板，没有形成塑料模板体系。

北京天冠伟业工程塑料模板公司研制成功了工程塑料大模板系列产品，利用板材、异型材、管材等部件，加工组装焊接成工程塑料墙体大模板、楼板专用大模板、柱模板、窗口模板、电梯井模板等。南京奇畅建筑工程塑料模板有限公司、陕西富平秦岭有限公司和无锡尚久模塑科技有限公司开发的带背肋中空塑料模板，能适用于梁、板、墙和柱等结构部位的施工。但是，这些产品还未形成批量生产模式，还有待通过大量工程实践应用。

2010 年，我卸任协会秘书长岗位后，对塑料模板的发展情况了解很少，也没有机会到塑料模板厂去考察，所以 2010 年以后，塑料模板的发展情况我没法写了。2021 年，协会写了一份《我国塑料模板行业发展概况与展望》的调查报告，把近几年塑料模板发展情况做了总结，如玻纤塑料模板大吨位挤压技术日益成熟，产品性能取得显著改善；中空塑料模板经历几次技术改良，克服了多项技术难题，取得了多方面的技术突破；发泡塑料模板、组合带肋塑料模板等技术都取得重大进展。

2022 年 6 月 20 日于北京完稿

我国铝合金模板推广应用中存在的问题

中国模板脚手架协会　糜加平　赵鹏

　　我国铝合金模板发展很快，已建立了生产企业近百家，在许多地区的超高层工程中得到应用。韩国是铝合金模板技术应用最为成功，推广最广泛的国家。我国铝合金模板在模板设计，加工技术、产品质量和施工水平等方面，与韩国相比仍存在很大差距。铝合金模板在推广应用过程中，还存在许多问题。

一、我国铝合金模板的应用概况

　　早在 1986 年 12 月 20 日，北京市铸铝制品厂和北京市二轻建筑公司联合研制成功了稀土铸铝合金模板，在几幢民用住宅工程中应用，使用效果很好，并通过了北京市经委的技术鉴定。这是我国最早开发的铝合金模板技术，该项模板技术是学习了美国国际房屋有限公司开发的铸铝合金模板，它是利用模具浇铸成型，具有重量轻、刚度好、使用寿命长、能多次周转使用、模板精度高以及表面可加工装饰图案等特点。在建筑施工中，能很容易将混凝土墙面形成石头或砖头的装饰面，能大量减少墙面的外装修作业，节约建筑材料，加快施工进度，不需要大型建筑机械设备，有利于丰富美化建筑风格。

　　但是这种模板没有能得到推广应用，其原因有以下几点：

　　（1）当时组合钢模板正在全国大面积推广应用，生产厂家忙于钢模板的业务，对这种成本很高的产品还不可能关心；

　　（2）铝合金模板的一次性投资大，虽然当时铸铝合金模板的价格相当于美国铝合金模板价格的 40%，仍比组合钢模板的价格贵得多；

　　（3）模板生产企业规模都不大，没有经济实力开展租赁业务，施工企业和租赁企业也不可能接受；

　　（4）20 世纪 80 年代还没有住房改革，没有那么多高楼大厦和大批住宅建筑，这种装饰铝合金模板的特点没法发挥。

　　21 世纪初，竹、木胶合板模板得到大量应用，与钢模板形成三足鼎立的局面，钢模板的使用量显著减少，在钢模板市场萎缩的形势下，许多模板企业被迫转产或开发新产品。有一些模板生产企业到国外去参观学习，开始将国外的铝合金模板技术引进国内。如鑫星系统模板有限公司与韩国现代建设株式会社合作，开发了全铝合金模板、铝框强塑 PP 板模板和钢框强塑 PP 板模板，进入香港、澳门和深圳建筑市场，得到施工企业的欢迎。又如北京捷安建筑脚手架有限公司在 2005 年开始研发铝合金模板，经过多次到美国进行考察和市场调查，了解铝合金模板的生产和使用情况，于 2008 年开发了 54 型铝合金模板。还有一部分企业原来从事钢模板生产企业，也被铝合金模板的市场前景吸引，陆续加入到铝合金模板的生产队伍。

　　到了 2010 年前后，受国际金融危机的影响，我国出口贸易受到很大影响，铝制品加工企业的外贸出口市场也低迷，便转向国内寻求新的市场。还有一部分铝合金门窗、铝锅和铝型材生产加工企业，由于这种产品大部分已被钢材和塑料制品替代，不得不寻求新的产品市场。在铝材价格较低，原材料和产能大量过剩的情况下，铝合金模板的建筑市场不失为巨大的商机。

因此，近几年有一大批钢模板生产企业和铝制品加工企业加入到铝合金模板制造的行业。目前我国已有铝合金模板生产企业近百家，其中注册生产铝合金模板的企业有60～80家。在广州、中山、咸阳、南宁等地区的超高层工程中，万科、中海等大型房企和中建系统、上海建工等大型施工企业正在使用铝合金模板。

我国铝合金模板还处于初步应用阶段，铝合金模板是否能推广应用，主要看其应用的地区采用什么样的建筑结构类型和施工工法等。我国住房建设的高层住宅建筑和多层楼群，大部分是标准化程度较高的钢筋混凝土结构；施工方式习惯于散装散拆的传统施工工艺，这就为铝合金模板在民用建筑领域中的推广应用创造了机会。但是，铝合金模板在推广应用过程中，还存在许多问题。

二、推广铝合金模板存在的问题

韩国的铝合金模板已经应用十多年，积累了非常多的施工和现场管理经验，在建筑施工中，铝合金模板已得到广泛的应用，并且已经把它推广到了东南亚，并在马来西亚设立了分厂。如韩国金刚工业株式会社已将铝合金模板出口国外，并且出口的数量也在逐年增加，2014年仅出口额就达到7000万美元。韩国是铝合金模板技术应用最为成功，推广最广泛的国家，然而，韩国具有规模的铝合金模板厂家只有5家，主要有金刚工业株式会社、三木精工株式会社和现代建设株式会社等，这些厂家都是多年生产模板的企业，具有一定的规模和经济实力，在模板设计、生产、施工和经营等方面，都有丰富的经验。

近几年，我国铝合金模板厂家迅速扩张到近百家，并且大部分厂家是铝制品加工企业，尤其是广东一带铝模板生产线蜂拥而上，盲目跟风，造成产能过剩和资源浪费。现有铝模板企业规模都不大，经济实力不雄厚，铝制品企业对建筑行业不熟悉。我国铝模板行业发展虽然较快，但在模板设计、加工技术、产品质量和施工水平等方面，与韩国相比仍存在很大差距。

（1）我国铝合金模板的技术基本上是从美国和韩国等国引进的，铝模板厂家生产的模板品种规格多种多样，有美国的65型、54型和韩国的63型等。其生产工艺由铝型材与铝板材焊接成模板和铝面板与边肋一次挤压成型。生产厂家过多，产品规格品种太乱，通用性太差，很难建立统一的铝模板产品标准，给铝模板的推广应用和市场管理带来一定的困难。

（2）我国铝合金模板企业的技术水平较低，技术力量薄弱，模板设计缺乏经验，产品质量很难保证。铝模板型材是挤压成型的，模板制作质量和精度应该比钢模板的标准高，在《组合铝合金模板工程技术规程》中，模板外形尺寸的长度允许偏差为0～－1.50mm，宽度允许偏差为0～－0.80mm和－1.50mm。而在《组合钢模板技术规范》中的长度和宽度的允许偏差分别为0～－0.10mm和0～－0.80mm。为什么要降低标准，原因是许多铝模板企业达不到钢模板的标准要求，不得不降低标准。

（3）在铝合金模板整个结构施工阶段，脱模剂的选择都是至关重要的，脱模剂使用不当，会造成拆模效果差甚至无法拆模。有些铝模板企业对脱模剂的选择和使用的重要性不是很清楚，甚至在文章中提出"铝合金模板无需脱模剂"。好的脱模剂不仅能提高拆模效果，还能减少模板表面的残留砂浆。

目前，让很多铝合金模板厂家和施工企业感到头疼的是：模板未及时清理，再清理就比较困难，清理时间长，也会影响工期。黏上砂浆的模板，再涂刷脱模剂会较困难，易造成混凝土表面出现麻面等缺陷。粘上砂浆模板多次重复使用后，会产生少量变形，导致楼板模板安装时会发生侧向偏移，引起模板平直度偏差。

最近，我看到一篇文章，讲述了目前铝合金模板的施工应用情况："铝模板在使用30余次后变形较严重，在拼装过程中两块板之间会存在1mm左右的缝隙，多块板之间累计变形会达到20～30mm，这样一来，导致模板在板与梁、板与墙交接处无法进行拼装，或者强行拼装起来后墙体垂直度、水平度变差。"

（4）目前，宣传铝合金模板的文章很多，有许多文章对铝合金模板的宣扬有些夸大其词，起到很不好的误导作用。如"铝合金模板是建筑模板在经历了木模板、钢模板、塑料模板之后的第四代模板""由于铝合金模板的种种优点，目前在国内正在取代木模板、钢模板和塑料模板""'钢代木'之后，在绿色建筑倡导下，全面'铝代钢'和'铝代木'模板市场必将大势所趋"等。

当前，我国已经从以钢模板为主的格局，转变为多种模板并存的格局，铝合金模板的应用只是在钢模板、竹胶合板模板、木胶合板模板以及塑料模板之后，又增加了一种新模板，根本没有所谓的"第四代模板"。各种模板都有一定的适用范围，铝模板适合于标准化的高层住宅建筑，适合于人工操作施工，不可能"取代木模板、钢模板和塑料模板"。

欧洲的跨国模板公司最多，模板技术和施工方法也最先进。但是，欧洲各国几乎没有生产全铝合金模板的公司，建筑工程中几乎没有使用全铝合金模板，还是大量使用木胶合板模板、钢模板、钢框胶合板模板和铝框胶合板模板。在欧洲，这种散装散拆传统施工工艺已使用不多，建筑工人喜欢机械化程度高的先进施工工艺，如墙板施工采用模板整体吊装施工，楼板施工采用台模施工等。尤其是大型基建项目，铝合金模板是完全不可能适用的。

（5）美国西型公司的铝合金模板，有些使用15年的模板仍在现场施工，使用次数可以达到2000次以上。韩国金刚工业株式会社根据多年租赁回收的经验，铝合金模板最多可使用300次，不过这部分模板较少，建筑公司为了保证混凝土表面的质量，一般在使用150次后，就要求更换新的模板了。我国铝合金模板的重复使用次数定为300次，不知道这个依据是哪里来的。我国铝合金模板的加工技术、产品质量和管理经验，与韩国相比还有较大差距；模板使用不当容易变形，使用中丢失和损耗率为7%～8%；非标模板占30%，这些模板使用次数很低等因素，导致铝合金模板重复使用300次目标很难达到，是否能重复使用150次有待施工实践。

还有铝合金模板全部回收使用问题，不是短时期内能办到的，也不是一家企业能办到的，模板回收需要各环节之间协同合作，这些问题不解决，不但影响了综合经济效益，也制约了铝合金模板的推广应用。有一篇文章中介绍铝模板回收情况："目前大部分使用后的铝模像垃圾一样堆放在工地或工厂，有的只好当废品送到铝材厂回炉熔炼，造成了极大的浪费和损失，也使铝模的使用价值和形象大打折扣，给铝模行业的前景也蒙上了阴影。如果建筑铝模回收问题不及时有效地解决，则建筑铝模的推广和应用将必然受到阻碍和减缓。"

（6）当前绿色环保是一个很时髦的词，"绿色食品""绿色建筑""绿色施工"等，现在又多了一个"绿色模板"。许多企业的文章和广告都宣传"铝合金模板是一种绿色、环保的建筑模板，其运用可减少木材的消耗，基本除去了建筑施工对森林资源的依赖，属新型节能环保材料""作为新一代绿色模板，铝合金模板必将引领模板行业的发展方向和质量""铝合金模板是一种绿色环保、高性能、高品位的产品，可以回收再生，残值高。其经济性远远高于其他同类产品，符合国家的环保政策，也符合国家的节能降耗的要求"等。可是铝合金模板的原材料并不是绿色材料。

众所周知，电解铝是一个高污染的产品，其不仅对人体有危害，对于环境等也会产生电解铝污染。电解铝主要有两大污染：一是电解铝要用到氟铝酸钠，在电解时会挥发出多种含氟有害气体；二是电解铝在生产过程中会散发出以氟化物、二氧化硫、粉尘等污染物为主的电解烟气，不仅对环境、植物及家畜造成损害，还对人类的遗传、牙齿、呼吸、神经等产生影响。最近，有一篇报道称："湖南桃源铝厂违规处理近千吨氟化物废料，造成周边环境污染，农作物减产，村民接连得病，不敢吃自己种的大米，不敢喝水塘里的水。自 2006 年起，村里已有 15 人得了癌症，大部分是肺癌，已有 14 人死亡，一些居民被迫背井离乡。"

电解铝也是一个高能耗的产品，据国外资料介绍，每加工 1 吨木材的能耗为279kW·h，而加工钢材的能耗为木材的 27 倍，塑料为木材的 34 倍，铝材为木材的300 倍，铝材的能耗居首位。为什么高污染、高能耗的电解铝，加工成模板后，就能转变为绿色、环保的建筑模板呢？

木材是绿色树木加工的，为什么木材加工成木胶合板模板后，又变成"污染空气"的产物呢？现在许多宣传铝合金模板的文章，都认为木胶合板模板只能使用 3～5 次，其实，木胶合板模板还有能使用 20～30 次以及 40～50 次等多种规格，芬欧汇川有限公司生产的木胶合板模板能使用 300 次。木材是一种可再生资源，速生林只要 3～5 年即可成材，一般树木 10～20 年即可成材，而铝矿资源要多少万年才能形成，开采一点就少一点。多年来，欧美各国都很重视发展建筑用木结构、木装饰材料和木模板，原因是木材在资源和能源方面都有很大的优势。

写于 2015 年 2 月 6 日

我国应形成多种模板并存的格局

中国模板脚手架协会　糜加平

廊坊兴山木业有限公司　王兰纯

芬欧汇川（中国）有限公司　史建峰

目前，我国对推广应用还是限制使用木模板存在着很大分歧，有人认为木模板的资源贫乏，环境污染严重，"以铝代木"和"以塑代木"的呼声很高。本文认为木材是一种可再生资源，在资源和能源方面都有很大的优势。污染环境不是木模板本身的问题，而是生产和施工的管理问题。我国已形成多种模板并存的格局，各模板之间不是要取代，而是要相互合作，并存互补，要充分发挥各种模板材料的特点，大力研究和开发钢（铝）框胶合板模板和钢（铝）框塑料板模板。

20 世纪 80 年代初，随着我国基本建设规模迅速扩大，钢筋混凝土结构迅速增加，建筑模板的需要量也剧增。由于我国木材资源十分短缺，难以满足基本建设的需要，在"以钢代木"方针的推动下，我国研制成功了组合钢模板先进施工技术，改革了模板施工工艺，节省了大量木材，取得了重大经济效益。

1987 年我国开始从国外引进木胶合板模板，青岛华林胶合板有限公司引进芬兰劳特公司的生产设备和技术，生产了覆膜木胶合板模板，开发了钢框胶合板模板。当时曾大力宣传这是第三代模板，认为不久将全面替代组合钢模板。由于我国木材资源十分短缺，当时木胶合板模板的成本较高，施工企业还难以接受，结果没有得到推广应用。

20 世纪 90 年代以来，我国建筑结构体系又有了很大发展，高层建筑和超高层建筑大量兴建，大规模的基础设施建设工程以及城市交通、高速公路的飞速发展，这些现代化的大型建筑体系，对模板技术提出了新的要求。随着国内建设市场的不断扩大，人造板企业也迅速发展，木胶合板的产量猛增。在这种情况下，有一些规模较大的胶合板厂利用国内生产条件，开发出覆膜木胶合板模板，很快在许多重点工程中大量应用。但是，20多年来，我国对推广应用还是限制使用木胶合板模板，一直存在着很大的意见分歧。

一、关于木材资源的分歧

我国是森林资源贫乏、木材供应十分短缺的国家，当时有专家预测"长期大规模使用木胶合板模板必将产生严重后果，这样下去必然会出现毁灭性的砍伐，造成毁林现象，破坏生态平衡，后患无穷"。但是，实际情况是我国木胶合板产量持续高速增长，木胶合板的年产量十年内增长了 4.7 倍。而木胶合板模板的年产量十年内增长了 13 倍。我国森林资源并没有得到毁灭性的破坏，森林覆盖率从 16.55％增加到 18.21％，并且我国木胶合板和木胶合板模板的产品还大量出口到欧美、日本、韩国、非洲等国家。主要原因是：我国经过多年的植树造林，人工林面积已增加到 5326 万平方千米以上，居世界首位。目前，我国林业已处在由木材生产为主向以生态建设为主的历史性阶段，逐步由以采伐天然林为主向以采伐人工林为主转变。近年来，我国森林面积以每年200万平方千米的速度增加，人工林木生长量大于消耗量。

我国每年有数千公顷土地实行退耕还林，还启动了速生丰产林工程，杨树人工林的开发带动了中、小胶合板企业的发展。杨树产业的发展和市场的驱动，激发了人工造林、护林、用林的积极性。

木材是一种可再生资源，速生林只要3～5年即可成材，一般树木10～20年即可成材，而铝矾土和铁矿石一样是不可再生资源，开采一点就少一点。多年来，欧美各国都很重视发展建筑用木结构、木装饰材料和木模板，原因是木材在资源和能源方面都有很大的优势。

国家提出保护森林资源，不是要取消木模板，而是要节约木材，提高木材的利用率。国家木材资源是缺乏，钢、铝、塑料的原材料也十分缺乏，每年都要进口大量的铁矿石、铝矾土和石油，进口这些原材料的费用大大地高于进口木材的费用。我国每年都大量进口木材、胶合板，同时也大量出口胶合板和胶合板模板。这个问题值得模板同行们研究。

二、关于环保节能的分歧

木胶合板模板的大量应用，造成木材资源的较大浪费。因此，对推广应用木胶合板模板存在着不同的意见。有的专家提出"严禁使用木胶合板模板"，对待木胶合板模板的对策"不是发展，而是治理；不是鼓励，而是限制"。最近，又有专家提出"这种高物耗、高污染的木胶合板作为模板，20年来已造成我国森林资源和生产、运输能源达95％的惊人浪费"。这些结论有何根据？是否过于危言耸听。

众所周知，木材是绿色树木加工的，从木材加工成板材，再加工成模板，耗费的能量较小。据国外资料介绍，每加工1吨钢材、塑料、铝材的能耗量分别为木材的27倍，34倍和300倍，加上加工制作成模板的能耗量，都远远高于木模板。

关于废弃木模板在建筑工地大量堆积产生污染环境的问题，这不是木模板本身的问题，而是生产和施工的管理问题。过去一些企业生产工艺和设备落后，技术力量薄弱，缺乏严格的质量监督措施，为了抢占市场，进行低价竞争。有些施工企业也只要模板价格便宜，不考虑综合成本，忽视木材的浪费。生产厂家也就不去提升产品质量，提高周转次数，大批低质量只能使用3～5次的木模板流入施工现场。

经过近十年来的市场洗礼和技术革新，已有不少木模板生产企业在加强质量管理，改进生产工艺和生产设备等方面都有了较大的进步，有不少企业已能生产出质量较好的各种规格的覆膜胶合板模板。如某木业公司生产的覆膜木胶合板模板，有适合别墅、工业建筑使用的周转10次左右的模板，有适合高层建筑使用的周转20～30次以上的模板，有适合与钢（铝）框模板配套周转30～50次的模板，也有可使用80～100次木塑板。这些产品能满足一般民用建筑、超高层建筑，以及核电站、隧道、桥梁、航站楼等各种建筑的要求。现在木胶合板模板产品使用10次左右的只占到销售量的15％，使用20～30次的占到75％，使用30～50次的占到10％。

还有废弃的木模板在建筑工地堆积如山和污染环境的问题，这是由于施工企业现场管理措施不到位，废旧模板的回收利用没有做好。据调查，目前工地上使用过的废旧木模板，大部分已被回收利用，废旧木模板堆积如山的现象已看不到了。如在河北左各庄市场上有几百家废旧木模板回收企业，从全国各地回收废旧木模板，将较好的废模板挑选出来，有的可做椅子的座板、靠背及托盘等；有的通过插接、拼接等方式，再次加工成模板，出口到非洲和中东地区；还有的用废模板加工成宽条，做成预应力集成板和工字梁；剩余的废料粉碎后加工做刨花板、密度板，或投入锅炉内焚烧还可产生能量，见图1、2。

图1　回收的废旧模板

图2　再次加工成模板

近几年，我国施工现场的管理问题已有了很大的进步，大部分实现了文明施工和绿色施工。但是，并不是使用铝模板和塑料模板就一定是文明施工，也有一些铝模板的施工现场管理不好，建筑施工工地杂乱，铝模板回收使用的问题没有解决好，使用后的铝模板堆积如山，不能达到绿色施工的要求，见图3、4。

图3　铝模板的施工现场

图4　回收的铝模板堆积如山

还有废塑料模板的回收使用问题，是否能够很好地解决，如果废塑料模板随意乱丢乱扔，由于塑料难以降解处理，形成"白色污染"，将给生态环境造成很大的污染。

三、关于模板取代的分歧

20多年前，在"以钢代木"方针的推动下，研制开发了组合钢模板施工技术，全国建立钢模板厂1000余家，形成年生产能力3500多万立方米，钢模板使用量曾达到1

亿多平方米，全国范围内推广使用面曾达 75%，其中，中央部属基建单位，如冶金、水电、中建、铁道等部门已达 90% 以上，大部分地方基建单位已达 80% 左右，年代用木材可达 1500 万立方米。

由于组合钢模板存在板面尺寸小、拼缝多、板面易生锈、清理工作量大等缺陷。施工方法以散装散拆的手工操作为主，已不能适应高层建筑和大型公共设施建筑的清水混凝土施工工程要求。我国以组合钢模板为主的格局已经打破，钢模板的应用量大幅下降，大批钢模板厂家倒闭或转产。

最近，一些宣传铝合金模板的文章说"目前在国内正在取代木模板、钢模板和塑料模板"。宣传塑料模板的文章又说"塑料模板必将取代传统的木质模板"。都想取代木模板，但是，根据现在各种模板的发展情况，还不可能全面取代木模板。原因如下：

（1）木模板市场占有率巨大，短时间内无法取而代之。目前，我国每年房屋建筑面积达到 4 亿平方米，胶合板模板的消耗量达 3000 万立方米，如此庞大的模板用量，除木模板外，无论是钢、塑料及铝模板都难以满足。现在木模板和竹模板的用量占模板使用总量的 80% 左右，钢模、塑料模板、铝模板只占 20% 左右，相当长时间内都无法取代木模板。

（2）铝模板虽然有诸多优势，但其在应用上有一定的局限性。铝模板是否能推广应用，主要看其应用的地区采用什么样的建筑结构类型和施工工法等。铝模板主要适合于标准化的高层住宅建筑和多层楼群，施工方法适合于散装散拆的人工操作，对于体育场、机场、水电站、核电站、市政工程、道路、桥梁、隧道等结构形式复杂的工程不适合，采用机械化程度高的大模板吊装施工也不适合。这些局限性也必然导致铝模板不能完全取代木模板。

（3）铝合金模板的设计、制作和施工过程非常复杂。首先施工单位须提前几十天提供施工图纸，生产单位按施工图进行铝模板配板设计，制订出铝合金模板加工图和模板清单，再制订生产计划进行生产；模板及相关配件生产完成后，将模板转交给拼装组进行整体试拼装；拼装检验合格确认后，将根据图纸对模板顺序编号、拆卸、打包入库，运往施工现场；施工单位收到铝模板后，组织工人按图纸模板顺序编号安装和拆除模板，再由人工搬运到上层施工。如果有一个环节没有做好，必将影响整个工程进度，这对大多数施工工程不适合，大多数施工方也很难接受。

四、关于互补并存的建议

当前，铝合金模板和塑料模板正在大力推广，有些铝合金模板文章讲"铝合金模板是建筑模板在经历了木模板、钢模板、塑料模板之后的第四代模板"，有些塑料模板的文章宣传"塑料模板为木模、钢模、铝模之后的第四代新型模板"等。根据第二、三代模板的经验，要成为新一代模板，推广使用面积应达到 70% 左右，所以，铝、塑料模板只能是在多种模板体系中，增加的一个模板新品种。

在欧洲建筑市场中，有木模板、钢模板、钢框胶合板模板和铝框胶合板模板。几乎没有全铝模板，还是大量使用木模板体系为主，木模板的使用量约在 70% 以上。北美建筑市场中，大多是钢、铝框胶合板模板体系，少量有全铝模板。

我国铝模板开发和应用的时间不长，在"绿色施工""绿色模板""环保节能"政策的鼓励下，近几年有一大批钢模板生产企业和铝制品加工企业加入到铝模板制造行业，但是对铝模板生产、施工和管理中存在的一些问题还没有很好解决。如生产环节中有铝模板的标准不统一、非标模板太多、模板制作质量参差不齐等问题；施工环节中有铝模板的施工管理、模板表面混凝土黏结处理、模板重复使用次数及模板回收利用等问题。

我国塑料模板经过10多年的发展取得了很大进步，在模板结构、材料性能和使用功能方面都有了较大提升。但是，总体来说塑料板的强度和刚度较小、热胀冷缩、阻燃性及废塑料模板的回收利用等问题没有很好解决。

目前，我国已初步形成多种模板并存的格局，各模板之间不是要取代，而是要相互合作，并存互补，各模板材料都有不同的特点和不足。钢板和铝板的强度高、刚度好，而脱模性较差，容易黏结混凝土，适合于做模板边框。木板和塑料板的表面光滑，脱模性较好，而强度和刚度不足，适合于做模板的板面。多种模板并存，充分发挥各种模板材料的特点，大力研究和开发钢（铝）框胶合板模板和钢（铝）框塑料板模板是最好的选择。当前，有关部门和协会应发挥好导向作用，借鉴国外先进模板技术和经验，引领模板、脚手架技术健康发展，进一步促进我国模板和脚手架的创新开发、技术进步和推广应用。

2016 年 9 月 17 日于北京完稿

（三）脚手架

扣件式钢管脚手架在使用中的功绩与整治

中国模板脚手架协会　糜加平

一、国外发展概况

20世纪初，英国首先开发了用连接件与钢管组成的钢管脚手架，并逐步完善发展为扣件式钢管脚手架，由于这种脚手架具有加工简便、拆装灵活、搬运方便、通用性强等特点，很快推广应用到世界各国。在许多国家已形成各种形式的扣件式钢管脚手架，并得到了普遍应用。

如日本在20世纪50年代引进扣件式钢管脚手架，并且很快成为主导脚手架，由于很难达到抗滑承载力的标准要求，所以，多年来频发脚手架坍塌死亡事故，脚手架安全问题引起政府有关部门的高度重视。为了解决这个问题，1955年，日本管理部门大力引进和推广门式脚手架，经过十多年的推广应用，才使脚手架的安全事故基本得到控制，连续十多年未发生脚手架坍塌事故。

国外扣件式脚手架均由脚手架生产厂生产，如脚手架钢管的材质采用STK51，钢管直径为$\phi48.6mm$，壁厚为2.5mm，钢管采用热镀锌防锈处理，延长了钢管的使用寿命。生产中要求专门加工，如在钢管两端部700mm处，各钻一个直径$\phi9mm$的孔眼，用于钢管接长时插销钉之用。为了增加钢管的承载能力以及与扣件的摩擦力，日本还采用一种波纹钢管（见图1）和冲压式钢板扣件（见图2）。

图1　波纹钢管脚手架　　　　图2　日本钢板扣件

由于扣件式脚手架的安全性较差、施工工效低、材料消耗量大，在技术上对扣件抗滑承载力的关键指标难以控制。因此，国外发达国家早已提出，不得将扣件式脚手架用作模板支架，只可用于诸如门式架、碗扣式脚手架等其他脚手架的辅助连接杆和剪刀撑，不得用于搭建任何大型的脚手架系统和高大空间的模板支架系统。

二、功绩与损失

20 世纪 60 年代初，我国开始推广应用扣件式脚手架，在建筑施工中使用了 50 多年，可以肯定地说，它在我国经济建设中作出了很大贡献，已成为建筑施工中必不可少的施工工具。它是全国建筑施工中贯彻执行"以钢代木"的国家政策的产物，节约了大量木材。小钢模在"以钢代木"的大旗下，也曾风光了三十多年，如今年高体衰已退出了市场。而扣件式脚手架仍在全国各种脚手架中，稳居首位，使用量达到 60％以上。全国扣件式脚手架钢管使用量曾达到几千万吨，扣件总量约有几十亿个，它的历史功绩是不可埋没的。

但是，随着我国现代化大型建筑体系的大量出现，扣件式脚手架已不能适应建筑施工发展的需要。我国的脚手架钢管和扣件的材质、性能、加工质量等都有很多问题，加上安全性较差，施工工效低，材料消耗量大的问题，扣件脚手架应该逐步退位了。

50 多年来，我国没有真正的扣件式脚手架生产厂，没有专门用于脚手架的钢管。我国使用的脚手架钢管是按现行国家标准《低压流体输送用焊接钢管》（GB/T 3091）生产，材质为 Q235 的钢管。施工和租赁单位都直接到钢管生产厂购买钢管，按尺寸要求切断后，表面刷上防锈漆，甚至有的直接用黑管。从严格意义上讲，这种钢管只是普通钢管，不是脚手架钢管。这种钢管使用不久，就会严重锈蚀，导致壁厚变薄，承载强度大幅下降，存在严重安全隐患。

我国扣件式脚手架采用的玛钢扣件，是可锻铸铁制作的，这种材质的性能与锻钢相差很远，且工艺上很难保证产品的一致性。表面处理是涂漆或干脆没有做任何处理，即使出厂时是合格产品，在工地应用一段时间后，锈蚀所造成的影响也会使产品的安全性大打折扣。

20 世纪 50 年代日本以扣件式脚手架为主导脚手架，到 20 世纪 70 年代转为门式脚手架为主导脚手架，经历了二十多年的发展过程。我国从 20 世纪 60 年代开始应用扣件式钢管脚手架，到 20 世纪 80 年代这种脚手架成为主导脚手架经历了二十多年，从 20 世纪 80 年代到现在又经历了三十多年，这种脚手架仍是主导脚手架，安全事故也是不断发生，除了产品质量问题外，还有很多其他问题。

首先是对脚手架和支架之间的概念有点模糊的问题，20 世纪 80 年代之前，我们一直把扣件式脚手架当作万能脚手架，不但能用作脚手架，也能用作支架，还可以搭设临时工棚、施工过道、栏杆、斜撑等等。20 世纪 80 年代以后，我国建筑的结构有了很大变化，许多建筑物的体积和空间都越来越向高大、宏伟方面发展。由于扣件式脚手架先天不足的原因，承载能力不够，不能承担支架的任务了。

其次是在施工应用中，许多施工企业在模板工程施工前，没有进行模架设计和刚度验算，只靠经验来进行支撑系统布置，对支撑系统的刚度和稳定性考虑不足。另外，项目负责人只重视利益，对安全措施不重视，不少技术负责人没有对操作工人进行详细的安全技术交底，加上有些工人素质较差，施工现场管理混乱，操作人员没有严格按设计要求安装和拆除支撑，也是造成安全事故的重要原因。

最后是政府有关部门的少数领导对扣件式脚手架的监管力度不足，缺乏监控机构和严格的质量监督，质量管理制度和管理措施不健全，建筑市场十分混乱，钢管生产厂越来越多，市场竞争越来越激烈，钢管质量也越来越差。对推广应用新型脚手架的力度不够，还在大量采用扣件式脚手架作模板支架，依旧年年发生多起模架坍塌事故。

我搜集了2001—2010年发生的扣件式脚手架施工坍塌事故，由于收集的资料很有限，实际发生的事故和伤亡人数应该更多。根据表1所示，扣件式脚手架10年内发生的脚手架坍塌安全事故201次，平均每年有20次；发生伤亡人数共计2380人，平均每年有238人伤亡。这是发生在10年内的数字，如果是5个10年的数字，那就很可悲、可叹了（见表1）。

表1　扣件式钢管脚手架坍塌伤亡表

年份	坍塌事故（次）	受伤人数（人）	死亡人数（人）
2001	8	25	15
2002	12	95	38
2003	8	102	40
2004	20	166	55
2005	16	103	46
2006	14	61	31
2007	24	116	65
2008	24	113	40
2009	31	105	39
2010	44	172	53
合计	201	1958	422

三、专项整治

2002年7月，浙江省杭州、宁波等市连续发生了三起由于使用劣质钢管、扣件造成施工支模架倒塌，造成63人伤亡的重大事故。根据国务院领导的批示，国家质检总局等九部委于2003年9月18日联合下发了《关于开展建材市场专项整治工作的通知》。

1）这次专项整治的效果有以下几项。

（1）使生产、租赁和使用的量大面广的劣质脚手架钢管、扣件的状况得到明显扭转；

（2）生产、租赁活动中的不规范行为和各种欺诈行为得到有效治理；

（3）防止劣质钢管、扣件进入施工工地的监管措施得到有效落实，初步建立防范劣质钢管、扣件进入施工工地的机制；

（4）在建筑施工用钢管、扣件专项整治工作取得阶段性成果的基础上，加强法治建设，使其逐步进入法治化的监管轨道。

2）这次专项整治的措施主要有以下 4 条。

（1）严格市场准入制度，加强对钢管、扣件的生产、租赁和使用过程的管理。其中包括：

① 生产单位必须持有生产许可证，必须生产符合国家有关标准的产品，钢管、扣件出厂时，应当附有产品质量合格证明；

② 租赁单位必须购买有产品标识和产品质量合格证明的钢管、扣件。对出租的钢管、扣件，要与租用单位签订质量协议。对施工单位返回的产品应进行检测，并标明检测日期和产品的使用次数，不合格的应及时报废销毁；

③ 施工单位必须购买、租用具备产品生产许可证、产品质量合格证、检测证明和产品标识的钢管、扣件，钢管、扣件使用前应按有关规定，送法定检测单位检测，对没有生产许可证、产品合格证和不合格的、劣质的钢管、扣件，一律不准使用；

④ 加强钢管、扣件的质量检测工作，要发挥质量检测机构的质量检测作用。

（2）广泛发动社会各方面的力量参与专项整治。一是发动群众举报生产、销售和施工使用劣质钢管、扣件的违法活动；二是充分发挥建筑行业协会、租赁协会等组织的作用。

（3）要充分发挥电视、广播、报纸、网络等新闻媒体的作用，对违法案件要及时曝光，对大案要案要追踪报道。

（4）加强法规标准建设，各地区、各有关部门可制订管理规定和地方标准，建立安全检测制度及报废制度，明确钢管、扣件的使用年限等。

以上可见，每条措施都规定得非常详细、非常明确。但是，可惜都没有能得到真正落实，靠一纸通知是不可能解决问题的。如生产企业大多数都没有生产许可证，生产设备简陋，工艺落后，技术水平低，不能生产符合标准的产品。

由于有"产品合格证"的厂家并不多，租赁企业购买的钢管、扣件大多没有产品标识和产品合格证明。另外，租赁企业规模大多数都很小，现有的钢管和扣件大部分都不合格，有些租赁企业还到施工企业和废旧品市场，购买过期的钢管和扣件。对施工单位返回的产品进行检测一般都做不到，能保持维修清理就不错了。

施工单位在购买、租用钢管和扣件时，一般都不会向生产、租赁单位提出产品生产许可证、产品质量合格证、检测证明和产品标识等要求，也不会在钢管、扣件使用前，按有关规定送法定检测单位检测，对没有生产许可证、产品合格证和不合格的钢管、扣件，监理部门也不会提出不准使用的意见。

专项整治的最终目标是防止劣质钢管、扣件进入施工工地，减少脚手架坍塌事故和伤亡人数。但从表 1 已报道的不完全统计可以看到，2003 年是扣件式脚手架专项整治之年，当年脚手架倒塌事故 8 次，伤亡人数 142 人；2004 年脚手架倒塌事故达到 20 次，伤亡人数达到 221 人，没有见到阶段性成果。专项整治过了八年，脚手架倒塌事故反而越来越严重，2010 年脚手架倒塌事故达到 44 次，伤亡人数 225 人，倒塌事故增长了 5 倍多，伤亡人数增加了近 1 倍。

四、整治难度

多年来，扣件式脚手架整治工作的进展不大，是由于整治工作的难度很大，理由是：

1. 建筑钢管、扣件的使用量很大

我国在 20 世纪 60 年代初开始应用扣件脚手架，由于这种脚手架具有装拆灵活，搬运方便、通用性强、价格便宜等特点，所以在我国应用十分广泛，到了 20 世纪 80 年代其使用量占 60% 以上，这种脚手架已成为主导脚手架。经历了约二十年，安全事故的发生还很多。从 20 世纪 80 年代到现在，又经历了约三十年，目前全国这种脚手架约有几千万吨，扣件约有几十亿个，仍是当前使用量最多的一种脚手架。但是，由于建筑结构体系和建设工程规模的不断发展，建筑施工技术、工程质量和施工工期的要求越来越高，这种脚手架已不能适应建筑施工发展的需要，安全事故也越来越多。

2. 不合格的钢管、扣件比例很高

20 世纪 80 年代初，随着组合钢模板的推广应用，在全国各地成立了大批钢模板租赁企业，扣件式脚手架的钢管和扣件也是主要租赁器材。由于钢管出租是以长度收取租赁费，一些租赁企业不守诚信，将标准规定脚手架钢管壁厚为 3.50mm 改为 2.75～3.20mm，这样每吨可以多出 20 多米的钢管。由于缺乏监管，其他租赁企业也都只购壁厚 3.00mm 以下的钢管，施工企业原有壁厚 3.50mm 的钢管，也被租赁企业换成壁厚 3.00mm 以下的钢管。

20 世纪 90 年代以来，由于建筑市场十分混乱，监管力度不足，钢管生产厂越来越多，市场竞争越来越激烈，钢管质量也越来越差，标准壁厚的钢管没有市场，都只能生产壁厚为 3.00mm 以下的钢管。钢管的材质也不稳定，许多小厂缺乏检测手段。另外，使用年限超过八年的钢管约有 1/4，钢管内壁生锈，壁厚减薄，承载力下降。

扣件生产厂家大多是设备简陋的一些小型乡镇企业，为了市场竞争，扣件的重量越来越小，质量越来越差。一些设备好、技术强、质量好的扣件厂，在价格竞争中利益得不到保护，纷纷停产或转产，目前全国脚手架扣件中 80% 以上为不合格品。

3. 涉及生产、租赁和施工等企业的面非常广

目前，生产钢管和扣件的厂家规模都不大，但数量很多，约有上千家。钢管和扣件租赁企业的数量更多，大部分都是规模较小的民营企业，约有 1 万多家，加上几千家施工企业也有大量的钢管和扣件，这是一笔巨大财产。

如此巨大数量的不合格钢管和扣件，已成为建筑施工安全的隐患，要在短时期内全部退出施工现场，对几万家大小企业进行专项整治是不可能的。因此，专项整治工作不可能在短期内完成。如此量大面广的不合格钢管和扣件，也都无法禁止使用，因为，目前还没有那么多数量的其他脚手架来替代它，即使安全事故仍然不断发生，也只能继续使用。

五、三点建议

1. 健全管理体制和制度、加强监控机构和监管力度

多年来，专项整治的目标没有达到，其主要原因，首先是监管力度不到位，没有按

照专项整治措施的内容进行具体工作。据了解，大部分生产、租赁和施工单位不了解这次专项整治工作，对整治的内容更不清楚，也无有关部门去监督和检查。另外，专项整治的措施中，没有具体的惩罚和处理条例，对达不到市场准入条件的单位没有说明如何处理；对不合格的钢管、扣件应及时报废销毁，但目前还没有报废制度和使用年限的规定。

因此，首先要落实健全管理体制和制度的工作，严格市场准入制度，建立安全检测制度及报废制度。其次要落实监督措施，加强监控机构和监管力度，不定期地对企业进行必要的安全检查和监管。目前，协会无法对生产厂、租赁和施工企业的模架进行质量监督和安全认可。因此，建议政府有关部门能将某些职能转到有关协会，使协会能担负起模架的质量认证、安全认可、定期检查和产品检测等监控职能，保证模架施工安全和模架技术的健康发展。

2. 限制扣件式脚手架的使用范围

由于扣件式脚手架的安全性较差，国外发达国家已很少采用，并明确规定扣件式脚手架不得用作模板支架。目前我国许多建筑工程仍采用扣件式脚手架作模板支架，以致年年发生多起模架坍塌事故，造成人民生命和财产的重大损失。因此，在当前扣件式脚手架还未被淘汰的情况下，建议限制扣件式脚手架使用范围，尤其是高大空间的模架应尽量采用新型脚手架，保证施工安全。

3. 大力推广应用新型脚手架

多年来，我国建筑施工用扣件式脚手架，每年发生多起倒塌事故，给国家和人民生命财产造成巨大损失。随着我国大量现代化大型建筑的出现，扣件式脚手架已不能适应建筑施工发展的需要，大力开发和推广应用新型脚手架是解决施工安全的根本措施。建议有关部门制订政策，鼓励施工企业采用新型脚手架和模架，尤其是高大空间的模架应尽量采用新型模架，保证施工安全。对扣件式脚手架的产品质量及使用安全问题，应继续大力开展整治工作，逐步淘汰不合格的钢管和扣件，引导施工企业采用安全可靠的新型脚手架和模架。

2020 年 7 月 20 日于北京完稿

门式脚手架在成长中开花没结果

中国模板脚手架协会　糜加平

一、国外发展概况

门式脚手架是建筑用脚手架中应用最广泛的脚手架之一，20 世纪 50 年代初，美国首先研制成功了门式脚手架，由于它具有装拆简单、移动方便、承载性能好、使用安全可靠、经济效益好等特点，发展速度很快。到了 20 世纪 60 年代初，欧洲各国也先后引进并发展了门式脚手架（见图1），还研制和开发了与门式脚手架结构形式基本相似的框式脚手架体系，这种脚手架体系中有门形、H 形、三角形、四边形等多种形式的支架体系。

20 世纪 80 年代初，德国首先开发应用了四边形方塔式脚手架，见图2；法国和英国开发了三角形塔式脚手架，见图3，这两种脚手架的特点是结构合理、使用安全可靠、承载能力高、使用寿命长。如每个单元的承载能力，方塔式脚手架可达到 180kN，三角形塔式脚手架可达到 120～150kN，广泛用于桥梁、核电站、水电站等工程。

图1　荷兰门式脚手架

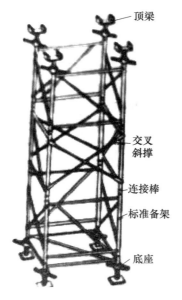

图2　方塔式脚手架

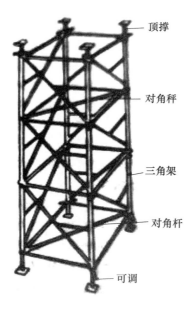

图3　三角框式脚手架

在框式脚手架体系中，门式脚手架开发最早，使用量最多，门式脚手架有门架型、梯型、八字型、特殊型等多种形式，见图4。在20世纪80～90年代，欧美的一些国家门架的使用量都占到50%左右。目前，在欧美一些国家的许多施工工地和马路边上，仍然可以看到门式脚手架的施工场景。

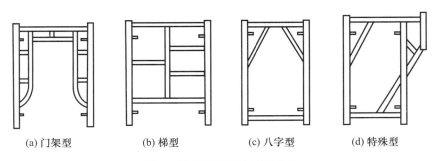

(a) 门架型　　　　(b) 梯型　　　　(c) 八字型　　　　(d) 特殊型

图4　门式脚手架的各种形式

1955年，日本许多建筑公司开始引进门式脚手架，首先使用在地下铁道、高速公路的支架工程。1956年日本JIS（日本工业标准）有关脚手架的标准制订，1963年劳动省在劳动安全卫生规定里也制订了有关脚手架、支撑的一些规定。1963年日本一些规模较大的建筑公司开发、研究或购买门式脚手架，在工程中大量应用。1965年随着超高层建筑的增多，脚手架的使用量也越来越多。1970年脚手架租赁公司开始激增，由于租赁脚手架能解决施工企业的要求，减少企业的投资，所以，门式脚手架使用量迅速增长，并在很长时间内使用量占50%以上。

目前，日本门式脚手架仍在大量应用，日本脚手架企业不但积极引进国外先进脚手架，还非常重视技术创新，对引进的脚手架进行改进。如门式脚手架在结构上和安全防护栏杆上都作了很大改进，增强了门架的安全性，见图5、图6。

图5　日本门式脚手架　　　　　　图6　日本防护栏杆

二、国内兴衰过程

门式脚手架主要由立框、横框、交叉斜撑、脚手板、可调底座等组成。由于立框呈"门"字型，所以称为门型或门式脚手架。它不但能用作建筑施工的内外脚手架，又能用作模板支架、台模支架和移动式脚手架，具有多种功能，所以又称多功能脚手架。其主要特点是装拆简单、施工工效高，装拆时间约为扣件脚手架的 1/3；承载性能好、使用安全可靠，使用强度为扣件脚手架的 3 倍；使用寿命长，经济效益好，扣件脚手架一般可使用 8～10 年，门式脚手架可使用 10～15 年。

从 20 世纪 70 年代末开始，我国有些建筑公司先后从日本、美国、英国等国家引进门式脚手架体系，在一些高层建筑工程施工中应用，取得较好的效果。但是，进口脚手架的价格很高，大面积使用工程成本太高，大多企业都不能承受。

20 世纪 80 年代初，国内一些生产厂家开始仿制门式脚手架。到了 1985 年，已先后成立了 20 多家门式脚手架生产厂，产品在部分地区的施工工程中大量应用，并且受到施工单位的欢迎。但是，这些厂生产的门式脚手架都是照搬外国的产品，采用英制尺寸，各生产厂的产品规格不一致，不能通用，使得门式脚手架的推广应用受到很大阻碍。因此，需要研究适合我国建筑特点，符合国际标准的新型门式脚手架。冶金部建筑研究总院与上海市建筑施工技术研究所、北京市建筑工程研究所、四川省建筑科学研究所等一些科研院所，都积极投入门式脚手架的设计研究工作。

我院根据国家计委和冶金部 1985 年下达的任务要求，在广泛收集和参考了国外有关资料的基础上，精心设计了 YJ 型门式脚手架体系。

1. 设计原则

门式脚手架不仅能用作内外脚手架，也能用作模板支架，所以在设计中考虑了以下要求：

（1）搭设的脚手架要有足够的面积，能适应工人施工操作的要求，满足材料运输和堆放的需要；

（2）具有足够的强度和整体刚度，门架坚固稳定，安全可靠；

（3）能组合拼装成以 300mm 进级的各种不同高度的模架；

（4）装拆灵活，搬运方便，通用性强，能多次周转使用；

（5）脚手架的规格和附件的品种少，能满足多种用途的需要。

2. 门式脚手架规格的确定

在门式脚手架的设计中，吸收了国外门式脚手架模数制特点，还充分考虑了国内结构设计的模数要求，在设计上作了如下改进：

（1）国外门式脚手架的规格尺寸很多，有采用国际单位和英制两种计量单位。我国已将国际单位定为法定计量单位，设计中要求积极推行米制、改革市制、限制英制和废除旧杂制的政策。本设计的计量单位，一律采用法定计量单位。

（2）国外门式脚手架都是按一定的级差进级。如宽度尺寸基本有三种，国际单位的宽度为 900mm、1200mm、1500mm；英制单位的宽度为 914mm、1219mm、1524mm。高度尺寸很多，自成一套体系，但基本上都是按 300mm（1ft）或 150（0.5ft）进级。我们在设计中采用符合我国建筑统一的模数制，能组合拼装成 300mm 进级的不同高度，能满足建筑物的跨度、进深、柱距、开间和层高等不同尺寸的要求。

（3）考虑到我国钢管脚手架的步距一般为 1800mm，YJ 型门式脚手架的规格确定为：门架宽度为 1200mm，高度为 1800mm，调节架高度为 1200mm、900mm、600mm 三种。高度采用了以 300mm 进级的模数，这套模数能组合拼装 300mm 进级的不同高度。采用这套模数，可以减少附件的规格品种，如交叉斜撑只有两种，连接臂只有一种，并能满足各种高度的拼装要求，有利于现场管理和使用。

这套门式脚手架的设计完成后，我们联合了无锡门式脚手架厂、冶金部三冶机械厂和邯郸煤矿机械厂进行试制。在门架的试制过程中，首先遇到了钢管材料的问题，由于我国没有专门生产门式脚手架钢管的工厂，冶金部三冶公司到鞍钢购买钢管，回答是冶金部没有我们要求规格尺寸的钢管，被迫只能采用尺寸近似的厚壁钢管来代用。如用 $\Phi 42.3 \times 2.75mm$ 替代 $\Phi 42 \times 2.5mm$ 钢管，用 $\Phi 26.8 \times 2.75mm$ 替代 $\Phi 28 \times 2.0mm$ 钢管。这样修改的结果是，增加了门架的重量，由于钢管的截面不同，各厂生产的门架也不能互相通用。

冶金部三冶机械厂等几个试制厂生产的门式脚手架，在鞍钢重点改造项目工程、无锡和盐城等城市工程中应用，取得良好效果，并于 1989 年 11 月 14 日通过部级技术鉴定。

在门架使用中，我们还遇到另外一个问题，当时许多施工单位都有大量的扣件脚手架钢管，经过施工过程中几次截断，积存了一大堆短钢管无法利用，希望利用这些钢管加工成门架。经与试制单位协商，我们在设计中增加了 $\Phi 48 \times 3.5mm$ 钢管的门架，这种脚手架的强度和刚度大，可以用作砌筑楼层不高的内外脚手架，以及楼板和梁的模板支架，也可以用作预制楼板的支架，受到施工人员的欢迎。但是，这种脚手架的重量也大，不宜用作高层建筑和高大空间的内外脚手架，

20 世纪 90 年代初，全国已成立了一大批脚手架生产厂，协会会员有四川华兴机械厂、中国脚手架公司、广西五建金属结构厂、无锡远东建筑器材公司等十多个单位，非会员单位的脚手架厂有几百家，还有许多家庭作坊式的小厂，如广东佛山地区就有 40 多家脚手架企业，主要生产门式脚手架。江苏无锡有 60 多家脚手架企业，可以生产门式、碗扣式和插销式等各类脚手架。其脚手架产品在许多工程施工中大量应用，还有不少钢模板租赁企业也购买了许多门式脚手架出租，当时，国内门式脚手架应用量越来越大。但是，门式脚手架在国内生产和使用的时间不长，没有得到更好的发展，在施工应用中反而越来越少。

其主要的原因是，大部分脚手架企业的生产规模都很小，设备简陋，生产工艺落后，产品质量很难保证，产品价格也很低。这些企业为了抢占市场，进行恶性竞争，结果是产品价格越来越低，企业利润越来越少，产品质量越来越差，门架的刚度就变小了，在运输和使用中易产生变形，以致严重影响了这项新技术的推广应用。

不少门式脚手架厂家被逼关闭，有一部分脚手架厂转产其他新型脚手架，还有一部分厂家专门替外商来图加工，如无锡有几十家脚手架厂，有的厂家专门给日本加工门式脚手架，有的厂家可以生产各种类型的脚手架，给欧洲、日本等很多国家来图加工。由于这些厂家的无序竞争，相互压价，结果企业利润很低，大部分利润都给了外商。

这些替外商加工的厂家产品质量都较好，但产品上都是打印外国厂家的标记。那时，我曾对有的领导说，你们不能长期给外国老板打工，应该考虑做出自己的品牌了。可惜，当时国内的建筑市场还不成熟，施工单位对新型脚手架还不接受。

三、存在的问题

欧洲、日本等国家的门式脚手架，经历了二十多年的发展过程成为主导脚手架，我国的门式脚手架从 20 世纪 70 年代开始应用，到 20 世纪 90 年代也经历了二十多年，这种脚手架并没有成为主导脚手架，却很快地退出了建筑市场。为什么门式脚手架没有得到发展，仍是扣件式脚手架为主导脚手架，安全事故还是不断发生呢？存在的主要问题是：

（1）由于一些研究设计单位研制的脚手架，自成体系，互不通用，品种规格多样。大部分生产厂的产品规格，都是仿制外国产品的规格，采用英制尺寸，附件的规格较多，通用性差。1991 年颁布了《门式钢管脚手架》（JGJ 76—1991）行业标准，但是了解这个标准和持有此标准的人很少，更谈不上如何贯彻执行标准了。因此，各厂家无统一的设计和产品标准，产品规格不同，质量标准不一致，不仅给施工单位使用和管理带来很大困难，不利于推广应用，同时，也给建筑施工安全带来隐患。

（2）国内各厂对门式脚手架主要部件的称呼不一致，各有一套名称，给脚手架的推广应用带来许多不便。如以下五种部件：

① 门式脚手架的别称：门型脚手架、门架式脚手架、多功能脚手架；

② 门架的别称：门型架、门式架、骨架、主架；

③ 调节架的别称：框架、梯形架、门型支架；

④ 横框的别称：水平架、平行架、连接架、平架；

⑤ 交叉斜撑的别称：交叉拉杆、剪刀撑、交叉支撑、斜撑。

（3）由于有些脚手架厂采用钢管的材质和规格不符合设计要求，加工精度差，使用寿命短，以致严重影响了这项新技术的推广。冶金部的产品项目中，没有脚手架钢管这一项目，于是国内建立了几十个钢管生产厂，其中大部分是山寨钢管厂。脚手架生产厂为了用低价进行市场竞争，对钢管的材质和质量上放低了要求。这些厂的脚手架运到施工工地，由于门架的刚度小，已有一部分脚手架变了形。这种脚手架不仅增加了拼装难度，脚手架的受力情况也大打折扣，影响到脚手架的施工安全，并多次发生了安全事故，施工单位还会再用这种脚手架吗？于是他们纷纷退出使用门式脚手架，又改用扣件脚手架了。租赁单位也花了很大投资，购买了门式脚手架，结果已没有施工单位过问，这种脚手架成了一堆废钢。

四、四点建议

门式脚手架是各类脚手架中使用最早、应用最广、功能最多的脚手架之一，目前，在国外很多国家还可以看到它的足迹。我国在推广应用门式脚手架的过程中发现，并不是门式脚手架不适合我国国情，而是我们在工作中存在一些问题，其中有产品质量和施工应用的问题，更重要的是市场管理和质量监督方面的问题。我还是希望门式脚手架这朵鲜花能开起来，有道是"一花独放不是春，万紫千红才是春"。在制订门式脚手架的产品规格和标准时，建议应考虑以下四点：

（1）我国已将国际单位定为法定计量单位，所以制订门式脚手架标准时，应统一采用法定计量单位，取消英制单位。

（2）对门架的宽度和架距应有统一规定，以利于各厂的产品能通用。门架的高度可以不完全统一，但原则规定应按 300mm 进级。

（3）在符合统一标准的原则下，各厂的产品可以有各自的特点，但应尽量减少产品的规格品种。

（4）国外的脚手架普遍采用低合金钢材，低合金钢管与普通碳素钢管相比，其屈服强度可提高 46%，重量减轻 27%，耐大气腐蚀性能提高 20%～38%，使用寿命提高 25%。建议用低合金钢管替代普通碳素钢管，可以减少脚手架的重量，提高脚手架的使用寿命，具有显著的经济效益和社会效益。

最近，我们行业内有的单位已研究出新的钢材，如索氏体不锈钢和低合金高强钢，这种钢材不仅强度大、重量轻，而且价格也不高。已经试制了钢模板、钢脚手板、钢管等，正在施工工程中试用。我感觉这种钢材的发展前景很好，建议相关从业者关注。

2020 年 8 月 5 日于北京完稿

碗扣式脚手架在应用中的曲折经历

中国模板脚手架协会　縻加平

在介绍碗扣式脚手架之前，先简要介绍一下承插式脚手架。这种脚手架是单管脚手架的一种形式，其构造与扣件式脚手架基本相似，主要由主杆、横杆、斜杆等组成，只是主杆与横杆、斜杆之间的连接不是用扣件，而是在主杆上焊接插座，横杆和斜杆上焊接插头，将插头插入插座，即可拼装成各种尺寸的脚手架。由于各国对插座和插头的结构设计不同，形成了各种形式的承插式脚手架。其中包括碗扣式脚手架和插销式脚手架两大类，本文介绍碗扣式脚手架的应用情况，记忆文四再介绍插销式脚手架的发展情况。

一、国外发展概况

英国 SGB 公司成立于 1920 年，1976 年该公司首先研制成功碗扣式脚手架（CU-PLOK 脚手架），很快推广到西欧各国，应用也较普遍，在日本和东南亚一些国家也有应用，至今已有 40 多年历史。碗扣式脚手架主要由立杆、横杆和斜杆组成，立杆上焊接插座，横杆和斜杆上焊接插头。插座由上、下碗和限位销组成，在直径 48mm 的主杆上，每隔一定间距设置一组碗式插座。组装时，将横杆和斜撑两端的插头插入下碗，扣紧和旋转上碗，用限位销压紧上碗螺旋面，每个节点可同时连接 4 个横杆。

该脚手架与扣件式脚手架相比，具有以下特点：

（1）装拆灵活，操作方便，可完全避免螺栓作业，提高工效和减轻工人劳动强度；

（2）结构合理，使用安全，附件不易丢失，管理和运输方便，使用寿命长；

（3）构件设计模数制，使用功能多，应用范围广，可适用于脚手架、支承架提升架和爬架等。

2004 年，协会组织到欧洲技术考察，我们到英国 SGB 公司参观学习，提出参观碗扣脚手架的生产车间，接待负责人讲，"很抱歉，我们车间已不生产这种脚手架了，有些已到其他国家去加工了"。目前，碗扣式脚手架在欧洲虽然还有生产和应用，但使用量不多，在亚洲、非洲的国家也还有一些工程在应用。

日本脚手架企业不但积极引进国外先进脚手架，还非常重视技术创新，对引进脚手架还进行改进。如英国 SGB 公司在碗扣式脚手架的设计中，没有设计斜杆，为增强脚手架的整体稳定性，日本的企业在碗扣脚手架的横杆两端，各焊上四个钢耳板，钢板上有一个圆孔，用于连接拉斜杆，以增强碗扣脚手架的整体刚度，见图 1。

图 1　日本碗扣脚手架

二、国内发展概况

1985 年，根据国家计委施工局和铁道部基建总局下达的任务要求，铁道部专业设计院广泛吸收国外先进技术，结合实际情况，试制成功了 WDJ 碗扣型多功能脚手架，其设计的主要特点是：

（1）独创地在下碗和插头上加了几个齿牙，以增强碗接头的自锁能力；

（2）拼装速度快、省时省力，避免了螺栓作业和零散扣件的丢失；

（3）碗扣接头的抗弯、抗剪、抗扭的强度高，因而整个架体的稳定性强；

（4）使用功能多，可以组装成内外脚手架、支撑架、提升架、支撑柱、爬架等；

（5）整套构件有 15 大类 52 种，可以适用于房屋、桥隧、烟囱、水塔等建筑物的施工需求。

1986 年 5 月 18 日，铁道部专业设计院与铁道部第三工程局孟原工程机械厂联合，在孟原召开了试拼试验现场会。1987 年 3 月 29 日，在太原召开了 WDJ 碗扣型多功能脚手架技术鉴定会，通过了铁道部鉴定，并获得国家实用新型专利。同年，参加日内瓦第十五届世界发明博览会，获得镀金奖。

铁道部专业设计院的碗扣型多功能脚手架，先后在淄博市面粉厂立交桥、禹城立交桥、歇马亭立交桥等工程应用，受到施工单位的欢迎，并取得了较好的经济效果。

1987 年，铁道部专业设计院将碗扣脚手架的专利技术转让给北京核工业部星河机器人技术开发公司，该公司成为当时国内最早专门从事脚手架生产的厂家之一。该公司的脚手架在 1990 年北京亚运会很多项目中推广使用，1993 年该脚手架技术被建设部列为科技成果重点推广项目。

1994 年星河机器人技术开发公司与香港浩力企业有限公司合资成立了北京星河模板脚手架工程有限公司，姜工任副总工程师，专门从事模板脚手架的开发、生产、销售等业务。公司生产的碗扣式脚手架曾被用于首都机场、北京西客站、长江三峡、深圳帝王大厦、南海岛礁、南极中山站等工程。

在铁道部专业设计院的脚手架推广后不久，有不少单位也加入到碗扣脚手架的研制工作中，出现了多个名称的碗扣式脚手架，如天津机电设备公司研制的插锁式脚手架、铁道部一局研制的扣碗式脚手架。还有北京比尔特模板公司研制的锁紧式脚手架，这种脚手架的构造与碗扣式脚手架基本相仿，插座也是由上、下碗和限位销组成，只是下碗和横杆插头的构造作了一点改进，每个插座可以同时插入 6 个不同方向的横杆。利用下碗上 4 个互相垂直的定位凹槽，可以搭设四边形脚手架，也可搭设多边形脚手架。

1985 年，国家计委施工局给铁道部专业设计院下达研究设计碗扣式脚手架的任务，同时，国家计委施工局给冶金部建筑研究总院下达研究设计门式脚手架的任务。当时，我们分析了国内外有关专利和资料，认为碗扣式脚手架是单管脚手架的一种形式，构造简单、安全可靠、使用功能多，是一种很好的新型脚手架。

1986 年，我院在吸收了国内外碗扣式脚手架经验的基础上，也研究设计了碗形承插式脚手架，并在设计中对碗扣式脚手架作了以下几点改进。

（1）铁专院将英国 SGB 公司的碗扣式脚手架的立杆、顶杆长度模数，从 500mm 模数改为 600mm 模数,以及碗接头的间距从 500mm 改为 600mm。这种脚手架的拼装高度为 600mm 的倍数,可调底座的调节长度也要达到 600mm 以上。本设计对立杆长度作了修改,顶杆改为调节杆,可以组装成 300mm 进级的不同高度的脚手架或平台。

(2)碗扣式脚手架的关键部位是碗接头,在英国 SGB 公司和铁专院设计的碗接头中,上碗和插头均用铸钢模锻成型,下碗用钢板冲压。本设计的碗接头,在构造和材料上都作了一些改进,上、下碗和接头均采用钢板冷冲压成型,使加工工艺有所简化。

(3)在下碗和插头上都不带齿牙,我们认为下碗和插头上带齿牙,对增强接头的自锁能力,约束横杆左右移动和转动具有很好的作用。但在实际应用中,各碗接头都不是单独存在,而是相互连接成空间杆系,各节点通过杆件相互制约,来约束横杆的左右移动和转动。所以,在下碗和插头上带齿是多余的。

(4)在英国 SGB 公司的设计中,有可调横杆、活动碗扣件和连墙杆等部件。如可调横杆可以自由调节横杆的长度,用以适应立杆间距的自由变化和拼装不同弧度的曲线脚手架。可调横杆 THG－60 的长度调节范围为 1200～1600mm,THG－90 的长度调节范围为 1200～1900mm。

活动碗扣件可以根据功能需要随时装拆,横杆间距可以自由调节。利用活动碗扣件还可以使碗扣式脚手架与其他脚手架、钢支柱相互连接,见图 2,扩大了脚手架的应用范围。连墙杆用于外脚手架,见图 3,可以保持脚手架与墙体的距离,增加了脚手架的稳定性。这些部件可以提高脚手架的功能,我们在脚手架的设计中,增加了这些部件,可惜的是这个设想一直没有得到应用。

图 2 活动碗扣件   图 3 连墙杆

1987 年,我们与无锡建筑脚手架厂联合试制了一批碗扣式脚手架,在无锡、徐州等地的施工工程中应用,使用效果较好,1989 年碗形承插式脚手架获得国家实用新型专利。

在推广应用碗扣式脚手架过程中,星河机器人技术开发公司的力度最大,发展速度最快,推广应用量最多,在各类建筑、机场和桥梁等重要工程施工中,得到大量应用,取得良好经济效果。山西文水工程机械厂、新疆二建等模板脚手架生产企业,还从星河机器人公司引进碗扣式脚手架专利技术。

三、存在的主要问题

（1）碗扣式脚手架是我国推广多年的新型脚手架，在许多建筑和桥梁工程中已大量应用。但是，我国在碗扣式脚手架的推广应用中，施工单位只会用于支撑架，而外脚手架、提升架、支撑柱、爬架等工程没有或很少使用。铁专院设计的脚手架有很多功能没有发挥出来，很多构件也没有使用，如窄挑梁、宽挑梁、间横杆、搭边间横杆、强力支撑柱等等。另外，对英国SGB公司的有些功能也没有学到手，如活动碗扣、伸缩横杆等部件，使用功能没有充分发挥。一个很好的新技术还没有真正学到手，就被我国某些脚手架企业搞坏了，导致产品遭市场淘汰，真是悲哀。

（2）由于大部分碗扣式脚手架厂家生产设备简陋，生产工艺落后，又采用不合格的钢管和碗扣件，产品质量越来越差，不同厂家的产品还不能相互通用。当时，国内有专业脚手架厂数百家，还有许多家庭作坊式的小厂，如河北某地区有许多生产碗扣式脚手架和配件的家庭小厂，采用钢管的管壁厚度和材质均不合格，有些厂还采用旧钢管加工脚手架。很多厂家不具备条件，不管质量，只看数量，生产的产品可低于一般价格的70%左右。施工企业也是只图价格便宜，不顾产品质量，结果用不了多久就坏了，严重影响了新技术的信誉，搞乱了建筑市场。据了解，当时有80%以上的碗扣式脚手架都不合格，这种脚手架坍塌事故也不断发生，存在很大的安全隐患。

（3）1991年颁布了《WDJ碗扣型多功能脚手架构件》（TB/T 2292—91）行业标准，但是，了解这个标准和持有此标准的人很少，更谈不上如何贯彻执行标准了，这使得生产、施工和租赁企业缺乏严格的质量监督管理。由于碗扣式脚手架在生产中采用不合格的钢管和碗扣件，采用的钢管材质不稳定，钢管壁厚从3.5mm减到3.0mm，任意修改碗扣的尺寸，造成碗扣尺寸差异大，各厂家生产的碗架产品通用性差，插头不能在上下碗扣中就位，不能保证节点可靠传力，给碗扣式脚手架使用带来很大的安全隐患。

（4）想当年，门式脚手架在我国使用时间不长，就退出建筑市场了，其中最主要的原因是钢管的质量问题。当时，许多生产厂的门架基本上是仿制国外的门架，规格尺寸与国外门架大致相同，但外国的脚手架钢管普遍采用低合金钢管，而我国钢厂不生产这种钢管，被迫采用普碳钢管，并且普碳钢管的材质也不能保证。因此，门架的刚度小，重量大，运输和使用中易变形，加上普碳钢管的抗腐蚀性能差，导致门架使用寿命短。

1997年，张国生到模板协会来，介绍了上海康德工程技术研究所研制成功了低合金高强度脚手架钢管的情况。我听了情况介绍非常高兴，因为我一直盼望我国能生产低合金脚手架钢管，并马上表示一定会支持这项研究工作。我很快写了一篇《采用低合金钢管脚手架势在必行》，并于1998年在《建筑技术》刊物上发表了。

1998年6月，上海康德工程技术研究所研制开发的低合金高强度脚手架钢管，通过了技术鉴定，他们结合我国钢种的实际，选用STK51（日本）、SM490A（中国）为母材，在工艺技术上作了很大改进，保证了钢管质量的稳定，并获得国家发明专利，与上海鼎鑫钢管有限公司、唐山钢铁股份有限责任公司带钢厂等企业合作进行生产。多年来，张国生一直致力于推广这种脚手架钢管，帮助脚手架企业解决低合金钢管焊接技术等问题，但是，低合金脚手架钢管并没有得到大量应用。为什么国外的脚手架能普遍采用低合金钢管，我国的脚手架到现在还很少采用低合金钢管呢？

我国在开发、应用脚手架新技术中，已经有钢支柱、门式脚手架和碗扣式脚手架等新型脚手架，一个又一个地开了花，并没有结成果。其原因都是对生产、施工和租赁企业缺乏严格质量监督管理，没有堵住不合格产品的生产源头，建筑市场很混乱。因此，一定要吸取以上经验教训，加强产品质量监督管理，加大设备和技术投入，保证产品质量；加强市场管理，不搞价格竞争，应搞技术和质量竞争，避免新技术在推广过程中，半途而废的情况再度发生。

四、几点建议

20世纪90年代以来，国内一些企业引进国外先进技术，研制和开发了多种新型脚手架，国内有专业脚手架生产企业数百家，从技术上来讲，我国有很多脚手架企业，已具备加工生产各种新型脚手架的能力。近几年，国内应用新型脚手架的市场环境已培育起来，有关部门和施工企业对盘扣脚手架越来越重视了。最近，我从微信中得到几条信息，盘扣式脚手架已发现"假李逵"了，这是很不好的预兆，希望能引起有关部门领导的重视。以下我提几点建议。

（1）日本在控制脚手架产品质量方面有三个规定，一是生产厂除了生产设备和生产工艺要先进之外，还必须取得产品质量认证和安全认可证书；二是在施工中应用的旧脚手架使用满六年的，应做荷载试验，对负荷有减弱者，一律降级使用；三是不同要求的施工工程，应采用不同等级的脚手架，不同等级的脚手架不能混用，脚手架质量达不到要求的一律不准使用。我认为日本这几条规定，对我国脚手架的安全使用可以起到借鉴作用。

（2）对钢管和脚手架厂应加强产品质量监督和管理，以堵住不合格产品的生产源头。对产品质量差、技术水平低、不具备生产条件的厂家，尤其是那些家庭作坊式的小厂，应及时曝光和警告，必要时勒令停产整顿。对生产工艺合理、产品质量好、技术力量强的厂家，颁发产品质量合格证和安全认证书。

（3）严格监督施工企业选购有产品合格证书的厂家生产的脚手架，租用有质量保证书和检测证书的模架，以堵住不合格产品的流通渠道。建立模架工程质量监理制度，由质量监理部门负责对施工中采用的模架进行质量监督，对没有产品合格证和检测证书，不符合质量要求和施工安全的模架，有权责成施工企业停止使用。

（4）加强对租赁企业的管理，严格监督租赁企业从有产品合格证的厂家购买脚手架，组织有关人员定期对重点租赁企业进行质量检测，不合格的脚手架应及时报废。积极开展新型脚手架租赁业务，协助施工企业推广应用新型脚手架，提高脚手架应用技术水平和安全性。

（5）大力发展专业模架公司。发展专业模架公司有利于推广应用新型模架，提高施工速度和施工质量；有利于施工设备充分利用，提高模架使用效果；有利于提高施工技术水平，培养熟练的施工队伍；有利于改善操作工人施工环境，保证模架施工安全。专业模架公司在经济发达国家有几十年的历史，并且有不少模架公司已成为跨国模架公司。我国在发展专业模架公司方面，还面临体制、管理、市场等需要解决的问题。随着建筑企业的改制，相信不久也会出现各类模架专业公司，模架工程专业化将是今后发展的趋势。

2020 年 8 月 25 日于北京完稿

插销式钢管脚手架在风波中不断发展

中国模板脚手架协会　糜加平

承插式钢管脚手架包括插销式钢管脚手架和碗（轮）扣式钢管脚手架两大类。插销式钢管脚手架应是采用楔形插销、连接立杆上的插座与横杆上插头的一种新型脚手架。该脚手架的插座、插头和插销的种类和品种规格很多，为了规范这种脚手架的名称，协会曾组织专家们讨论，认为插销式脚手架可以分为盘销式脚手架和插接式脚手架两类。其中盘销式脚手架包括圆盘式脚手架、方板盘式脚手架、十字形盘式脚手架等；插接式脚手架包括 U 形耳插接式脚手架和 V 形耳插接式脚手架等。

20 世纪 90 年代末，国内有些企业开始引进或自主开发各种插销式脚手架，其中圆盘式脚手架发展最快，数量最多，插座的形状也很多，其中有圆盘形、多边形、花边形、八角形等多种形式的插座。各单位的脚手架名称也五花八门，如北京捷安建筑脚手架有限公司是最先把圆盘式脚手架称为盘扣式脚手架；上海捷超脚手架有限公司又把它称为扣盘式脚手架。当时还没有这种脚手架标准，各单位起的产品名称也就没有标准。不知什么时候盘扣式脚手架的名称，得到政府有关部门和行业内很多企业的认可，可能与《建筑施工承插型盘扣式钢管支架安全技术规程》（DB32/T 4073—2021）的实施有一定关系。既然大家都已经把圆盘式脚手架称为盘扣式脚手架，那就按大家意见办了。

一、国外脚手架发展概况

20 世纪 80 年代以来，欧美等发达国家开发了各种类型的插销式脚手架。这种脚手架是立杆上的插座与横杆上的插头，采用楔形插销连接的一种新型脚手架。它具有结构合理、承载力高、装拆方便、节省工料、技术先进、安全可靠等特点，在欧、美、日、韩等许多发达国家应用了三十多年，是当前国际主流脚手架。

盘销式脚手架的插座形状有圆盘形、十字形、方板形等，插孔有四个，也有八个，插孔的形状、插头和插销的形式也多种多样。插接式脚手架有 V 形耳插座和 U 形耳插座等。它的品种规格非常多，各单位的脚手架名称也各不相同。

（一）盘销式脚手架

1. 盘扣式脚手架（又称圆盘式脚手架）

这种脚手架是德国莱亚（Layher）公司在 20 世纪 80 年代首先研制成功，其插座为直径 120mm、厚 18mm 的圆盘，圆盘上开设 8 个插孔，横杆和斜杆上的插头构造设计先进，组装时，将插头先卡紧圆盘，再将插销插入插孔内，压紧插销即可固定横杆（见图 1）。

目前，被许多国家采用并发展最多的是盘扣式脚手架，它的插座有圆盘形插座、多边形插座（见图 2）、花边形插座（见图 3）、八角形插座（见图 4）等多种形式。插孔有八个，其形状也多种多样。插头和插销的形状及连接方式都不相同。各国家的脚手架名称也不同，如德国呼纳贝克（Hunnebeck）公司称为 Modex，加拿大阿鲁玛（Aluma）公司称为 Surelock。

图 1　圆盘形插座

图 2　多边形插座

图 3　花边形插座

图 4　八角形插座

这种脚手架在构造上与碗扣式脚手架相比更先进，其主要特点是：

（1）连接横杆多，每个圆盘上有 8 个插孔，可以连接 8 个不同的横杆和斜杆；

（2）连接性能好，每根横杆插头与立杆的插座可以独立锁紧，单独拆除，碗扣式脚手架必须将上碗扣紧才能锁定，同样，拆除横杆时，也必须将上碗松开；

（3）承载能力大，每根立杆的承载力最大可达 48kN，碗扣式脚手架是 33kN；

（4）通用性能强，可广泛用作各种脚手架、模板支架和大空间支撑。

2. 十字形盘式脚手架

德国 PERI 公司开发的十字形盘式脚手架，其十字形盘插座上有四个大圆孔和四个小圆孔，横杆插头插入大圆孔内，斜杆插头插入小圆孔内（见图 5）。它不但可广泛用作脚手架和模板支架，还可用作看台支架。

韩国金刚工业株式会社开发的十字形盘式脚手架，其十字形盘插座上只有四个插销孔，脚手架结构简单，装拆方便，主要用作模板支架和民建脚手架（见图6）。

图5　德国十字形盘插座　　　　　　图6　韩国十字形盘插座

3. 方板盘式脚手架

日本朝日产业株式会社在20世纪90年代研制成功了方板盘式脚手架（见图7），其插座为100mm×100mm×8mm的方形钢板，四边各开设2个矩形孔，四角设有4个圆孔。横杆插头的构造设计新颖独特，加工精度高。组装时，将插头的2个小头插入插座的2个矩形孔内，打下插头的楔形插销，通过弹簧将内部的钢板压紧立杆钢管，锁定接头，故接头非常牢固。拆卸时，只要松开楔形插销，就能拿下横杆。其主要特点是：

（1）结构合理，安全性好。每个接头可连接4个不同方向的横杆，在方钢板四角上有4个圆孔，可以连接水平杆，增加脚手架的整体刚度；

（2）插头的自锁功能强，锁定牢固，装拆方便，将插头的楔形插销按下就可锁定，拔出楔形插销即可拆卸；

（3）承载能力强，每根立杆的承载力最大可达80kN；

（4）采用单元方塔架受力方式，可以组合成1800mm×1800mm、1800mm×900mm、900mm×900mm等3种塔架，根据施工荷载大小，确定塔架间的间距，受力合理，施工操作空间大。

西班牙方板盘式脚手架的方钢板插座和插头结构简单，方钢板上只开了四个长方形孔，插头的自锁功能和承载能力差一些（见图8）。

图7　日本方板盘插座　　　　　　图8　西班牙方板盘插座

（二）插接式脚手架

1. U 形耳插接式脚手架

法国 Entrepose Echaudages 公司在 20 世纪 80 年代研制成功了 U 形耳插接式脚手架（见图 9）。该公司是一家有 50 多年历史的老企业，它开发设计的 U 形耳插接式脚手架，在欧洲和亚洲建筑市场已得到大量推广应用。其主要特点是：

（1）结构合理，构造新颖，每个插座可以连接 8 个不同方向的横杆和斜杆；

（2）结构稳定性好，每根立杆的承载力最大可达 90kN；

（3）装拆灵活，搭接牢固，可以满足各种平面形式和空间结构的变化；

（4）适用性能强，安全可靠，可以适用于各种建筑物施工的脚手架，大跨度结构混凝土浇筑的支撑，大跨度钢结构施工平台支撑。

U 形耳插接式脚手架在不少国家已得到普遍应用，日本脚手架公司开发的 U 形耳脚手架（见图 10）的构造比较简单，每个插座只能连接 4 个横杆，其承载能力和使用效果都没有法国脚手架的性能好。

图 9　法国 U 形耳脚手架　　　　　图 10　日本 U 形耳脚手架

2. V 形耳插接式脚手架

这种脚手架是在 20 世纪 90 年代研制成功的，其结构形式是每个插座是由 4 个 V 形耳组成，插头为 U 形耳，组装时，先将 U 形耳插头与 V 形耳插座相扣，再将楔形插销插入 V 形耳插座内，压紧楔形插销即可固定。其主要特点是：

（1）结构简单，装拆方便，将插头的楔形插销打入 V 形耳插座内即可锁紧，拔出即可拆卸；

（2）整体刚度好，每根立杆的承载力最大可达 40kN；

（3）适用范围广，可广泛用于房屋建筑结构的内外脚手架，桥梁结构的支模架，临时建筑物框架及移动脚手架等。

在国外已有不少国家采用这种脚手架，如智利 Unispan 公司生产的插接式脚手架，在南美许多国家已大量应用（见图 11）。在印度、阿联酋、埃及等国家也已大量采用这种脚手架，并准备打入国际市场（见图 12）。这些脚手架的插座型式基本相同，都是 V

形耳插座，插头的型式有些不同，如智利、阿联酋和埃及的插头都是 U 形耳插头，印度的插头是香蕉式插头。

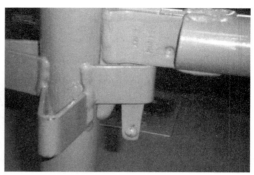

图 11　智利 V 形耳插座　　　　　　图 12　印度 V 形耳插座

二、国内脚手架发展过程

1991 年中国模板协会组团赴德国、芬兰等国家考察，德国 HÜNNEBECK 模板公司介绍了公司情况，请我们观看了模板、脚手架产品应用的录像，参观了产品展览室和生产盘扣式脚手架工厂，这是我第一次看到盘扣式脚手架。1995 年，德国 HÜNNEBECK 公司准备在中国合资建立模架分公司。通过协会联系，我陪同无锡市开发区领导等五人，一起去德国商谈合作建厂事宜，并签订了合作协议。

1996 年，德国模板公司派两位专家到无锡来选定厂址，并商谈开发哪几种产品，其中有盘扣式脚手架。当时我国正在大力推广碗扣式脚手架，我问盘扣与碗扣相比有什么优点。德国专家讲 10 多年前，在欧洲碗扣式脚手架已被盘扣式脚手架替代，又讲了几个优点。过了几个月，德国公司再次派专家来我国，考察中国的钢材质量和生产能力，由于当时我国钢材的品种、加工能力和加工质量等不合要求，决定暂不在中国设立分厂。

20 世纪 90 年代末，国内有些企业开始引进或自主开发盘扣式脚手架，但有些技术问题未解决。21 世纪初，我国陆续建立了几百家脚手架企业，大部分企业掌握了国外脚手架生产技术，主要是为国外脚手架公司的订购，也有一些外国企业到中国设厂生产。我国引进和开发了各种型式的插销式脚手架，已在许多重大建设工程中大量应用，取得了显著经济效果。

（一）盘销式脚手架

盘销式脚手架的插座形状有圆盘形、八角形、方板形、圆角形、十字形等，插孔有四个，也有八个，插孔的形状、插头和插销的形式也多种多样。

1. 圆盘式脚手架

中国台湾实固股份有限公司是专业研发和生产模板、脚手架零配件的企业，已建立了三十多年，产品外销世界 60 多个国家。20 世纪 90 年代从德国引进了圆盘式脚手架技术，在台湾许多重大工程中得到应用，取得了很好的效果。该公司在台湾设立了实固股份有限公司，在大连设立了力固支撑架模板（大连）有限公司，在北京曾设立了首固模板支撑架（北京）有限公司，并与北京中建华维模板有限公司协作，开发和生产圆盘式脚手架。

国内许多企业生产的盘扣式脚手架，与实固公司生产的圆盘式脚手架基本相似，如北京盛明建达工程技术有限公司、无锡晨源建筑器材有限公司、天津和顺脚手架有限公司等。

实固股份有限公司生产的圆盘式脚手架品种规格齐全，适用范围广，在特殊地形和挑空等特殊工程也可使用。其特点是装拆方便、安全性高、稳定性好、提高施工速度、节省人工成本。这种脚手架的插座为圆盘形，圆盘厚度为 8mm，每个圆盘上有八个组装孔，小孔为横杆连接用，大孔为斜杆连接用，圆盘的间距为 500mm（见图 13、图 14）。立杆的材质为 STK500，横杆和斜杆的材质为 STK400，表面采用热镀锌处理。根据荷载试验，60 型每个立杆的最大承载力为 100kN，48 型每个立杆的最大承载力为 40kN。

图 13　实固圆盘插座　　　　　　　图 14　工程应用

2. 盘扣式脚手架

北京建安泰建筑脚手架有限公司是生产各种脚手架、模板及支撑体系的专业公司，成立于 1997 年，21 世纪初，先后研发了"轮扣式脚手架"和"盘扣式脚手架"（见图 15、图 16），产品不但在人民大会堂、北京饭店、东方广场、工体、首体、军事博物馆、地铁和核电站等工程中广泛应用，而且还出口到亚洲、非洲的近十个国家和地区。

图 15　盘扣插座　　　　　　　　图 16　工程应用

盘扣式脚手架的插座也是圆盘形，圆盘的厚度为 8mm，插座的间距为 600mm。主要构件的规格是：立杆的长度有五种；横杆的长度有六种；斜杆的长度有五种，管径均为 φ48mm，材质为 Q235A，表面采用热镀锌或喷漆处理。根据荷载试验，横杆步距为 600mm 时，每个立杆的最大允许承载力为 40kN，步距为 2400mm 时，每个立杆的最大允许承载力为 20kN。

3. 扣盘式脚手架

上海捷超脚手架有限公司成立于 2004 年，2005 年开发出一种具有自主知识产权的"扣盘式脚手架"，这种脚手架具有安全性、便捷性、适应性、系列化、多功能等特点，已在模板支架、移动式脚手架、桥式脚手架、看台、舞台搭建、大型货物垂直运输用的支撑、承重设施等工程得到广泛应用。

这种脚手架的插座为圆盘反扣形式，圆盘的刚度较大，圆盘的厚度改为 6mm，圆盘插座的间距为 600mm（见图 17、图 18）。主要构件的规格是：立杆的长度有三种，横杆的长度有五种，斜杆的长度有五种，这几种构件的管径均为 φ48mm×3.5mm，材质为 Q235A，表面采用热镀锌或喷漆处理。每个立杆的最大允许承载力为 20～40kN。

图 17　扣盘插座　　　　　　　　图 18　工程应用

4. 盘扣式钢管支架

无锡速接系统模板有限公司是专业生产各类脚手架、系统模板、五金件为主的企业，成立于 2004 年。这种脚手架具有安全性能高、装拆方便、节约用工、外形美观等特点，已广泛用于建筑路桥、市政工程、能源化工、大型文体活动临时设施等建设工程。

这种脚手架的插座为八角盘，八角盘的厚度为 8mm，间距为 500mm（见图 19、图 20）。主要构件的规格是，立杆有 A 型和 B 型两种，A 型立杆管径为 φ60mm，B 型立杆管径为 φ48mm，长度有五种；横杆管径为 φ48mm，长度有七种；斜杆管径为 φ33mm，长度有七种。

立杆的材质为 Q345A，横杆和水平斜杆的材质为 Q235B，表面采用热镀锌处理。根据荷载试验，A 型每个立杆的最大允许承载力为 60kN，B 型每个立杆的最大允许承载力为 40kN。

图 19　八角盘插座

图 20　八角盘插座的工程应用

5. 强力多功能支架

上海大熊建筑设备有限公司是专业从事建筑器材及设备的开发、制造、安装、租赁业务的企业，其自主开发生产的强力多功能支架，能适用于建筑、桥梁、隧道、建筑装饰、设备安装、大型文体活动临时设施等建设工程。这种支架的特点是结构简单，安全可靠；组装方便，拆除快捷；基本构件少，应用范围广；承载能力大，作业空间开阔。

这种支架的插座为十字形盘，十字形盘间距为 900mm，十字形盘的四边各有两个组装孔，可与横杆连接。横杆的插头上有自锁功能，一经安装便可自行锁定（见图 21、图 22）。插头上有两个连接件，可与斜杆连接。主要构件的规格是，立杆管径为 ϕ60mm，长度有四种；横杆的管径为 ϕ48mm，长度有四种；斜杆的管径为 ϕ33mm，长度有八种。

立杆和横杆的材质为 Q345，斜杆的材质为 Q195，表面采用热镀锌处理。这种支架采用几种主要构件可搭设成四种方塔架，单个方塔架的最大允许承载力可达 320kN，单根立杆的最大允许承载力为 80kN。

图 21　十字形盘插座

图 22　工程应用

6. 十字形盘式支架

浙江中伟建筑材料有限公司是专业生产彩色涂层钢板、钢木组合模板、钢脚手架的企业，2004 年与韩国金刚工业株式会社合作，开发了钢框胶合板模板和十字形盘式支架。这种支架的特点是构造简单，装拆方便；安全可靠，承载能力大；应用范围广，能适用于各种类型的建筑物。

这种支架的插座为十字形盘，十字形盘间距为 500mm，十字形盘的四边各有一个组装孔，可与横杆连接。横杆上连接销，可以与斜杆连接（见图 23、图 24）。主要构件的规格是，立杆管径为 ϕ60mm，长度有七种；横杆的管径为 ϕ42mm，长度有六种；斜杆的管径为 ϕ42mm，长度有 12 种。立杆和横杆的材质为 Q345，斜杆的材质为 Q195，表面采用热镀锌处理。

图 23 十字形盘式支架

图 24 工程应用

（二）插接式脚手架

1. 克来柏（CRAB）模块式脚手架

北京安德固脚手架工程有限公司是专业从事脚手架工程承包、设计咨询、生产研发、销售和租赁等业务的企业，于 2004 年从法国 ENTREPOSE 公司引进先进的克来柏模块式脚手架。这种脚手架具有结构轻便、承载力高、装拆灵活、安全可靠和稳定性好等特点，已在城市建设、能源、化工、航空、船舶工业、大型文体活动、临时设施、奥运比赛场馆等几百个重点工程中被大量应用。

这种脚手架的插座为四个 U 形耳座，插座的间距为 500mm，横杆插头直接插入 U 耳内，U 形耳两边有长孔，可以与斜杆连接（见图 25、图 26）。该公司的主要产品有 60 型支撑架、框架脚手架和 25 型多功能脚手架三种脚手架。

（1）60 型支撑架由三角架单元组成，具有较高的强度和刚度，是承重型模板支撑架，主要用于道桥模板支撑系统。搭设高度可达 15m 以上，每根立杆可承受 60kN 的荷载，耗钢量只有扣件式脚手架的 1/3 左右。

（2）25 型多功能脚手架主要用于各类建筑外墙施工，也可用于临时人行天桥、临时场馆、平台和货柜架等的搭设。

（3）框架脚手架主要用于建筑物的外墙架，结构与 25 型多功能脚手架基本相同，部分构件作了适当简化，降低了成本。它可以采用一层叠一层的步架安装方法，组装快速简便。

图 25　U 形耳插座

图 26　工程应用

2. V 形耳插接式脚手架

（1）四川华通建筑科技有限公司于 2001 年成功开发出 "V 形耳插接式脚手架"（见图 27），并获得了 5 项国家发明和实用新型专利。由于这种脚手架具有良好的技术和安全性能，得到四川省许多施工企业的认可，从 2004 年起还以专利有偿使用方式，扩展到北京、陕西、湖南、西藏、广西、云南、重庆、新疆等地的 17 家企业。总产量已达到 5 万多吨，在这些地区正在逐步推广应用，经济效益非常明显。

（2）云南春鹰模板制造有限公司开发的插接式支撑系统，也是 V 形耳插座的支架（见图 28），主要用于工业和民用建筑现浇混凝土楼板（平台）的模板支撑。该公司的钢框胶合板（钢板）模板和插接式支撑，已在云南、四川、贵州等地的许多建筑工程中大量应用。

图 27　华通 V 形耳插座

图 28　春鹰 V 形耳插座

（3）石家庄市太行钢模板有限公司曾接到南美智利的加工订单，按智利图纸加工 V 形耳插接式脚手架，脚手架的加工质量很好（见图 29）。

（4）无锡晨源建筑器材有限公司等一些脚手架企业生产香蕉式脚手架，其结构与V形耳插接式脚手架一样，只是横杆的插头呈香蕉状，由此得名。这种脚手架主要为国外公司加工（见图30）。

图 29　太行 V 形耳插座　　　　　　　图 30　晨源 V 形耳插座

三、一场脚手架风波

故事还得从一封《紧急援助请求书》说起。请求书是四川一家脚手架公司写的，该公司成立于1994年，2000年研制开发出插接式钢管脚手架，2002年7月该成果通过了四川省建设厅组织的科技成果鉴定；同年10月，取得四川省建设厅颁发的"四川省建设产品推荐证书"。五年来，该产品已在四川、陕西、湖南等地的几十个施工工程中大量应用，没有出现过安全质量事故。

2005年9月，建设部第七安全检查组到四川检查，检查组的某位领导对该脚手架的安全性提出了质疑，认为存在安全隐患，要求提供科学理论依据和相关实验。

2006年1月，经四川省建设厅领导同意，该公司委托重庆大学对插接式钢管脚手架的安全性进行检测和研究，重庆大学土木工程学院专门成立了"插接式钢管脚手架安全性"课题组，作为重大课题进行系统性的研究和实验，由简斌教授带领几个研究生历经5个月，经过理论计算论证、试验室实物试验、现场检测和对比试验等，证实了插接式钢管脚手架是安全可靠的，全部指标均达到企业标准。

2007年2月17日，建设部某主管部门发布了《建设事业"十一五"推广应用和限制禁止使用技术公告》，将插接式钢管脚手架列入"禁止使用技术"名单，并在网上进行公示。这个事情的直接后果不仅是该公司面临倒闭破产，施工企业正在使用的5万多吨脚手架成为废铁，直接损失将达数亿元。

该公司在四处求助无门的情况下，有人提醒说"有困难可以找协会"。同年2月26日，该公司领导马上动身到北京，向协会提交了"紧急援助请求书"。我收到"请求书"和材料后，马上进行研究和调查。在这个"公告"中，不仅禁止使用《插接式脚手架》，凡是"采用楔块作为插销的脚手架"均列入"禁止使用"之内。理由是"楔块在水平荷载、动荷载和热胀冷缩等因素作用下自锁失效，造成节点松动，架体就会晃动和变形，不能保证架体的整体稳定性，存在严重安全隐患"。这件事牵涉到新型脚手架能否推广应用，全国多少新型脚手架企业将面临倒闭，施工企业正在应用的大量脚手架将成为废钢，造成的经济损失将难以估计。因此，协会感到这件事非常重要，马上到建设部，向工程质量安全监督与行业发展司赵宏彦处长汇报。

同年3月2日，根据质安司赵处长的意见，协会在京召开了《插销式脚手架安全性专家评议会》，由杨嗣信、李清江、孙振声、施炳华、杜荣军、高淑娴和我，加上重庆大学土木工程学院的简斌教授和北京建筑材料质检站的杨智航工程师，共9位专家参加评议。专家们听取了该公司对《插销式钢管脚手架》的科研开发、工程应用、成果鉴定和推广应用等情况介绍；简斌教授介绍了该脚手架的安全性理论计算、荷载试验、现场检测等研究情况；杨智航介绍了该脚手架部件和架体进行全面检测的情况。审阅了脚手架的承载力和稳定性检测报告、安全性研究报告、企业的质量体系认证证书、专利证书、成果鉴定证书、企业标准、安全使用规程、四川质检所检验报告以及工程应用实例和用户反馈意见等。观看了脚手架搭设的实物和有关录像资料。

专家们以实事求是的精神和认真负责的态度，注重试验和工程应用的结果，认真进行评议，一致认为插销式钢管脚手架是安全可靠的，所谓"存在严重安全隐患"的定性无充分依据。专家们建议建设部将插销式钢管脚手架列入"建筑施工安全技术设施产品"的推广产品。同时，协会将《建设事业"十一五"推广应用和限制禁止使用技术公告》的内容，通知协会有关脚手架企业，如北京安德固、北京建安泰、上海捷超、上海大熊等，不少脚手架企业对"技术公告"中"将插销式钢管脚手架技术列入禁止使用技术"反应非常强烈，纷纷向建设部科技司提出异议。当时，我们不理解的是，在我国建筑施工中，仍以采用扣件式脚手架为主，这种脚手架已存在严重安全隐患多年，每年发生多起安全事故，造成严重的生命财产损失。

在国外扣件式脚手架已很少使用，已被插销式脚手架及同类结构的脚手架替代。不知道为什么对有严重安全隐患的扣件式脚手架不列入"禁止使用"名单，反而将没有发生过安全事故，在国外是主导脚手架列入"禁止使用"名单呢？2007年4月1日，由于有不少脚手架企业对《技术公告》中"将插销式钢管脚手架技术列入禁止使用技术"提出异议。建设部质安司赵宏彦处长主持组织召开了双方专家辩论会，协会方的专家有杨嗣信、李清江、孙振声、施炳华、高淑娴和我共6人，建筑安全分会方的专家有哈工大土木工程学院徐崇宝教授、沈阳建筑大学魏忠泽教授等6人，建设部质安司和科技司有4人参加了旁听。

安全分会方：插销式脚手架主要存在连接立杆和水平杆的楔块的松动问题，因为楔块的紧固程度决定了脚手架节点的刚度，节点的刚度影响了脚手架的整体稳定，脚手架的整体不稳定就有发生事故的隐患。

模架协会方：采用楔块作插销的脚手架在欧美许多国家已应用了二十多年，已成为主导脚手架，生产这种脚手架的厂家已有数千家。我国这种脚手架也已使用了十多年，生产厂家也有几百家，多年的施工实践证明，这种结构形式的脚手架是安全可靠的，从未听说由于楔块的问题出现安全事故，怎么会给你们突然发现这种脚手架存在"严重隐患"呢？

安全分会方：在奥运工程"水立方"施工现场中，对"安德固"脚手架进行抽检了

10个节点，共35个插销，其中用手轻轻晃动能拔出的插销有7个，占抽检插销总数的20％，说明插销松动的比例较高，存在严重的安全隐患。

模架协会方：经重庆大学试验结果，虽然反复水平加载后的插销抗拔力降低，但最小抗拔力仍然有0.3kN，很难人为拔出。另外，还有一个试验，即轻轻把插销放入销孔中，使插销处在"全松状态"，即初始抗拔力为零。经单侧水平荷载作用后，插销的平均抗拔力为2.5kN。说明在"全松状态"的插销经反复荷载受力后会越来越紧，人工很难拔出。即使有20％的插销处在"全松状态"，脚手架还是安全的。

安全分会方：这种脚手架现在没有发生安全事故，不等于以后不发生安全事故，只要存在安全隐患，不论是否发生了安全事故，都违反了国家《中华人民共和国安全生产法》和《中华人民共和国产品质量法》的规定。

模架协会方：那么扣件式脚手架存在严重安全隐患多年，每年要发生多起安全事故，造成严重的生命财产损失，为什么不违反《中华人民共和国安全生产法》，不禁止使用呢？

由于双方意见分歧很大，一时很难统一，建设部质安司赵宏彦处长作出决定：鉴于《插销式钢管脚手架》存在"严重安全隐患"的依据不足，在"技术公告"中不列入"禁止使用"名单。同时，由于这种脚手架还需要进一步完善，因此，也不列入"推广应用"名单。真是没有想到，6月4日，建设部发布的《技术公告》中，仍将"插销式脚手架"列入"禁止使用"名单。会员单位看到《技术公告》后，马上向协会汇报。6月5日，我打电话到主管部门，询问建设部已决定将《插销式脚手架》不列入《技术公告》中"禁止使用"技术，为何在发布的《技术公告》中没有删除。主管部门的答复是：由于我们的工作疏漏，没有将插销式脚手架的相关内容删除，给你们带来的不利影响，深表歉意，将在第二版《技术公告》印刷时进行更正。协会希望主管部门能给一个正式文件加以说明，以便可以给会员单位一个交代，12日主管部门给协会发函答复。

四、一波刚平又起一波

2007年北京奥运会工程国家游泳中心，原来是采用扣件式脚手架施工，经有关部门质量检查后，发现扣件和脚手架钢管有90％以上不合格，北京"08"办决定改用安德固脚手架。由于楔形插销的"安全隐患"问题没有根本解决，风波也再次起来了。

同年5月21日，中国建筑X协会建筑安全分会受北京"08"办的委托，对国家游泳中心工程施工现场进行安全生产检查时，发现采用的安德固脚手架存在安全隐患和问题有10多条，主要有两部分，一是违反了"扣件式脚手架规范"和"门式脚手架规范"的强制性条文；二是用楔形插销做节点连接，节点易松动造成架体不稳定。提出的建议：安德固脚手架虽然没有发生安全事故，但不说明上述隐患不存在，隐患长期存在，在一定条件下就会变成事故。以后在其他奥运工程上，应用安德固脚手架或同类脚手架时，应按国家法规及现行行业标准的要求认真审查，针对问题进行整改和监管。

7月12日，建筑安全分会受北京"08"办的委托，对老山小车轮赛场工程使用安德固脚手架搭设的临时看台进行检查，发现的安全隐患也是上述两部分。建议对上述隐患应立即整改，未经整改或整改不符合要求的，应禁止使用。北京市"08"办收到建筑安全分会的两份报告后，觉得事情非常棘手，奥运会日期临近，如果改用其他脚手架，必然会影响奥运会的使用，这个办法根本不可能。安德固公司的赵宗闻经理非常着急，不知道公司的脚手架如何整改。赵宗闻经理只能去建设部，向部领导反映脚手架在国家游泳中心和临时看台施工的情况，部领导了解情况后非常重视，并与北京市建委和北京市"08"办的领导，一同去老山小车轮赛场进行考察。最后，决定召开专家论证会，听听专家的意见。

2007年8月2日，在北京市建委和北京市"08"办的领导共同支持下，召开了安德固脚手架在"2008"工程中应用问题专家论证会。"08"办邀请的专家有杨嗣信、縻加平、赵玉章、施炳华和杜荣军，建筑安全分会也邀请了几位专家。经过一番辩论，认为安德固脚手架是一种新型脚手架，在结构上和受力性能上，与扣件式脚手架和门式脚手架相比要好得多，因此，扣件式和门式脚手架规范的条文不能完全适用于安德固脚手架。最后提出几点意见，安德固脚手架在奥运工程中使用是可行的，但要解决几个问题，关键技术问题是楔块松动或上跳问题，应采取相应措施，尽快做楔块在松动情况下的试验。

2007年8月5日，安德固脚手架在中国建筑科学研究院建研所进行试验，安全分会要求试验时，必须有30％的楔块处于可松动状态。安德固公司考虑要使这次试验更有说服力，决定所有节点的楔块插销均为自然落体插入，全部处于松动状态。架体的承载力设计值为125.4kN，承载力极限设计值为188.0kN，经试验证明，有部分节点的插销处于松动是正常状态，加载至180kN时，节点的插销达到全部锁紧状态，荷载越多，楔块插销越紧，不存在安全隐患问题，完全满足施工要求。在这次风波中，通过协会与协会专家、部分脚手架企业的共同努力，验证了插销式脚手架是安全可靠的，为这种新型脚手架打开了发展的前景。

五、在发展中出现一些问题

目前，国内有专业脚手架生产企业几百家，其中盘扣式脚手架有500多家，一部分是原来生产轮扣、碗扣等脚手架企业转向生产盘扣式脚手架；另一部分是有些企业老板看好这个市场前景，新建了一些盘扣式脚手架生产厂。目前，在盘扣式脚手架企业中，有一批较先进的生产企业和外贸型生产企业。从技术上来讲，这些脚手架企业已具备加工生产各种新型脚手架的能力。日本、韩国、欧洲、美国等许多国家的贸易商和脚手架企业，都到中国来加工订单。在国内新型脚手架应用市场还不十分成熟的情况下，企业加工出口也是发展企业和促进脚手架技术进步的有效途径。

目前，全国已有湖北省、江苏省、深圳市、苏州市、南通市、上海市、北京市、重庆市、温州市等省市，发布了推广盘扣式脚手架的政策。这些利好政策的出台，既充分肯定了盘扣脚手架的体系优势，又助推了盘扣式脚手架的市场拓展空间。但是，最近在微信上看到盘扣脚手架已经有造假产品，在华北地区某市有100多家脚手架企业，大部分是设备简陋、技术落后的微小脚手架企业。这不是一个好消息，而是一个警钟。

我对该地区的微小脚手架企业早有耳闻，我国在开发、应用脚手架新技术中，钢支柱、门式脚手架和碗扣式脚手架等新型脚手架，一个又一个地衰落，都有它们的"功劳"。早在20世纪80年代初，我国引进了钢支柱的技术，开发了6种以上不同类型的钢支柱。我院曾研究设计了螺纹不外露的钢支柱，可以防止砂浆等污物的黏结螺纹，由常州市第二煤矿机械厂试制生产。我院还建立了一家钢支柱生产厂，产量逐年增长，效益也很好，李厂长常在我面前夸他们厂的业绩。

到了20世纪80年代中期，某地区家庭作坊式的小厂也大量生产钢支柱了。我见到厂长再问"现在生意怎么样了"，回答"没法做了，因为某地区小厂的产品价格比原材料还便宜，把市场都搞乱了"，不久，我院的钢支柱厂关门了。某地区的很多脚手架微小企业，生产设备简陋，生产工艺落后，用超低的产品价格和一些手段，打败了这些脚手架正规军。由于这些伪劣产品不断在施工中发生事故，施工企业不敢再使用这种脚手架了，不久，这些微小企业也只能退出市场了，两败俱伤。接着一次又一次地把这个过程重演，门型脚手架、碗扣脚手架也是一个又一个地被迫退出市场。

盘扣式脚手架从引进、开发，到现在整整花了二十多年的时间，中间还经历了一场风波，才逐步打开国内施工市场。目前，全国各地相继发文推广盘扣式脚手架，这种脚手架也是发展最快、应用最多的脚手架。现在又发现该地区大批微小脚手架企业也生产盘扣脚手架了，难怪有些业内人士惊呼"只要被某地区的人盯上，你们就准备关门吧"，甚至有人担忧"盘扣式脚手架会在三年内崩盘"，我看这不是杞人忧天，而是已出现了苗头。

据行业内专业人士反映，目前，在市场上已发现不少盘扣式脚手架有质量问题，主要有以下几点：

（1）立杆材质不达标，采用低性能钢材，以次充好，如采用Q235钢管替代Q355钢管，横杆采用Q195，斜杆更不达标，将会造成很大的工程安全隐患。钢管的管壁厚度也有不合格的，甚至有些厂家还采用旧钢管加工脚手架；

（2）镀锌不达标，镀锌厚度低于标准厚度，标准中规定所有杆件必须采用热浸镀锌。但是，目前市场上生产的横杆、斜杆，基本均为冷镀锌管，这种钢管内部镀不到锌，很容易生锈。市场上还发现钢管表面刷漆的盘扣脚手架，大大降低盘扣脚手架的使用寿命；

（3）产品精度低，盘形插座的上下间距不标准，上下插座的孔位安装不正，插座孔的大小误差超标等，严重影响脚手架装拆施工；

（4）焊接问题，焊接处存在偏焊、漏焊等现象，焊缝高度不达标，特别是在立杆与插座、横杆与插头的连接处，一旦焊接不达标，很容易产生安全隐患；

（5）配件质量不达标，目前市场上加工横杆插头有两种工艺，即蜡膜精铸与覆膜砂工艺，前者成本是后者的两倍。目前，市场上大多采用覆膜砂工艺，但是，覆膜砂工艺存在外观质量差、切开口气孔多等问题，直接或间接影响插头的使用寿命，从而产生安全隐患。

另外，还存在任意修改插座和插头尺寸的问题，造成插头与插座的尺寸差异大，插头不能精确地在插座中就位，不能保证节点可靠传力，给盘扣式脚手架使用带来很大的安全隐患。

最近，在网上有消息说不少脚手架租赁企业，已开展盘扣脚手架的租赁业务，还有人声称要购买最低价格的盘扣脚手架，因为盘扣脚手架的外观和质量都差不多，出租后可用低价脚手架换取质量好的脚手架，真是一举两得。其实，这个做法早就有人实施了，早在 20 世纪 80 年代中期，全国建立了数百个钢模板租赁企业，由于钢管租赁费是按长度计算的，为了增加钢管租赁的收入，许多租赁企业将钢管壁厚从 3.5mm 改为 3.2mm 左右，这样每吨钢管可以增加几米长度的钢管。

20 世纪 80 年代，扣件式脚手架的质量基本上都合格，由于租赁企业这一个举动，导致扣件式脚手架的不合格率逐步上升。由于钢管壁厚减薄，承载能力减少，不仅增加了施工费用，还影响到施工的安全性。现在租赁企业又要故技重演了，这对盘扣脚手架的推广应用实在是不好的预兆！

六、几点建议

1. 欧洲各国脚手架生产企业都有自己的专利或品牌，所以，盘扣脚手架的插座才有圆盘形、多边形、花边形、八角形等多种形式，插孔的形状也多种多样，插头和插销的形状及连接方式都不相同。有的国家在脚手架上还打上标记和年份，以便于对脚手架定期检查。如日本规定对使用满六年的旧脚手架，应作荷载试验复查，对负荷有减弱者，一律降级使用，不同等级的脚手架不能混用。

目前，我国盘扣脚手架企业中，除了江苏速捷采用八角形插座和上海捷超采用扣盘式插座外（是否还有企业有别的型式插座，我不知道），其他企业大都是采用圆盘形插座。

这种单一模式有两个优点：（1）各厂的脚手架可以相互通用，有利于施工企业的施工应用，也有利于租赁企业开展租赁业务；（2）钢管和配件都是专业生产厂大批生产，可以降低产品的成本。

缺点也有两点：（1）由于脚手架企业的钢管、配件都是从专业厂家购买的，镀锌是到镀锌厂加工的，盘扣脚手架生产企业只是完成脚手架的组装和焊接生产工艺。常言道，内行看门道，外行看热闹，从脚手架外观看，基本上都是差不多的，一般人对脚手架的加工精度是不清楚的，各厂的脚手架到了施工现场就分不清是哪家的了，还能分清谁家的品牌吗？（2）由于各厂的盘扣脚手架外观基本上都是一样的，这就给了微小脚手架企业可以浑水摸鱼的机会。为了降低产品成本，可以采用材质低的钢管或壁厚减薄的钢管，甚至采用旧的脚手架钢管，镀锌方面可以采用冷镀锌，大大降低了盘扣脚手架的产品质量。如果这种伪劣脚手架发生安全事故，也无法追究脚手架生产厂的责任，只能由施工企业承担了。

2. 有些政府部门已发文要大力推广盘扣脚手架，但在推广工作中，还应做好以下三点：

（1）对钢管、配件和脚手架厂家应加强产品质量监督和管理，以堵住不合格产品的生产源头。建议提高脚手架企业的入门门槛，在企业的资历、技术条件、技术装备和管理水平等方面都要达到脚手架企业标准的要求。华北地区某市经过多年的发展，也有一些质量好的脚手架企业，但是在脚手架行业中，当地微小脚手架企业的不良名声早已久远，希望当地有关部门，能加强对微小脚手架企业的资质审查和质量监督。另外，在施工多年的脚手架不但分不清是谁家的，也分不清使用了多少年，不清楚承载力还有多少。所以，建议企业在产品上打印标记和日期，这样可以分辨各个厂家的产品，可以定期检查，确保产品的安全。

（2）严格监督施工企业选购有"产品合格证书"厂家的脚手架，租用有"质量保证书和检测证书"的脚手架，以堵住不合格产品的流通渠道。目前，还有很多施工人员没有见过盘扣脚手架，有些施工人员虽然见过，但没有使用过，不敢轻易使用。采用新技术需要重新学习和培训，对工程负责人会带来一定困难，因此，对采用新技术的积极性不高。

（3）目前，市场的竞争很激烈，许多施工和租赁企业只图价格便宜，形成了不良的竞争环境，使得许多设备良好、技术实力强、产品质量高的脚手架企业，由于产品成本高，难以与微小脚手架企业竞争。因此，有关部门应采取措施，规范市场环境，鼓励脚手架新技术的创新和发展，维护产品质量和企业的利益。

3. 协会应做好会员企业的导向和服务工作。最近，行业内专业人士在回答我的问题中，对协会工作也提出了几点建议：（1）积极引导会员企业树立质量意识，严格自律，成立相关质量联盟，积极组织脚手架技术标准培训班，开展脚手架厂的行业检查和对会员企业进行抽查，检查结果可在行业内通报；（2）积极组织行业内部交流，加强盘扣脚手架施工安全技术交流，推动脚手架行业的质量管理、技术创新、文明施工等工作的不断进步；（3）组织会员企业积极开展对原材料、镀锌、焊接等关键环节和检验设备的研发工作。协助有关政府部门加快建立脚手架产品防伪溯源系统，鼓励脚手架会员企业在产品上打印防伪标记。

七、结束语

今年7月，看见微信上大家都在讨论盘扣脚手架，我心血来潮想把国内外脚手架的发展情况、我国各种脚手架发展过程中遇到的困难和发生的一些故事记录下来。因此，征得协会领导同意，我写了扣件、门型、碗扣和插销等4种主要脚手架的记忆文，前3篇半记忆文都写得很顺利，不到2个月就完成了。而写插销式脚手架的下篇时，觉得不太好写，因为盘扣脚手架到了能否继续发展的关键时刻。另外，我退出"江湖"已有10年了，对现在国内脚手架的情况不太了解，必须做些调查和收集资料工作。我写了一封题为《请问各位一些问题》的信件，向一些行业内专业人士提出几个问题，希望能提供一些资料。有几位朋友及时给了我回复，对提出的几个问题作了非常清晰的回答，其中有很多内容已引用到我的文章之中。另外，在协会微信中有许多文章也给了我很大的帮助，在这里我向他们表示感谢。最后，如果这几篇文章中的内容有错误或不当之处，请给予指正。

2020年11月11日于北京完稿

国内外扣件式脚手架和钢支柱应用差异的反思

中国模板脚手架协会　糜加平　曲丹丹

　　本文介绍了一种脚手架和一种模板支柱在国内外的应用概况，提出了为什么国外发达国家的扣件式脚手架很少使用了，但我国多年一直是主导脚手架，现在还是大量应用？为什么钢支柱在国外应用非常普遍，在我国却一度退出建筑市场，现在应用还是不多呢？这些问题值得我们思考。

　　脚手架和模板支架是模板工程中重要的施工工具之一，扣件式脚手架是最早应用的脚手架，钢支柱是最早引进的模板支架，扣件式脚手架和钢支柱又是加工制作工艺最简单、施工应用最普遍的施工工具。但是，我国与欧美发达国家对脚手架和模板支架概念的理解不同，设计和应用理念的不同，使得扣件式脚手架和钢支柱的应用情况也大不相同。

一、扣件式脚手架

　　20 世纪初，英国首先应用连接件与钢管组成的钢管支架，并逐步完善发展为扣件式钢管脚手架。这种脚手架具有加工简便、搬运方便、通用性强等特点，很快推广到欧美等国家。

　　国外经济发达国家的脚手架普遍采用低合金钢管，材质均相当于 Q345 的低合金钢材。低合金钢管与普通碳素钢管相比，其屈服强度可提高 46％，重量减轻 27％，耐大气腐蚀性能提高 20％～38％，使用寿命提高 25％。脚手架均由生产厂按使用要求专门加工生产，如日本脚手架钢管的材质为 STK51，钢管直径为 ϕ48.6mm，壁厚为 2.5mm，脚手架厂对钢管还要进行加工，如在钢管两端部 700mm 处，各钻一个直径 ϕ9mm 的孔眼，用于钢管接长时插销钉之用。钢管防锈处理，一般采用热镀锌，防锈效果好，钢管使用寿命长。日本还采用一种波纹钢管作为脚手架钢管，以增加钢管的承载能力和与扣件的摩擦力，见图 1。

　　美国的钢管脚手架均采用热镀锌 Q345 高强度钢管，产品切成各种定尺，并在钢管两头分别铆接了两个铸钢头，以方便施

图 1　日本波纹钢管脚手架

工中对接不偏心。铸钢头的材质是 35 号钢，也是热镀锌处理。这些钢管就成了脚手架钢管，而不是普通钢管。

目前，国际上应用的扣件主要有两种，一种是在日本、东南亚和中东应用较多的冲压式钢板扣件，见图2。另一种是在美国、欧洲应用较多的锻钢扣件，见图3。在德国还研制了结构简单，形式新颖的扣件，见图4。

图2　日本钢板扣件

图3　美国锻钢扣件

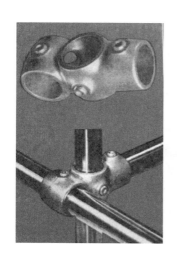 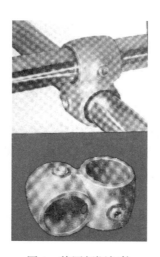 

图4　德国新颖扣件

这些扣件在设计和生产中一个最难于控制的问题，是如何保证扣件抗滑承载力的一致性和符合安全标准。日本在20世纪50年代引进扣件式钢管脚手架，并且很快成为主导脚手架，由于很难从技术上做到满足抗滑承载力的标准要求，所以坍塌死亡事故频发，脚手架安全问题引起政府有关部门的高度重视。为了解决这个问题，日本管理部门大力推广门式脚手架，才使脚手架的安全事故基本得到控制，连续十多年未发生因脚手架坍塌而造成的事故。

由于扣件式钢管脚手架的安全性较差，施工工效低，材料消耗量大，在技术上对扣件抗滑承载力这样的关键指标难以控制。因此，国外发达国家早已提出，不得将扣件式脚手架用作模板支架，只可用于诸如门式架、碗扣式脚手架等其他脚手架的辅助连接杆和剪刀撑，不得用于搭建任何大型的脚手架系统和高大空间的模板支撑系统。

我国使用的脚手架钢管是按现行国家标准《低压流体输送用焊接钢管》GB/T 3091生产，钢管直径 Φ48mm，壁厚 3.5mm，材质为 Q235，没有专门用于脚手架的钢管标准。施工单位和租赁单位都直接到钢管生产厂购买钢管，按尺寸要求切断，表面刷防锈漆，甚至有的直接用黑管，没有任何防锈措施。这种钢管并不适合用于脚手架，从严格意义上讲只是普通钢管，不是脚手架钢管。这种钢管投入使用后不久，就会因严重锈蚀，导致壁厚变薄，承载强度大幅下降，存在严重安全隐患。

我国扣件式钢管脚手架采用可锻铸铁制作的玛钢扣件，表面处理是涂漆或干脆没有做任何处理。可锻铸铁制作的玛钢扣件，由于所用材质的局限，性能上与锻钢的相差很远，且工艺上很难保证产品的一致性，由于没有做防锈处理，即使出厂时是合格的产品，在工地应用一段时间后，锈蚀所造成的影响也会使产品的安全性大打折扣。

20 世纪 80 年代初，随着组合钢模板的推广应用，在全国各地建立了大批钢模板租赁企业，扣件式脚手架的钢管和扣件也是主要租赁器材。由于钢管出租是以长度收取租赁费，一些租赁企业不守诚信，将标准规定脚手架钢管壁厚为 3.5mm 改为 3.20～2.75mm，这样每吨可以多出 20 多米的钢管。由于缺乏监管，其他租赁企业也都只购壁厚 3.2mm 以下的钢管，施工企业原有壁厚 3.5mm 的钢管，也被租赁企业换成壁厚 3.2mm 以下的钢管，以致建筑工地所用的脚手架钢管都是 3.2mm 以下的钢管，钢管生产厂也只生产壁厚 3.2mm 以下的钢管。

目前我国对脚手架和模板支架两类不同产品的概念有点模糊，许多人认为扣件脚手架、碗扣式脚手架等各类脚手架都是可以在脚手架和模板支架中通用。因此，大部分建筑工程都是采用扣件式钢管脚手架做模板支架，以至每年发生多起模架坍塌事故，造成人民生命和财产的重大损失。随着我国大量现代化大型建筑体系的出现，扣件式钢管脚手架已不能适应建筑施工发展的需要。我国的脚手架钢管和扣件的材质、性能、加工质量等都没有国外发达国家的好，为什么我们还不反思脚手架是否安全，还在大量采用扣件式钢管脚手架做模板支架呢？

二、钢支柱

20 世纪 30 年代，瑞士发明了可调钢支柱，利用螺管装置可以调节钢支柱的高度，由于这种支柱具有结构简单、装拆灵活、承载能力高等特点，在各国都已得到普遍应用。其结构形式有螺纹外露式和螺纹封闭式两种，见图 5。螺纹封闭式与螺纹外露式钢支柱相比，螺纹封闭式钢支柱具有防止砂浆等污物黏结螺纹，保护螺纹，并在使用和搬运中不被碰坏等优点。

钢支柱是一种单管式支柱，应用范围较广，可用于大梁、次梁、楼板、阳台、挑檐等模板结构的支撑。钢支柱在国外楼板和梁施工中应用相当普遍，并且在钢支柱的转盘和顶部附件上作了很多改进，各家模板公司都有新颖设计，使钢支柱的使用功能大大增加。如图6所示的意大利钢支柱，在转盘上面有一个带斜面的帽盖，只要用锤敲打转动帽盖，插销带动插管下降，支柱顶板就可脱离楼板模板。

图5　钢支柱　　　　　　　　　　　　　　图6　意大利钢支柱

德国研发的快拆钢支柱设计非常新颖，使用也很方便，一种是螺纹外露式钢支柱，在插销上加工几个凹齿，施工中要将钢支柱脱离模板，只要用锤敲打插销就可以，如图7所示。还有一种螺纹封闭式钢支柱，在螺旋套管下部连着一个转盘，转盘内开设有一条斜孔，插销插入斜孔内，要将钢支柱脱离模板，只要转动转盘就可以，见图8。

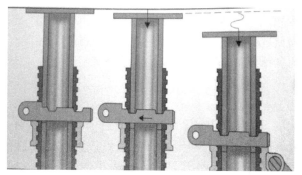 

图7　德国螺纹外露式钢支柱

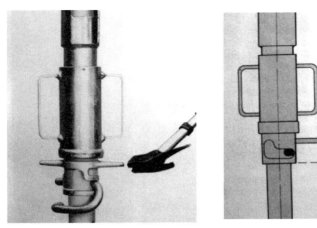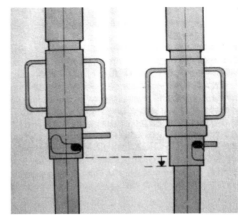

图 8　德国螺纹封闭式钢支柱

20 世纪 80 年代初，我国从欧洲、日本引进生产钢支柱，建立了几十家钢支柱生产厂，并在很多建筑工程中大量应用。由于市场销售情况较好，钢支柱加工工艺又较简单，很快有一批个体户纷纷建立了家庭工厂。这些工厂设备简陋，技术力量薄弱，产品质量很差。为了抢占建筑市场，不惜低价竞争，为了降低产品成本，偷工减料，以次充好，产品质量大大降低，如减薄钢管和螺管的厚度，影响支柱的承载能力；将套管与插管的重叠部分从 280mm 减少到 180mm，使插管受力后不稳定；有些钢管材料有弯曲、凹凸、破裂等缺陷。这些不合格的产品大量流入市场，给建筑工程施工带来严重的安全隐患。

由于大批低价、劣质钢支柱占有了市场，许多正规钢支柱生产厂无法从价格上进行竞争，被迫停产或转产。那时我们还设计了一种螺纹封闭式的钢支柱，与常州市第二煤矿机械厂共同试制成功，产品也在工程中应用，因产品价格较高，没有得到推广应用。

20 世纪 90 年代末，劣质钢支柱在建筑工程应用中，安全事故不断发生，施工企业不敢采用，租赁单位也都不愿购买钢支柱，钢支柱厂被迫陆续倒闭，钢支柱也陆续退出建筑市场。最近几年，也有一些脚手架企业生产钢支柱，但是钢支柱的产量还不大，在楼板模板施工中的应用也不多。

在楼板模板施工中，使用钢支柱或铝合金支柱，装拆方便，施工速度快，施工空间大，材料用料省，施工用工少。与采用扣件钢管脚手架相比要方便、快速、安全和节省得多。但是为什么国外发达国家的扣件式脚手架很少使用了，而我国多年一直是主导脚手架，现在还是大量应用？为什么钢支柱在国外应用非常普遍，我国却一度退出建筑市场，现在应用还是不多呢？

写于 2016 年 4 月 26 日

（四）考察

1991 年赴德国、芬兰考察记忆

中国模板脚手架协会　糜加平

　　这篇记忆文是根据我 29 年前，出国考察日记的内容所写。协会原理事长刘鹤年曾多次提出，协会应组织会员单位多走出国门，看看我国的模板、脚手架与国外先进国家有多少差距，学习国外先进技术和管理经验。当时，我国模板、脚手架推广应用工作已有十多年了，正在研究开发钢框胶合板模板和新型脚手架。那时协会与德国呼纳贝克、派利、奥地利杜卡、芬兰舒曼等公司已有联系，对方也很欢迎我们去考察。

　　经协会常务理事同意，第一次出国考察组织了六人，其中团长是中建总公司的孙振声，孙工有多次出国的经历，其他人都是第一次出国。团员有电力部的宋国秉、物资部的邱发成、冶金部的糜加平、利建模板公司的张良杰和翻译虞华彪。此行德国主要考察模板、脚手架技术的发展趋势，学习新型模板、脚手架生产和施工技术，了解模板公司的经营体制和管理方式。去芬兰考察木材综合利用，木胶合板的胶合、覆膜和封边技术。

　　当时，出国必须要有关部门批准，还必须到有关部门接受安全教育，国家规定给出国人员发放出国费，其中包括交通费、住宿费、伙食费、制装费和公杂费，到不同的国家有不同的出国费标准。为了节约交通费，这次购买的飞机行程是中国北京——巴基斯坦卡拉奇——瑞士苏黎世——德国法兰克福，共花了约 20 多个小时，兜了一大圈。

　　3 月 5 日，我们六人分别到首都机场集合，晚上 8 时 05 分乘机离京，飞行了约 8 个多小时到达巴基斯坦卡拉奇机场，在卡拉奇机场等了一个多小时又继续飞行。从空中往下看卡拉奇市，一片灯火点点，非常漂亮。

　　又飞了 7 小时 50 分到达瑞士苏黎世机场（图 1），机场非常大，下了机到候机室办理转机手续，等了一个多小时，飞机又飞 2 小时，到达德国法兰克福机场。迎接我们的是 BOECKNER 工程师，我们都称他"板凳"，他一直陪同我们。后来，我们成为很好的朋友。2010 年在德国慕尼黑博览会上，很意外与"板凳"相见，时隔 19 年再次见到老朋友，非常高兴。

图 1　考察团一行在瑞士苏黎世机场

从机场出来到火车站，乘火车到杜萨多夫（Dussadof），德国的火车站较简陋，不用买票就可以上车，乘火车的人不多，车上有列车员在车厢内来回检票。到杜萨多夫后，有公司的人来接待我们，安排住宿，吃晚饭，很是热情。

一、德国考察经历

3月7日上午，到呼纳贝克公司参观考察，该公司在拉廷根的一个小镇，门口的旗杆上挂着中国国旗，公司领导热情接待我们，给我们介绍公司情况。下午，我们进行了技术座谈和交流，并参观产品展览室，有模板和支架两个馆，内容很丰富。

3月8日上午，与公司继续座谈，参观了设计室和管理部门，设计用计算机控制，一套设计图仅 1~2 天就完成。我第一次看到用电脑进行产品设计和工程设计，公司有一批研究设计人员，不断改进产品设计，研究新型产品，有一批精通模板设计和应用技术的销售人员，能随时反馈用户的意见，改进产品设计。当时我国还是用人工进行设计和画图，销售人员对模板设计和应用技术一般都不大了解。

德国呼纳贝克模板公司成立于 1929 年，是德国模板公司中较有影响的一家，该公司是由 HÜNNEBECK 先生创建的，并以其命名，在第二次世界大战后，随着基础建设工程的发展，模板公司也得到了发展。

该公司在德国有 60 多个基地，在世界各地有 50 多家代表处。公司总人数达 1300 多人，而公司总部管理人员仅 100 人。公司总部有三个经理，分别负责全面工作、技术工作和财务工作。产品主要销售在欧洲，也远销到泰国、新加坡、日本、韩国、中东和非洲等地。该公司还积极开展模板、脚手架租赁业务，已建立 50 多个租赁公司，分布在欧洲和其他国家。他们的经验是：

（1）研究设计人员能根据下属公司的反馈信息，及时改进和设计新型产品；

（2）注重产品质量，改进生产工艺，提高劳动工效；

（3）选择产品原料时，要选资源多、质量好、价格低的材料；

（4）搞好技术服务，积极为用户提供技术培训和现场指导。

3月9日（星期六），早上 10 时，由"板凳"陪同我们到波恩游览了市容和莱茵河，参观了根什总统府和科尔总理府等。

下午，到科隆市参观了大教堂，该教堂是世界闻名的建筑，高达 156 米，非常雄伟，在所有教堂中高度占世界第三位。它始建于 1248 年，直至 1880 年才完工，耗时 600 多年，至今还在修缮。教堂门口有几个街头艺人绘画、唱歌，进入教堂不能大声喧哗，有人在拿小油灯供奉圣母玛丽亚。

3月10日（星期日），我们乘车到埃森市的风景区，在 Baldeney 湖畔有不少人在散步、骑自行车、钓鱼等。在埃森市的罗尔矿区和市里街道看一下，看到一条小河的上面架设一个铁架，后来看到有辆客车悬挂在铁架上行走，这就是城际空中客车。

3月11日上午，我们到呼纳贝克公司与 Helmkamp 公司交流，该公司主要承建厂房、住房和地铁等，这次给我们介绍的是建筑冷却塔的施工工艺。下午与 Karrena 公司交流，该公司是一家烟囱公司，已有 75 年历史（到现在已有 90 年了），从事工业建筑和烟囱工程，超高烟囱最高可达 360m，该公司负责烟囱的设计、施工、设备等总包完成。

3月12日早晨，"板凳"陪我们一起到一个小车站，乘火车直达汉堡市，由舒曼公司的人来接我们，午后，到胶合板模板施工工地参观。

3月13日早上，我们到舒曼公司办事处进行有关技术座谈，之后，参观模板施工工地。模板工地只有10多人，工地很干净，采用小流水施工，模板的品种有多种，根据不同部位使用要求选用。如在地下室墙体施工中，由于拆模后，模板回收很困难，所以可用纤维板，梁底板可用未覆面的胶合板。

3月14日，早上我们乘火车去柏林，路上约4个小时，沿途看到的农村风光与中国农村相似。住房水平和设施与西德差距较大，东德的住房高楼很多，大多是长方形房屋，内装饰很好。西德的住房大都是小洋房，楼房一般为4层，高楼大厦很少，在波恩也只见到几栋高楼。

到了柏林广场看到世界闻名的柏林墙刚拆不久，大门楼也很破旧，广场上有许多东德人和阿拉伯人摆摊卖红军帽、军功章等。德国人很会做买卖，拆除的柏林墙皮也能卖钱，有人拿一个塑料盒装两块墙皮，每盒卖2马克，约合8元多人民币。我也买了一盒留作纪念，至今那块彩色墙皮已有些褪色了。2010年，我第二次到柏林广场，大门楼已焕然一新，还保存一段柏林墙供参观。

3月15日，早上我们乘火车离开汉堡前往法兰克福，下午2点左右到了法兰克福，这次由孙工安排住在中建公司办事处的招待所，住房条件很好。

3月16日我们到法兰克福附近的教堂、莱茵河边的风景区游览，这里有一个普法战争纪念像，非常壮观。

二、德国考察体会

通过这次考察，看到了很多先进技术，学到了很多管理经验，第一次看到的这些新技术至今难忘。

1. 模板钢框组装采用自动焊接工艺，只有一个人可以同时操作两个工作台，一个工作台人工组装，另一个工作台自动焊接，焊接质量很好。钢支柱的焊接工艺，采用钢管的一头焊螺管，另一头焊方形底板，同时焊好后自动落下。

2. 钢框与胶合板组装时，胶合板的面积应小于钢框，用压力枪或人工填补缝隙时，应用橡胶质的封边胶，其作用一是将缝填满，二是面板膨胀时可以有余地。面板的高度一定要低于边框2～3mm，这样面板膨胀后可以与钢框相平。

3. 胶合板模板组装时，可预先在面板上钻安装孔，并按孔的位置在钢框上打孔，再用起重设备将面板吊入钢框内，用抽头铆钉固定。

4. 大型钢框胶合板模板清理机的体积很大，比我国的钢模板清理机大很多，清理效果也好。胶合板模板的修补方法有几种，我国至今钢框胶合板模板没有得到发展，技术上还没有达到这个水平，还没有这样大型模板的清理机修复设备。

5. 关于大型钢框胶合板模板的施工应用，我们看了几个模板施工工地，场地不大，但材料堆放整齐，采用小流水施工，模板用量很少，施工工人不多，采用机械吊装施工，工地整洁文明。

6. 在一个工地上可同时采用几种模板，不同部位采用不同的模板，这样既能提高工效，又可降低施工成本。如墙体施工用 Mato 体系模板，平台施工用 Tepc 体系模板，两种模板互不通用，但工效较高。如采用胶合板模板时，混凝土要求质量高的部位，可用覆面胶合板模板，要求不高的部位可用一般的胶合板模板，有些部位只用一次模板的，可以采用刨花板模板。

7. 我们考察了几个模板施工工地，看到不少施工小工具、小附件都值得我们借鉴，这些小型施工工具设计巧妙，使用方便，非常实用。我国在这方面不够重视，给施工带来一定困难，影响施工工效。

三、芬兰考察经历

3 月 17 日，上午我们从法兰克福机场乘机前往芬兰，下午 3 点半到了芬兰赫尔辛基，只见地上一片雪白，据说 12 月到次年 3 月份经常下雪，气温在 0～4℃，外面有些冷，但室内很热，只穿一件衬衣就可以了。

我们住在一个较低级的旅馆，但房租仍很高，每天每人要 60 美元，折合人民币 320 元。晚上，突曼斯多集团公司派人接我们到饭店吃晚饭。

3 月 18 日，上午到突曼斯多集团公司总部交流，由公司领导接待，介绍了公司和其子公司的情况和业务等。中午由突曼斯多公司请客，在长城饭店吃中餐。

下午我们到舒曼公司交流，受到热情接待，相关负责人介绍了芬兰林业情况和舒曼公司经营情况。舒曼公司是突曼斯多集团公司的成员之一，又与另外两家私人公司组成了 KYMMENE 公司，该集团公司已有 100 多年历史。我们在舒曼公司参观了胶合板生产工艺，交流了胶合板生产技术和协作的意向。舒曼公司以生产和经营胶合板和板材为主，其中胶合板占 68％，纤维板占 18％，板材占 14％，胶合板品种有 20 多种。其产品质量在世界上有很高的声誉，被广泛用于运输车辆板、混凝土模板、脚手板、轮船及火车的车厢板、家具、工具、艺术品等。维萨板模板可用作台模板、隧道模板、滑模板、爬模板、横向滑模板和预制模板等。

3 月 19 日，上午我们参观歌剧院工地，这个工地已施工了 7 年，建设投资 7 亿多美元，内有 1400 个座位。中午舒曼公司的人带我们去拉哈梯镇，该镇靠近北极，天气特别冷，据说再往北的地方，冬天就都是黑天了。

下午我们参观拉哈梯胶合板厂，听了讲解，参观了胶合板和覆膜胶合板生产工艺。芬兰全国年产多层胶合板为 60 万立方米，其中舒曼公司为 40 万立方米，拉哈梯厂为 3 万立方米。

3 月 20 日，上午到预制构件模板厂参观，马上又到 BETONIA 混凝土预制厂参观墙板预制工艺。中午在拉哈梯附近吃了西餐，照了几张雪景。下午到劳特 RAOTE 公司考察，该厂为专业生产人造板设备厂家，有很强的研究力量和现代化的试验条件，能设计研究出各种人造板加工机械。该厂对我国的竹胶板很感兴趣，愿意与我们合作。

3 月 21 日，今天是考察最后一天，任务已完成。早晨准备行装，上午到赫尔辛基市看市容，商店东西太贵，无钱购买。下午到海边转了一圈，海边很热闹，许多人划船卖东西。

去机场的一路上，在海边风景区、大教堂转了一圈。到机场办理手续后，晚上7：20起飞回国了。

四、芬兰考察体会

这次到芬兰考察，我第一次见到国外胶合板的生产和应用情况，对胶合板模板在各种模板体系中的重要地位有了一点了解。所以，对我国推广应用胶合板模板更有了信心，在我国曾有人要扼杀胶合板模板的发展时，我多次发表文章，为我国推广应用胶合板模板讲好话，起了一点作用。具体考察体会如下：

1. 舒曼公司的胶合板生产工艺很先进，自动化程度很高，如木材旋切工艺，其旋切的木材直径仅 30cm 左右，为提高出材率，在旋切前，由计算机对每根原木的直径、长度进行测算，得出最佳轴心位置，自动放入旋切机内，能将一段很粗大的木材旋切成很细的木棍，当时我国还没有掌握这项技术。

2. 第一次看到胶合板双面覆膜生产线，胶合板在覆膜机上通过时，双面裹上覆膜胶纸，然后用高温、高压将胶纸压在胶合板上，在高温、高压的作用下，胶纸紧紧贴在胶合板上，并有一部分胶渗透到胶合板里面，胶合板整个覆膜过程不到一分钟。

听说那时青岛华林胶合板有限公司曾引进芬兰劳特公司的覆膜生产线设备和技术，生产了覆膜胶合板模板，但没有得到推广应用。我国现在是否还有这种覆膜生产线，我还不能确定。

3. 胶合板模板表面覆膜层，对板的防水作用不大，仍然会浸水膨胀。但对覆膜模板的脱模效果提升很大，并能提高模板的耐腐蚀性。模板每次使用后，应立即擦洗干净，不能用钢刷子，要喷涂一层。

4. 多层板是用白桦树和松柏树，多层胶合，表面用较厚的桦木板，中间板较薄，胶合板的湿度为 12％～26％，湿度过大强度会低。

5. 冬季施工用的保温模板生产工艺，是在两块板的中间，放一层塑料保温层，达到保温的效果。

6. 木胶合板做脚手板的生产工艺，是在酚醛胶内放细沙，再在胶合板表面涂上一层酚醛胶，然后压上花纹，可增加摩擦力。

7. 胶合板模板使用次数与覆面浸胶纸的厚度有关系，模板使用次数少的表面不用覆膜；表面覆膜浸胶纸重量 $120g/m^2$ 的模板，使用次数可达 40 多次；表面覆膜浸胶纸重量 $200～600g/m^2$ 的模板，使用次数可达 $100～200$ 次。

8. 胶合板艺术品我还是第一次见到，该公司赠予我们的礼物有吸烟缸（图 2）、小酒杯（图 3）和鸡蛋形的开瓶器，这些都是用很多层胶合板加工成的，制作难度和胶合强度都很大，礼物非常精致，也很实用，我一直保存至今。

图 2　胶合板吸烟缸　　　　　　　图 3　胶合板小酒杯

2020 年 4 月 15 日于北京完稿

1996 年赴日考察模板脚手架技术

中国模板脚手架协会　糜加平

　　我国新型模板和脚手架不断开发和大量应用，针对钢模板产品质量下降、施工技术落后、支撑系统不完善等情况，有人提出第三代模板要替代组合钢模板，不少钢模板厂和租赁站对钢模板的前景也产生怀疑，迫切需要协会给予明确的指导。1996 年协会应日本川铁商事株式会社的邀请，组织模板、脚手架技术代表团赴日考察。这是协会第一次组织会员单位出国考察，代表团由北京（糜加平、梅占国）、内蒙古自治区（刘安）、辽宁（李光飞）、河南（黄国明）、广西（李晓平）、江苏（刘晨翔、瞿文虎）、湖北（于可立）、山西（李明）等省市的钢模板、脚手架生产厂和租赁企业的领导十人组成，日本川铁商事株式会社还派翻译李霞小姐全程陪同。

　　16 日我们从北京乘飞机到了日本东京，17 日上午到川铁机材工业株式会社的松户工场进行考察，会社的社长首先对代表团致欢迎词，介绍了日本模板应用的一些现状，当时日本钢模板已应用了 40 多年，20 世纪 80 年代有生产厂 10 多家，到 20 世纪 90 年代末只剩下川铁和日铁两家了，年产量为 50 多万平方米，占全国模板产量的 10%，主要用于土木工程中。建筑工程中主要使用木模板，少部分使用钢框胶合板模板、铝框胶合板模板和塑料模板。

　　双方技术交流后，安排我们参观钢模板生产车间（图 1），让我们穿工作服，戴安全帽，带一个语音播放器，可以方便听到翻译的内容，但不能带相机，不能拍照。他们专门安排人为我们拍照，等我们离开松户工场时，给我们每人一本相册，工作效率相当高，大家都很高兴。当然相册中都是人物参观的照片，没有一张生产机器的照片，特别是冷轧机生产线等主要设备的照片。

图 1　参观生产车间

　　日本钢模板生产线已经达到完全机械化、自动化的程度，一条年产 15 万平方米的生产线只有 7 个工人。这条生产线的主要设备有钢模板连轧机、自动焊机和自动喷漆设备。这种轧机能将带钢通过几道轧辊轧成槽钢，由切断机自动定尺切断，传入冲孔机冲孔压鼓，每分钟能生产 15 块。

自动焊机在我国发展很快，现在应用已较普遍。自动喷漆工艺给我的印象很深，我国钢模板厂家都没有见过。这条工艺线是先用 150kg/cm² 的高压水将模板表面洗净—110℃干燥模板—用 12 个喷头给模板喷水质油漆—余热干燥模板—喷标记（编号、日期、厂名）—表面涂防锈漆—包装模板。喷水质油漆的钢模板非常漂亮，好像工艺品一般。

17 日下午，到市川工厂参观门式脚手架、钢脚手板等工艺线，工厂领导先给我们介绍了门式脚手架的发展过程。日本在 20 世纪 50 年代开始引进门式脚手架，但当时仍以扣件脚手架为主，由于扣件脚手架不断发生施工安全事故，脚手架的安全性引起有关部门的高度重视，到 20 世纪 60 年代大量推广应用门式脚手架，其使用量占各类脚手架的 50％左右。据介绍，近 10 年内，日本没有因脚手架质量问题发生伤亡事故。

市川工场的门式脚手架和钢脚手板工艺线都已达到全自动生产，生产工人只有 22 人，月产脚手架达到 4000 樘，门式脚手架年产 5 万樘。

18 日上午，到日本仮设工业会参观学习（图 2），该会于 1967 年由日本劳动省批准成立，是负责日本模板、脚手架行业管理和产品质量监督的社会团体，其性质与我们协会相同。据介绍，该会的会员有正式会员和赞助会员，正式会员有 1 种会员和 2 种会员，会员都是模板、脚手架和附件的生产企业，正式会员的年度会费为 180000 日元（折合 13050 元人民币）。赞助会员都是建筑施工、租赁企业，年度会费是 60000 日元（折合 4350 元人民币）。该会有会员 340 多个，每年的会费收入不少。

图 2　参观交流

该会的理事会很精简，理事会成员有正副会长各 1 人，常务理事 1 人，理事 10 人，监事 2 人，共计 15 人，仅占会员人数的 5％，除会长和常务理事是专职协会工作外，其余均为企业的代表。该会组织机构较全，有多个办公室、会议室、产品陈列室及模板、脚手架试验中心等。我协会一直没能设立产品陈列室和试验中心，这是我多年的遗憾。

该会受日本劳动省的委托，主要工作有以下几个方面。

（1）产品质量认证。该会负责对厂家每隔 3 年检查一次，产品质量检查合格者发质量认证书，产品上可以打印协会给的标记。有协会标记的产品质量可靠，一般施工企业都会买有协会标记的产品。

（2）产品安全认可。对脚手架、钢支柱、脚手板等产品除了质量认证外，还需经过荷载试验，合格者发安全认可证书，产品才能在施工中使用。对旧脚手架、钢支柱等规定每隔几年抽检试验，达不到要求的产品不能继续使用或降级使用。

（3）产品标准制订。日本各种模板、脚手架和附件的产品标准，都由该会负责组织制定、修改补充和实施，并组织标准培训等。

（4）日常工作有技术和信息交流、新技术的推广应用、举办技术讲座、编辑发行杂志、组织撰写书籍等。

质量认证、安全认可和标准制订三项工作十分重要，对保证产品质量、预防安全事故有重要作用，对发展协会工作也有很大的意义。我协会曾建议建设部建立模板产品质量认证制度，但是，这项工作一直没有提到议事日程上来。赴日考察后，协会再次建议建设部有关部门，建立产品质量认证和安全认可制度，可惜没有得到有关部分的重视。

该会专门组织了十多家株式会社参加的技术座谈会，这些企业都准备了许多样品和样本，放在陈列室供我们参观和选取。这些资料对我们今后的工作有重要的参考价值，每人都收集了10多斤重的资料。前会长郁夫还专门送我《模板、脚手架手册》和《模板、脚手架部件试验方法的讲解》两本书以及《假设机材》刊物、会员名册等资料，对我协会工作很有帮助。

18日下午，我们到试验中心参观门式脚手架的荷载试验，该会有二个试验中心，一个在东京，一个在大阪，结合质量认证和安全认可这两项工作，试验任务很重，工作量很大，该会的试验收入也很可观了。

由于考察日程安排得很紧，原先安排好参观日铁建材钢模板生产厂的项目不能如愿，只能安排晚上进行技术交流和恳亲会。日铁建材是新日铁的子公司，负责建材的生产和经营，模板产品只是其中一部分，模板产品有钢模板、异形模板、不锈钢模板、道路模板、钢框胶合板模板等。

我与日铁的领导也是初次见面，但我对日铁的印象很深，也很感谢日铁，为什么这么说呢？这还得从宝钢建设工程说起。1978年宝钢建设工程上马，当时建筑模板主要是木模板，不能满足工程建设的需要。原计划从日本进口几十万平方米的钢模板，冶金部领导考察日本后，决定自己开发生产钢模板，并将这个课题交给我院，我院将这个任务交我负责完成，并把冶金部领导带回的"日铁金属工业的建设资材"等几本资料给了我。从此，我的一生与模板结下了不解之缘。

1979年初，我在这些钢模板资料的基础上进行设计研究，很快完成了"组合钢模板制作图""组合钢模板制作质量标准"等冶金部标准。在冶金部统一领导下，组织冶金系统14个生产厂进行攻关试制，十九冶和二十冶金结厂首先攻克了钢模板边肋凸楞倾角的技术难关，组合钢模板首先在上海宝钢建设工程中大量应用取得成功。同年12月，由冶金部在宝钢召开组合钢模板技术成果鉴定会，中央各部的基建部门和施工企业都参加了会议，组合钢模板技术成果通过了鉴定。经过一系列的推广应用工作，取得了很大的成绩，1986年，我院与十九冶和二十冶金厂一起上报此成果，荣获首批国家级科技进步三等奖。

19日是星期六，大家第一次来日本，很想看看日本的市容和风光。我们先到东京的市中心逛了一圈，拍了几张照片，下午到东京的名胜古迹浅草寺、梅园等地方，这里的游客较多，建筑很有日本的风格。

20日，安排到日本富士山旅游，早听说富士山顶常年积雪，风景美丽。一路上看到一些农户房子较小，但住房前后有花草树木，一路走来非常整洁干净。半道上有一处休息地方，我们都下车看风景，忽听得后面一片轰轰声，不久来了十几辆摩托车。这些摩托车非常漂亮，价格也非常昂贵，据说比汽车的价格还高。他们也来到我们休息处，经过攀谈，了解到他们经常结伴而行，此去也是富士山。我们不放过这个好机会，骑上一辆摩托车拍照留念。汽车开进山路，一路上都是冰碴子，行车很困难，为了安全只好返回东京。

21日，参观日本冷轧设备株式会社，西里社长做了公司的介绍，观看了钢模板连轧机录像资料，带领我们参观生产现场，进行技术座谈等。1966年该社与日铁建材共同开发了钢模板连轧机，这种轧机共生产了7台，日铁和川铁各有2台，卖给马来西亚2台。大连新威模板制品有限公司从日本买了1台，并仿造了2台，后来山西文水工程机械厂从马来西亚转买了1台。

钢模板连轧机在我国很快得到开发和应用，我院也开展钢模板连轧机的研究和开发工作，首先在无锡钢模板厂应用，申报了国家发明专利，并获得冶金部科技成果奖。昆明工程机械厂也开发了钢模板连轧机，并在多个钢模板厂得到应用，石家庄太行钢模板厂的钢模板连轧机至今还在使用，并且形成了一条完整的、自动化程度较高的钢模板生产线。

22日上午，我们与迁建设株式会社进行技术座谈，该会社是一家施工企业，负责人陪同我们参观居民楼的模板施工现场。当时日本钢模板主要使用在土木工程中，一般建筑工程中都采用木模板。

下午我们要乘坐日本新干线到大阪，当时，国内还没有高速铁路，大家对乘坐新干线十分期待。乘坐新干线的人不是很多，车厢内与乘飞机的感觉相似，列车又快又稳。

日本在1964年开通的新干线是世界第一条高铁，时速210千米。目前，日本有6条新干线，总里程2834.7千米，居世界第二。我国第一条高铁是2008年8月1日正式开通，就是北京至天津的京津城际高速铁路。没有想到我国的高铁发展速度非常惊人，简直超出想象。目前，全球的高铁总里程不超过3万千米，我国高铁总里程达2.2万公里，约占世界里程的70%，超过其他国家高铁里程的总和。

陪同我们乘坐新干线的日本朋友叫富塚明郎，他是川铁商事株式会社的副部长，会说一点中文。有人说我与富塚明郎的长相和身材有些相似。从我们到达日本的第二天，他就一直陪同我们，从东京到大阪完成整个考察活动。

23日上午，我们到住金钢材工业株式会社进行技术交流，该会社是日本模板脚手架行业的大企业。该会社早在1955年就开始生产门式脚手架，是日本最早生产门式脚手架的企业。目前，企业的产品还有插销式脚手架、移动式脚手架、折叠式脚手架、脚手板、墙模板支撑、围挡、体育场馆的活动椅子等。

我们的考察活动已经完成，下午到大阪市区转了几个地方，拍了几张照片，买了一些纪念品和礼品。记得鞍山三冶的李光飞买了一条牛仔裤，是给女儿的礼物。我说上次在德国考察时，我给女儿买了一个圣诞老人玩具，回国一看是中国制造，这条裤子是否也是中国制造不得而知。老李说："买时我看了，大老远到日本，再买条中国的裤子拿回中国去，不可能。"我说我来看一看，仔细一看果然是"MADE IN CHINA"，气得老李说不出话了。

24日我们从大阪机场乘机途径香港再回国。

2020年4月26日于北京完稿

2002 年赴欧洲七国考察经历

中国模板脚手架协会　糜加平

2002 年 9 月，协会应德国 Peyi 公司、奥地利 Doka 公司和芬兰芬欧汇川木业公司等公司邀请，组织模板、脚手架技术考察团赴欧洲七国考察。这是协会第三次组织会员出国考察，参加考察的会员几乎都是第一次出国，所以对这次考察特别兴奋、新鲜和期待。我虽然有了几次出国考察的经历，但是要带领 20 个会员，考察 5～6 个单位，经过 7 个国家还是第一次经历。所以，我身感责任重大，担心带去的会员能否都平安回国，担心与国外公司考察能否顺利。为此，我们做了精心准备，由我任考察团团长，刘晨翔（1996 年参加赴日本考察）和副秘书长忻国强任副团长，其他团员分成两个组，我们还专门编了一本出国须知，内容包括出国必须带的物品、出国的礼仪、当地的气温、如何保护人身和财物安全等。

当时出国考察、旅游已经开放了，国内建立了许多办理出国考察、旅游的公司。出国人员不用再到部里办理出国签证等手续，当然出国的一切费用，都要自行解决。我们找了一家公司，可以代理出国签证手续，在国外的交通、吃住，与考察单位联系等一切活动等都做了很好的安排。

9 月 3 日，全体团员都到协会集合，开了一个简短的会议后，乘车到首都机场，办理好登机和出境手续后，正在登机的时候，突然发生了一件意外事件。唐山现代模板股份合作公司的史磊经理突发急病，我们只能马上扶他下客机，取行李，送医院治疗，与代理公司联系办理退机票，退出国经费等事宜。

我们出发的第一站是芬兰赫尔辛基，为什么这么安排有两个原因：一是当时欧盟已经成立，只要从一个国家入境，在欧盟区的其他国家都可以通行无阻（英国除外），但是，回国时也必须从这个国家出境；二是芬兰国家的签证比较容易，同时，我们在芬兰考察的公司比较多，需要多待几天。所以，安排飞机到了芬兰赫尔辛基机场，办理入境手续后，我们马上转机前往荷兰阿姆斯特丹。

一、荷兰考察经历

我们在当地时间 18:30 安全到达荷兰阿姆斯特丹机场，到行李处拿了行李，不用办理出入境手续，直接出了大门。我心急如焚地飞快跑出了门，看是否有人来接我们。见门口有人拿了一块牌子，一看是接我们的。接我们的人叫李生平，当时他大概有 30 多岁，在欧洲已有多年，学历较高，知识较丰富，对欧洲的历史有一点研究，从荷兰到奥地利的整个考察行程中，他将一直陪同我们，既当导游又当翻译。他一路上对各个国家历史，每处景点的特色，做了精辟的讲解。

另外，我们一路跨国行到旅店、饭店和景点等，都是靠他手机上的路线行走，那时觉得太先进了，不知是如何做到的。后来，才知道那是卫星导航，我国到 2011 年才开始提供北斗卫星导航系统第一步服务。现在全球有四大导航系统，即美国 GPS、俄罗斯 GLONASS、欧盟 GALILEO 和中国北斗，据说到 2020 年北斗可以提供全球服务了。

荷兰有北方威尼斯之称，全国人口有 1600 多万人，荷兰的地势很低，据说在水平线以下，故用飞车将水抽到坝外。有的大楼建在许多木桩上，由 400 多座桥相连，由于地基不好，高楼大厦很少，现代化建筑不多，大部分是古建筑。荷兰的草地很多，牛羊自由放牧，一路上可以看到有人在铲草皮，捆成一个个的草包。荷兰的造船业很发达，历史上荷兰的海盗很有名。

我们先游览皇宫，再参观民俗村的木鞋和风车，荷兰也有风车国之称。阿姆斯特丹市中心很热闹，各地来的游客很多，广场上有各种街头艺人，如画画艺人、音乐艺人、塑像艺人和杂技艺人等。街上行人很多，也比较乱，但看不到一个警察。

当天乘车去比利时，路过荷兰的鹿特斯特丹市，导游李生平介绍该市是世界第一大港口，港口年吞吐量超过 5 亿吨。我从百度中查询到 2019 年全球十大集装箱港口的排名是：第 1 上海港，第 2 新加坡港，第 3 宁波舟山港，第 4 深圳港，第 5 广州港，第 6 韩国釜山港，第 7 山东青岛港，第 8 香港港，第 9 天津港，第 10 迪拜港，第 11 荷兰鹿特斯特丹港。

鹿特斯特丹在几年前可能是世界第一大港，这里有许多现代化建筑和各种各样的大桥。由于第二次世界大战中被德国占领，许多建筑被破坏，故而世界许多建筑师在此设计了一批新建筑，如铅笔楼、石头屋、玻璃斜屋等，我记得陈龙曾在这个玻璃斜屋上拍过一个电影。另外，还有许多船和建筑外观、桥的设计也很新颖，引来许多建筑师来此参观学习。

二、比利时考察经历

9 月 5 日，我们到达比利时普鲁塞尔。比利时是 1830 年与荷兰分离而独立的，全国面积很小只有 3 万多平方千米。普鲁塞尔市的人口密度较大有 900 万人，现代化建筑较多，高楼大厦也不少，还有很多古建筑，如豪华的皇宫、大法官大楼、市政厅广场和凯旋门。这个市政厅广场被称为"世界上最美的广场"，这里每年会在广场上摆放地毯鲜花，鲜花摆成各种图形非常美丽。我们没有看到鲜花地毯，但看到有人集会，在广场上转了几圈。

普鲁塞尔市有欧洲首都之称，欧盟总部和许多欧洲政府办公室都设在这里。为什么欧洲总部会设在这个面积很小的国家呢？原因是法国、德国等几个大国都想争设欧盟总部，互不相让讨论了很久，最后达成一个折中的方案。比利时国家较小，对普鲁塞尔市的控制能力差，又地处欧盟各国的中心。

普鲁塞尔的小尿童很有名，我们刚好碰上一年一度的尿童节，许多人在这里集会，有人拿杯子接尿童的尿，一杯一杯地送给别人，我们也喝了一杯，其实尿出的是啤酒。旁边还有乐队伴奏非常热闹，还有小尿童和巧克力可以购买。

关于小尿童的故事有三个版本，法国版、西班牙版和罗马版。其中流传最广的故事是西班牙军队在撤离普鲁塞尔时，打算炸毁整个城市，将炸弹引线点着之后就走了，被出来撒尿的小孩看到，一泡尿浇灭了引线拯救了全城。为了纪念小英雄，于 1619 年雕刻了此像,小尿童即小于连。

在去法国的路上可看到原子球广场,广场内的原子球塔是该市的十大名胜之一,也有比利时的艾菲尔铁塔之美称,塔身高 102 米,建筑总重 2200 吨,是为比利时 1958 年世界博览会而设计的,原本计划只保留 6 个月,后来却成为普鲁塞尔的标志性建筑。原子球塔可同时接纳 250 人参观,另有一个可容 140 人同时用餐的大餐厅。

三、法国考察经历

晚上 8 点,我们到达法国巴黎,被安排在花园酒店,早已听说巴黎有很多美称:艺术之都、浪漫之都、时尚之都等。也可称花城是因为巴黎不仅花多,还有五花八门的建筑物,有花色繁多的化妆品和眼花缭乱的时装。巴黎的主要古建筑都是石头建造的,使用寿命长,外形都有塑像和花边,非常美丽和壮观。

9 月 6 日,原来计划第一个考察的单位是法国的奥地诺尔模板公司,该公司已有 60 多年历史,在多个国家有分公司。其主要产品是全钢隧道模和全钢墙体模板,隧道模板主要用于多层住宅和小高层办公楼,墙体模板以住宅建筑为主。该公司的产品在我国的北京、上海、广州和香港等地已使用了多年。不知什么原因,该公司的领导讲,很抱歉这次不能接待,明年去中国与你们面谈。哪知 2003 年我国爆发了非典病毒,可是该公司的人员冒着病毒的风险,7 月 28 日真的到协会来访问交流了。

6 日上午,我们先去参观巴黎圣母院,该院开始建于 1163 年,整座教堂在 1345 年全部建成,历时 180 多年,至今已有 800 多年历史,是一座哥特式基督教教堂建筑,是欧洲教堂之最,是历史上最为辉煌的建筑之一,以祭坛、回廊、门窗等处的雕刻和绘画艺术,以及堂内藏的大量艺术珍品而闻名于世。多年前,我国曾放映过《巴黎圣母院》电影,对巴黎圣母院内外建筑情况有一点了解,巴黎圣母院内有很多耶稣的故事。院的后面有一个花园,旁边有一个教堂,据说在巴黎圣母院之前已有了。2019 年 4 月 15 日,巴黎圣母院一场大火烧了 14 个小时,破坏非常严重,损坏的文物无法估量。

下午去了卢浮宫,该宫是法国最大的王宫之一,与英国大英博物馆,俄罗斯东宫博物馆和美国大都会博物馆,合称为世界四大博物馆,中国故宫不合西方人的口味没有被评上。该宫始建于 1204 年,当时只是菲利普二世的城堡,主要用于存放王室档案和珍宝,也存放小狗和战俘。到了查理五世时期,卢浮宫重新建设后,被作为皇宫。1546 年,国王弗朗索瓦一世决定在原城堡的基础上建造新的王宫。后经过 9 位国王不断扩建历时 300 多年,形成一座辉煌宏伟的宫殿建筑群。以收藏古典绘画和雕刻而闻名于世,成为法国文艺复兴时期最珍贵的建筑物之一。

7 日上午,我们先到协和广场,再漫步去香榭丽舍大街,直到著名的凯旋门。该门是欧洲 100 多座中最大的一座,是拿破仑为纪念他在某一次战争中,打败奥俄联军的功绩的象征。门内设有电梯,可直达 50 米高的门拱。门上有许多精美雕刻,刻的是随拿破仑征战的数百将军名字。门下建造一座无名烈士墓,代表数万牺牲的烈士。凯旋门四周有一个环形大街,向四面八方伸出十二道大路,其中最有名的是香榭丽舍大道,这里是群众集会、游行的地方。

在巴黎新区还有一座新凯旋门,长宽各 105 米,是为纪念大革命 100 周年而建造的一座纪念碑式的现代化方形建筑物，那里附近还有一个很大的地下超市。

7日下午我们去了凡尔赛宫，此宫原来是一片森林和沼泽荒地，1624年，法国国王路易十三在一片荒地上修建了一座二层红砖楼房，作为国王的办公室和储藏室。1661年，国王路易十四重新建设了凡尔赛宫，至1689年建设成。为防贵族们闹事，将许多贵族都集中在宫内。

1793年，宫内残余的艺术品和家具全部运往卢浮宫，此后，凡尔赛宫沦为废墟达40年之久，直到1833年，路易国王下令修复凡尔赛宫，将其改为历史博物馆。法国凡尔赛宫与中国故宫、英国白金汉宫、美国白宫、俄罗斯克里姆林宫合称为世界五大宫殿，宫殿为古典风格建筑，建筑保持着皇家宫殿的样貌，可以了解法国皇室的起居生活方式。

晚上，我们到塞纳河乘游艇看夜景，塞纳河上的桥很多，有钢结构、石结构、混凝土结构和砖木结构等各种材料的桥，其中亚历山三世桥最漂亮。

8日上午，去了艾菲尔铁塔（图1），该铁塔是1889年建成的，塔高300米，用了700多吨钢，是为世界博览会而建的。一开始遭到大部分巴黎人的冷淡和拒绝，认为铁塔的设计会把巴黎的建筑艺术风格破坏殆尽。后来，由于铁塔在第一次世界大战中，在无线电通讯联络方面做出了重大贡献，才使反对呼声逐渐平息。从此，艾菲尔铁塔在巴黎有了正式地位，受到人们的喜爱。参观的人很多，要爬上了铁塔很费劲，从铁塔上面可以看到巴黎全景。

图1　艾菲尔铁塔合影

8日下午我们先去荣军院，听说里面有拿破仑的坟墓，再去参观了蓬皮杜艺术中心。1969年，法国蓬皮杜总统倡议兴建一座现代艺术馆，从49个国家的681个方案中，选出意大利和英国的二位设计者的设计方案。1977年完工，这座建筑物最大的特点是打破了文化建筑的设计常规，将钢骨结构、柱子、楼梯和各种管道等一律放到室外。这种违反巴黎传统风格的建筑，激怒了许多巴黎人，他们实在无法接受，一致反对。有人说这个建筑就是一个"钢铁怪物"，也有人说就像一座炼油厂。当时，有一些文化艺人赞美这个建筑是现代巴黎的象征，是法国的伟大纪念物。反正各人有各人的看法和审美观点，我看了也觉得不好看，但使用功能很多。

四、卢森堡考察经历

9月9日，乘车离开巴黎前往古老的大公国卢森堡，这个国家很小，只有60万人口，以钢铁和银行业为主。我们参观了大峡谷和大公广场，这里有一个几十千米长的地下城堡。汽车只开了几个小时，就离开了卢森堡，到了德国的克伯伦次风景区，晚上10点多到达德国法兰克福市了。

五、德国考察经历

在去德国法兰克福的路上，经过德国克伯伦次，汽车司机讲就在这儿休息一下。欧洲有一个规定，长途汽车行驶一定时间，必须停车休息，以保证行车的安全。汽车上有一个行车仪，记录着每天行车和休息的时间。有关部门会及时检查，如果不遵守规定，公司会给予处罚，以确保司机的行车安全。克伯伦次是大学的集中地，是莱茵河的入口处，非常清静，景色也挺好，晚上10点多，我们终于到达德国法兰克福。

9月10日上午，在法兰克福参观了一个建筑工地，工地上工人很少，采用的工具有木胶合板模板、工字梁和钢支柱。然后去罗马广场、市政厅和莱茵河等处旧地重游，因为这些地方我已来过两次了。下午乘车直达慕尼黑，当晚，安排住在慕尼黑。

11日早晨，我们乘车出发到威森霍恩市，10点左右到达派利模板公司（图2）的总部。郑宽志先生接待我们，先介绍了公司的情况，然后去参观公司产品展览室。有许多产品国内还没有，我也没有见过，如空腹钢框木模板、扁钢框木模板、铝合金框木模板、爬模、筒模、飞模、无框木模，以及铝合金支柱、承插式脚手架、框式脚手架等。

图2 派利公司合影

德国派利（PERI）模板公司创立于1969年，至今已有50多年的历史，经过多年的发展，已发展为世界最大的跨国模板公司之一。派利模板公司能如此快速发展，主要是能不断开发新产品，不断改进模板、脚手架技术，增强公司产品的竞争力。公司几乎每年都开发1～2项新产品或换代的产品。

郑先生也是南方人，人很热情，我们一见如故。2004年、2007年和2010年三次去德国参观慕尼黑博览会时，都是郑先生负责接待我们，还在派利展览馆内招待我们吃午餐。他多次到中国办理业务，也会到协会来交流，协会组织的会议也曾请他作过报告。

下午，参观了租赁公司，该公司的清理和修复机比我国的钢模板清理、修复机都大很多，是用于大型钢框木模板的清理和修复。然后去参观了奥林匹克村、皇宫、市政厅等。

晚上，我们到慕尼黑最有名的 HB 啤酒馆喝啤酒，这里的啤酒杯特别大，女服务员都是身高马大可以拿 7～8 个啤酒杯。还有一个小乐队，客人只要给几个欧元，就可以点一首乐曲，可以头戴一顶帽子，手拿指挥棒，站在乐队前自由地挥棒。张国生是一个热情、豪爽、喜欢搞笑的人，他可以凭着几句 Hello、OK 和手势与外国人进行交流。这次他上台点了一曲《解放军进行曲》，指挥棒一挥，乐声非常雄壮有力的响起，带动许多外国客人一起有节奏地拍起掌来，整个厅内热闹非常。

六、奥地利考察经历

9 月 12 日我们出发前往奥地利，在边境碰到护照检查。中途到了萨尔茨堡，此城堡规模已发展成一个城镇，镇上有座音乐家莫扎特的塑像。晚上到达奥地利首都维也纳，是奥地利最大的城市，但人口只有 170 多万。奥地利从中世纪末期到一战结束前，一直是欧洲大国之一，一战后奥匈帝国解体，1938 年被德国吞并，直到 1955 年重新获得独立。

13 日早上，我们乘车到达多卡模板公司。该公司创立于 1868 年，至今已 150 年多历史，目前，多卡模板公司已是世界上规模最大的跨国模板公司之一。公司莱森董事长等热情接待我们，莱森董事长致欢迎词，介绍了公司的情况，放映公司产品录像片和技术交流（图 3），然后去参观工厂。公司的产品分木制品、金属制品、脚手架制品三大类。主要在奥地利生产，在欧洲各地也有生产，另外，在 43 个国家还有办事处。多卡公司对中国市场很感兴趣，曾在中国宜昌建合资厂，在上海有代理。

图 3　参观多卡模板公司

多卡模板公司能够长久不衰，不断发展为规模很大的跨国模板公司，其成功经验是在管理上有先进的管理理念、管理经验和管理方法，能够为客户提供模架设计、施工和维修技术支持及售后服务，以及施工机具、建筑装饰等多种服务，只要客户需要都可以提供。在技术上能不断创新，不断开发新产品，满足施工工程的需要。

下午到 Malka 市的天主教堂参观。该教堂始于 1868 年，到 1704 年由国王拨款扩建，先后建了 40 年，到 1746 年才完工，现在已是世界文化遗产，内有宫殿、学校、教堂、图书馆等。

晚上，我们到早已闻名的金色大厅去听音乐会，有柏林乐团演出的圆舞曲、歌剧等。音乐厅内很华丽，金碧辉煌，会场内的观众衣着整齐，彬彬有礼。票价有 200、75、40 欧元。

14 日上午，我们先到多瑙河中间的半岛上游览，联合国总部在岛上也有一座建筑。再到皇宫参观，皇宫边上是总统府和总理府，再往前是历史博物馆，市政厅和斯特凡大教堂，这里有许多游乐场和桌子，附近有商业街。由于是星期六街上行人很多，下午 5 点就关门，星期日大部分商店都关门，上街的人就少了。中午饭后，去了阿玛利亚城堡和国家公园，公园内有著名音乐家施特劳斯的塑像，还碰上许多人在这里拍电影。

下午 5 点多，我们到达住处四川饭店，分组讨论这两次专业活动的体会，大家发言很热烈，体会很多，认为这次考察开阔了眼界，明确了公司的发展方向，也拿了不少公司样本资料，收获很大。通过这次考察活动，加深了出国人员的友谊，数年以后，大家讲起这次考察活动时，觉得是最开心，印象最深的。

15 日上午，参观巴洛克建筑经典之作——美泉宫，宫后面有一个大花园，里面有莱图罗喷泉和哥罗利埃台小丘等。这里曾是罗马帝国、奥地利帝国、奥匈帝国和哈布斯堡王朝家族的皇宫，也是茜茜公主的丈夫弗朗茨皇帝的出生地，他的童年和青年的夏季都在美泉宫度过。皇帝与茜茜公主成婚后，经常住在这里，直到 1916 年在美泉宫去世。提起茜茜公主很多人都知道，我国放映过一部茜茜公主的电影，对茜茜公主的活泼、美丽和善良的形象，都会有深刻的印象。

15 日中午饭后，我们乘车去机场，机场不太大，飞机飞了 4 个多小时，到达芬兰赫尔辛基机场，已是晚上 12 点了。我们被安排住在阿曼达饭店，这里是一家总统饭店。

七、芬兰考察经历

芬兰是欧洲北部的小国家，人口大约有 550 万人，面积约 33 万平方千米，比我国云南省小一点。环境十分优美，国内湖泊占内陆面积的 10%，有千湖之国的称号，森林覆盖率高达 75.3%。其北部位于北极圈内，冬季特别寒冷，有极昼极夜的景象。经过几十年的发展，芬兰成功地从一个农业国变成工业国，成为世界上高度发达的资本主义国家，人均 GDP 位居世界前列，全球幸福指数居世界首位，有最幸福的国家之称。

16 日上午，我们去芬欧汇川木业有限公司（图 4）考察，受到热情的接待。由海诺钙纳先生介绍公司的情况，并带我们参观胶合板模板生产过程的工厂和木结构建筑的音乐厅，中午热情招待我们共进午餐。

图 4　芬欧汇川公司合影

该公司原名舒曼木业有限公司，创立于 1883 年，是已有 130 多年的老企业，自 1912 年起开始生产胶合板，1995 年组建芬欧汇川木业有限公司，是世界上最大的林业公司之一。集团公司生产以纸张为主，木业占 14%。

胶合板只是其中一部分，其产品有 20 多种，有房屋木结构、包装箱、汽车底板、火车车厢、建筑模板等，维萨建筑模板（WISA）是其中的一种。

公司在芬兰及欧洲有 17 家工厂，全世界共有 10 家胶合板销售办事处，胶合板年产量达 112 万立方米。维萨模板是混凝土工程专用的一种建筑模板，它是一种既经济又实用的模板，可周转使用 30～50 次，大多数工程可以使用。另一种高级维萨模板，可周转使用 100 次以上，主要用于大型桥梁、水坝等工程。第三种超级维萨模板，可周转使用上千次，主要用于混凝土预制构件厂的混凝土浇筑以及大型模板体系。另外，有一种无缝大模板，是由标准尺寸的板以大斜面拼接而成，在覆膜之前先将板表面砂光，然后覆膜，最大尺寸为 12300mm×2700mm。

芬欧汇川木业有限公司的维萨模板已远销到 80 多个国家。芬欧汇川公司一直很关注中国庞大的建筑市场，早在 1995 年已在上海设立办事处，该公司的维萨模板在中国已有较大的知名度，产品在我国许多重点工程中大量应用。

17 日去劳特公司考察（图 5），劳特公司和斯道拉恩索公司的领导一起接待我们。首先由劳特公司介绍公司情况，放公司录像，参观工厂，并进行交流。劳特公司是世界上历史最悠久，规模最大的木材加工机械制造企业之一。公司拥有自己的研发中心，研究及开发的产品可达到原材料利用率、生产效率及产品质量高的要求。在全世界五大洲均有分公司或代表处。其产品以生产木材加工设备为主，其中包括木胶合板、复合木地板、单板层积材和人造板等生产线的设备，据介绍，当时整个木胶合板生产线设备的价格为 100～200 万美元。1987 年，青岛华林胶合板有限公司引进芬兰劳特公司的生产设备和技术，生产了覆膜木胶合板模板，青岛瑞达模板公司利用这种胶合板为面板，开发了钢框胶合板模板。

图 5　劳特公司合影

斯道拉恩索公司在包装、纸张和林产品的行业居世界前几位，公司在全球拥有43000 名职工和 80 多家生产工厂，产品有书籍、报纸等用的印刷类纸；有各种书写本子，资料复印纸及制图纸等；有各种礼物、物品的包装类纸；有卫生纸、餐纸等生活类纸；装饰纸和复面纸等。公司的复面纸产品按其含胶量和复面时间的不同可分三种，复面纸的优点是：表面光滑、耐磨、防水、防火。公司有全球销售网，在马来西亚、瑞典和芬兰有复面纸生产工厂，在中国北京、上海、香港有办事处，在苏州有造纸厂，在广州有卷纸厂。

9 月 18 日，考察活动已圆满完成，上午还有些时间，我们去游览了白色大教堂，这个教堂比较小，因外墙都是白色而命名。总统府的门前很清静，门前只有两个守卫，大楼上有一个旗杆，据说旗杆上有旗，总统在府内，否则总统出门了。岩石大教堂根本看不出是一个教堂，非常简陋，里面都是石头。西贝柳斯公园内有许多钢管组成一个巨大的管乐，旁边还有一个不知名的头像。下午去赫尔辛基机场，晚上 18：20 乘飞机可以回国了。

9 月 19 日，早晨 7：10 达到北京首都国际机场（以下简称首都机场），出关后大家集中了一下，我给大家讲了几句话，便分头高兴地回家了。

写于 2020 年 3 月 30 日

2004 年赴德、奥、意、英四国考察记忆

中国模板脚手架协会　糜加平

协会于 2002 年组织赴欧洲七国考察模板、脚手架技术，加强了同欧洲模板公司的交往，开阔了眼界，对促进我国模板工程技术进步有一定的作用，许多会员单位希望协会继续组织此类活动。由于非典病毒，原来已安排好的考察活动暂停。2004 年 3 月，协会应德国 MEVA 公司、意大利 Pilosio 公司和英国 SGB 公司的邀请，组织了这次赴欧洲的考察活动，并组织参观了德国慕尼黑 Bauma 博览会。这次出国考察的会员有 18 人，其中冯树营、杨秋利和我参加过协会组织的 2002 年出国考察活动外，其他 15 人都是首次参加。

那时办理出国考察已比较容易，只要有国外考察单位的邀请函，就可以申请出国签证。我们找了德国蔚蓝商务考察公司，可以代理出国签证手续，安排在国外的交通、吃住、与考察单位联系等一切活动，为我们出国的生活和考察活动等都做了很好的安排。

一、德国考察经历

3 月 28 日，早上 8:00 我们到机场集合，乘德国汉莎公司的 LH720 航班，11 时登上飞机，11:40 飞机起飞。德国时间 15 时到达法兰克福机场，导游王江华来接我们，安排到 4 星级的 SCANDIC 酒店住宿，休息一个小时后集合，去火车站附近的中国餐馆吃晚饭，今天共吃了五餐饭。

29 日早上，在酒店吃自助餐，可以随便吃，有各种水果、黄油、果酱、肉片、鸡蛋和各种面包等。吃西餐并不是中国人都能适应的，一般吃几天还可以，时间长了就不行了，就想吃稀饭咸菜或豆浆油条了。2002 年出国考察活动中，董文德和唐秀丽两位东北人，吃了几天西餐就不习惯了，早餐只能吃多个鸡蛋。这次出国考察中，北京奥宇公司的刘振邦和刘文英两位老人，吃了几天西餐就改吃方便面了，不知道从哪里搞来一大箱方便面，其他人知道了，也向刘老板要包方便面来解馋。

8:30 我们乘车去法兰克福半日游，先到议会大楼的广场（图 1）拍了集体照，又去参观了美茵河大桥、保罗教堂等。又逛街采购了刀具等物品，有的公司老总去钟表店，想购买高级手表。

图 1　德国法兰克福合影

下午 2:45 乘车出发,经过 3 个多小时到达斯图加特市,该城市是奔驰汽车的故乡。下车步行到州政府广场,去步行街看了一下,到中国餐馆吃晚饭。又乘了一个多小时到达 Haiterbach 小镇,住在 3 星级旅馆。

30 日,早晨 8:30 我们乘车到 Meva 模板公司考察,该公司在僻远的乡村,占地面积较大,公司规模不很大,但技术较先进。哈克先生接待我们,并很全面地介绍了公司的产品(图 2),参观产品展览室,大家对塑料模板的产品很感兴趣,又看了生产厂和维修厂。中午请我们在公司吃盒饭,饭后又进行交流和讨论(图 3),对有些感兴趣产品拍照研究。

图 2　负责人介绍 Meva 公司产品　　　　图 3　饭后交流

Meva 模板公司成立于 1970 年,与 PERI 模板公司一样只有 30 多年的发展历史,已成为德国较大的跨国模板公司之一。该公司有职工 300 余人,在本厂有 180 人,外地有 120 人,其中工人仅 40 人,模板生产和维修均已采用自动化生产线。2004 年营业额达 7000 万欧元,公司在欧洲、美国、澳大利亚等国均有代表处,产品 60% 远销国外,40% 在国内销售。

Meva 模板公司发展的经验是能不断创新,不断研发新产品,目前公司已拥有 30 多个产品体系。2002 年该公司开发了钢框塑料板模板,由于这种塑料板材质轻,耐磨性好,周转使用次数已达到 500 次以上,并且清理和修补方便,经济效益好,得到用户的普遍欢迎。该公司已逐步将木胶合板面板改为塑料板面板,由于这种钢框塑料板模板价格较贵,因此以租赁为主,该公司的年营业额中 80% 为租赁收入。

二、奥地利考察经历

下午 4 时,我们乘车去离慕尼黑市区近百千米的蒙士堡,晚上住在一个私人小旅馆,房间很小,设备简陋,早餐也很差。

31 日早晨 7:45,出发去参观慕尼黑 Buma 博览会,到 9:30 到达博览会展厅,一路上参观的人很多,每张参观票 17 欧元,博览会的占地面积很大,远看有很多塔吊林立。有关模板、脚手架的参展单位有百余家,欧洲一些著名的跨国模板公司都参展了,规模非常大,这次博览会展出的模板、脚手架技术可以代表当前国际上最先进的技术水平,也标志着当前模板、脚手架的发展方向。我们首先在 A2 馆参观,里面有 54 家模板公司,主要看了德国的呼纳贝克、诺埃,西班牙和意大利模板公司的展位。

那时，我国模板和脚手架企业还没有力量参加慕尼黑博览会的产品展出，其他企业参加展出的产品也不很多。外国参展企业对我国参观的人员很是欢迎，展出的产品可以随便照相，产品样本资料也可随便拿。但是，我们要去外国模板公司参观考察，已不如2002年那样容易，那么受欢迎了。

到了2007年的慕尼黑博览会，我国已有几十家企业参加博览会，有几个模板脚手架企业也参加了博览会。这时外国模板企业对我国模板企业已抱有戒心，不太欢迎我们去工厂参观考察，但在博览会拍照还可以的。2010年再次去博览会参观，远处就可以看到许多塔吊的吊杆，在最高的吊杆上挂着我国五星红旗，非常亮眼。我国参加博览会的企业也比较多了。

4月1日，我们早晨8点出发去展馆，先到Doka模板公司的展位，公司的付先生和富维纳先生接待我们，介绍了参展的产品技术性能，并进行了技术座谈。中午，Pale模板公司的郑宽志接待我们，陪同我们参观了各种模板、脚手架产品，以及楼板模板拼装过程等。还招待我们到楼上吃午饭，楼上有很多客人，吃饭的人一帮又一帮。这两家公司的参展规模很大，也很气魄。后来，又到巴夏尔模板公司和一些规模较小的模板、脚手架公司参观。

晚上，我们又来到HB啤酒馆吃晚饭（图4），每人给了一个大猪手、两个土豆和一大杯啤酒。这个猪手很难吃，又很生硬，一大盘猪手都剩下了，大家只能举杯喝酒了。

图4　晚饭合照

2004年协会组织会员参观慕尼黑博览会，又来到了这家啤酒馆，讲起张工当年在这儿的风采时，团员中有人起哄让我上台去指挥，说实话我不喜欢戴那顶绿帽子。我们也点了《解放军进行曲》，许多人围着乐队、乐声一起，有节奏的掌声四起。当地有一家电视台来啤酒馆采访，听说我们是中国人，来到慕尼黑参观博览会的，马上拍摄我指挥乐队和一片欢乐的场面。第二天听导游说，当晚在慕尼黑电视台的新闻中播出了这段画面。

2日上午，继续到博览会参观，有些会员参观很认真，到处转悠拍照、拿资料，唯恐漏掉一个展位。有的会员比较马虎，转了一圈就离开展馆了。

中午饭后，到慕尼黑市区游览，先到了议会厅和双塔教堂，在公园内可以看到宝马汽车公司的大楼。

下午4时多，乘车约2小时到达奥地利，在赴萨尔斯堡的途中，看到奥地利的乡村风光，一片草地非常美丽。我们到了萨尔斯堡，安排好旅馆后，很快一起到市区游览。

3日9时，我们出发到萨尔斯堡游览，萨尔斯堡是奥地利共和国萨尔斯堡州的首府，人口约 15 万，是奥地利的第四大城市，也是奥地利历史最悠久的城市。萨尔斯堡被誉为全世界美丽的城市之一，被联合国列为世界人类文明保护区。

萨尔斯堡靠近德国边境，是奥地利巴洛克建筑圣地，市区面积不大，非常适合徒步漫游，美丽的萨尔茨河把萨尔斯堡分成新城和旧城两部分。粮食胡同是萨尔斯堡老城最著名的步行街，它因是著名作曲家莫扎特的出生地而闻名。萨尔斯堡还是奥地利艺术中心，贝多芬、海顿等音乐家在此创作大量的不朽乐章。

我们游览了一条步行街，有一个乐队在街上演奏，有许多人在路边地上玩国际象棋。路边有很多小商店，里面都是一些很漂亮的装饰品和纪念品，还有些土特产，如莫扎特巧克力球等。

午饭后乘车 2 个多小时，导游带我们到黑天鹅水晶产地参观水晶展览，其实是要我们买一点水晶产品。黑天鹅水晶确实很有名，工艺水平很高，质量很好。大家购了一些水晶项链和手链，我还买了两个水晶雕刻的动物，非常漂亮。接着开车 5 个多小时，晚上 9 点多到达意大利的威尼斯。

三、意大利考察经历

4 日上午，我们到威尼斯游览，威尼斯城建于 452 年，由于地理位置的优势，到 14 世纪末，发展成地中海最大的贸易中心之一。威尼斯有"亚得里亚海上明珠"之称，是世界上著名的水上城市。

我们乘游艇到威尼斯岛上，又乘小船在威尼斯运河上游览。威尼斯有一条 4 千米长的大运河，与 177 条支流相通，全城有 118 个小岛，有 23000 多条水巷。

威尼斯的房屋建筑地基都淹没在水里，像从水中钻出来的。威尼斯大运河被誉为水上"香榭丽舍"大道，在河道的两边有各式各样的古老建筑，既有洛可可式宫殿，也有摩尔式的住宅，以及巴洛克和哥特式风格的教堂。此外，遍及运河两岸的店铺、市场和银行等，也给这个水城增添了活力。

在运河中可以看见叹息桥，据介绍，叹息桥是一座拱廊桥，建于 1603 年，位于圣马可广场附近，是总督府侧面的一座巴洛克风格的石桥。叹息桥的两端连接法院与监狱，重刑犯人刑前在桥上会叹息而得名，是威尼斯最著名的桥梁之一。

离开叹息桥就到圣马可鸽子广场，据了解，全世界有五大鸽子广场：（1）英国伦敦的特拉法加广场；（2）阿根廷布宜诺斯艾利斯的五月广场；（3）荷兰阿姆斯特丹的达姆广场；（4）意大利罗马的圣彼得广场；（5）意大利威尼斯的圣马可广场。

威尼斯城中有 4 万只鸽子，其中 1/3 在圣马可广场，据说，鸽子在圣马可广场已生活了一千多年。到威尼斯的游客一般都要到圣马可广场喂鸽子留影，所以这些鸽子成了威尼斯的一景。可是就是这些鸽子的粪便，给具有历史和艺术价值的雕塑、建筑物表面造成严重污染。

圣马可广场旁边有一座圣马可大教堂，由于在教堂内部装饰中使用了大量黄金，教堂内的镶嵌画和装饰物会一闪一闪发出金光，所以又称为黄金教堂。据说，教堂内的这些画已经存在了 800 多年，圣马可的遗体也埋在这座教堂内，是欧洲为数不多有圣人遗体的教堂。旁边还有托卡雷总督宫、大钟楼等建筑，都很值得一看。

4日下午，我们去几个商店看，其中有一个吹玻璃工艺品的商店，顾客要排队才能进入，但是，我们刚到这里就马上可以进去。后来导游给我们解释，多年前，意大利受国际金融危机的影响，经济非常萧条，威尼斯的旅游业也很困难。这时中国来了大批游客，给了威尼斯很大的帮助，以后，要是中国的游客到此，就可以优先进入。大家看了吹玻璃瓶的表演，有几个公司老板买了不少玻璃工艺品，可以由商店寄送到中国。出了商店，乘车2小时到乌迪内市住宿。

5日上午，我们到意大利 PILOSIO 模板公司进行技术考察交流，有 Attilio imi 和 Massimo zebelloni 二位公司技术负责人接待我们，有一位高小姐当翻译。负责人介绍了公司的发展、产品和经营情况，去车间参观钢脚手板生产情况，但公司不让带相机拍照。然后，再到外面参观组装的脚手架，每人送一顶帽子，并合影留念（图5）。

图5　意大利模板公司合影

下午，我们乘车5个多小时到达蒙特卡替尼，安排住宿，附近是佛罗伦萨市区，晚饭后，大家一起到佛罗伦萨市里转一圈，由于晚上光线较差，拍照效果较差。

6日上午，乘车到梵蒂冈，这是世界上最小的国家，也是唯一一个宗教立门的国家，其实它是意大利的"国中之国"，位于罗马的西北角的高地上，以四周城墙为国界，国土面积很小，仅0.44平方千米。2009年的人口为800人，其中有教皇、枢机主教、外交官、修女和平民。因天主教在全球信仰人口众多，使梵蒂冈在政治和文化等领域拥有重要的影响力。

梵蒂冈在经济上的财政收入主要靠旅游、不动产出租、银行利息、向教皇赠送的贡款和教徒的捐款。生活上的水电、食品、燃料等由意大利供给，梵蒂冈国内建了一条862米长的铁路，可与罗马城内联系。

城中的圣彼得广场和大教堂、梵蒂冈博物馆等都是巴洛克建筑风格，非常宏伟、壮丽。参观梵蒂冈的游客很多，据介绍，大教堂的楼上有一个最大的窗口，有时大教主会在此看游客，所以，有机会能看到大教主。

6日下午，我们开车到达意大利罗马，罗马是意大利的首都和最大城市，已有2500年的历史，面积有1200多平方千米，是意大利占地面积最广、人口最多的城市。罗马是世界天主教会的中心，有700多座教堂和修道院，是意大利文艺复兴的中心，1980年被列为世界文化遗产。罗马城中有规模宏大的古建筑，被誉为全球最大的"露天历史博物馆"，也是世界最著名的游览地之一。

我们到了罗马圣彼得广场，广场内有众多千姿百态的喷泉，喷泉中央的海神像中，有两座海马雕塑，四座女神像，还有许愿池、石船等。

罗马许愿池，也称幸福喷泉，是罗马最后一件巴洛克式建筑艺术杰作，是罗马境内最大、最著名的喷泉，也是罗马的象征之一。世界各地来的游客，有不少人在这里许愿，并向池中投入硬币。据说，一年能捞出 6 吨硬币，约合 140 万欧元。

再到达罗马凯旋门，也称君士坦丁凯旋门，建于公元 315 年，是罗马城现存的三座凯旋门中年代最晚的一座，是为纪念君士坦丁大帝战胜马克森提，并统一帝国而建立的。

在罗马有很多处古罗马遗址，其中，古罗马露天竞技场，也称斗兽场，又名角斗场，建于公元 72 年，是世界八大名胜古迹之一。为纪念皇帝的丰功伟绩，强迫 4 万名苦力，用了 8 年完成的。整个建筑占地 2 万平米，可容纳 9 万观众。斗兽场是古罗马建筑的代表作之一，据说，是用了 10 万立方米石头和 300 吨铁制作的抓钩相连接而成。

万神殿建于公元前 27—25 年，是至今完整保存唯一一座罗马帝国时期的建筑物，由罗马帝国建造，用以供奉奥林匹亚山上诸神。公元 80 年一场火灾，使万神殿的大部分的建筑被毁，仅存一部分柱廊和 16 根花岗岩石柱。后来作为重建万神殿的门廊，门廊正面有 8 根巨大圆柱，可看出原来万神殿的建筑规模。

四、英国考察经历

7 日中午，我们乘 12:45 的飞机，到法兰克福已是 14:40，再转机乘 16:15 的飞机到英国伦敦，由于法兰克福下雨，飞机晚飞了 1.5 小时，18 点才到伦敦，住在帝国酒店。

8 日早上 7 点，出发到英国 SGB 模板公司（图 6）进行考察和交流，公司 Stuart 先生介绍了该公司的历史和主要产品，我代表协会简要介绍了考察团人员和单位情况，北京奥宇、北京星河和三博桥梁公司的领导也介绍了单位的情况，还参观了模板、脚手架产品和生产工厂。

图 6　SGB 模板公司合影

21 世纪初，该公司又与美国 Pantent 模板公司、德国 Hunnebeck 模板公司一起加入了美国哈斯科集团公司，组成哈斯科基础工程集团公司。

英国 SGB 模板公司成立于 1920 年，是英国模板公司中规模最大的跨国模板公司之一。该公司有职工 4750 人，在欧洲、亚洲、远东等地 15 个国家有代表处，在英国有 60

余个租赁和销售分部，年营业额达 27600 万英镑，其中脚手架占 35％，租赁业务占 30％。该公司有很强的技术开发能力，据介绍，几乎每 2～3 年开发一种新产品，如 CUPLOK 脚手架（即碗扣式脚手架）是 1976 年首先研制成功的，至今已在世界很多国家推广应用。目前，公司的策略是重点关注租赁业务，并扩大租赁投资，在欧洲扩大建厂，近期在东欧新建 4 个生产厂。

该公司主要产品如下：

（1）墙模板体系有无框木模板体系，钢框胶合板模板体系，轻型钢框胶合板模板体系，可调弧形模板体系，单侧模板体系。

（2）楼板模板体系有铝合金台模体系；模板采用覆膜胶合板，支架采用钢支柱，上加快拆头组成快拆体系；覆膜胶合板模板，碗扣式支架，工字形铝木组合主次梁。

（3）还有爬模、桥梁模、柱模和碗扣式脚手架、铝合金支柱等，其他产品有活动房屋、临时看台、施工现场用围挡等。

下午 3 点，业务考察活动结束了，我们乘车 7 个小时，途中经过莎士比亚故居。晚上 10 点多，到达英国著名的海滨城市——大雅茅斯市，住在当地著名的皇家酒店，酒店前面是海滩，两边有商场，晚饭吃了 4 道西餐。

9 日上午，我们开车到达剑桥大学城，该校坐落于英国剑桥，是英国历史最悠久的高等学府之一，有 800 多年的历史，大学出了牛顿、达尔文、华罗庚等科学巨匠、哲学家、政治人物，120 位诺贝奖获得者，15 位英国首相，9 位英国大主教。1921 年徐志摩以特别生的资格进入康桥大学。其规模很大，里面所有生活要求、生活环境和各种活动都俱全，简直就是一个城市。

剑桥大学有 31 所学院，如国王学院、基督学院、丘吉尔学院、卡莱尔学院、国际学院、达尔文学院、唐宁学院等。我们在剑桥大学一边参观，一边拍了一些照片，当时只顾拍照，那些学院的名字根本不知道，这里挑几张供大家欣赏。

剑桥大学内还有商店可以购物，还可以在康河中乘船游玩，可以参观白宫展览馆。

中午，我们在金陵酒家吃午饭后，再到格林威治天文馆参观格林威治时间钟和子午线。格林威治标准时间是指位于英国伦敦格林威治天文台的标准时间，其正午时间是指太阳横穿格林威治子午线时的时间，是 1924 年 2 月 5 日开始的。

子午线是指在地球上连接南北两极的经线，是地球上零度经线，也称首子午线，是通过英国伦敦格林威治天文台的那条线，是 1884 年 10 月 13 日确定的。晚上，我们到伦敦吃自助餐，再回到帝国酒店住宿。

10 日，我们先后到伦敦市参观伦敦塔桥、国会大厦、大本钟、市长办公楼、首相府、白金汉宫、圣保罗大教堂等风景区。下方分别介绍其特征：

（1）伦敦塔桥是泰晤士河上第一座上开悬索桥，因在伦敦塔附近而得名，始建于 1886 年，1894 年开通，也是伦敦的象征之一。

（2）国会大厦是世界最大的哥德式建筑物之一，矗立于泰晤士河畔，气势雄伟，外貌典雅，国会大厦内有 1000 多个房间，是英国国会开会之处，也是国王的宫殿。

（3）大本钟是英国国会会议厅附属钟楼的报时钟，原名伊丽莎白塔，旧称钟塔，俗名大本钟，是世界上著名的哥德式建筑之一，也是英国的标志性建筑。

（4）市长办公楼建于 2000 年，是英国伦敦最有象征性的重要新建筑物之一。位于泰晤士河塔桥附近，办公楼有十层，建筑物使用面积有 18400m²，内有各种办公室、公共设施和议会大厅等。

（5）首相府位于唐宁街 10 号，是一座乔治亚风格的建筑，相传是当年第一财政大臣的官邸，但自从此职位由首相兼职后，就成为英国首相的官邸了。

（6）白金汉宫始建于 1703 年，自 1837 年后一直是英国王室的官邸。王宫内有典礼厅、音乐厅、宴会厅、画廊等六百多间厅室。有许多收藏的绘画和精美红木家具，有占地面积很大、非常美丽的御花园。英国女王的重要国事活动，外国元首进行国事访问等都在宫内进行。我们去游览的那天，刚好是有国事活动，参观的游人非常多。

（7）圣保罗大教堂建于 604 年，历史上曾多次毁坏和重建。到了 17 世纪，有一位英国著名建筑师克里斯托弗，整整花了 35 年的心血，设计和建造了这座具有巴洛克风格的建筑。圣保罗大教堂是世界著名的宗教圣地，是世界第五大教堂。

11 日，我们参观了伦敦蜡像馆、唐人街和大英博物馆。这些景点的特征是：

（1）伦敦蜡像馆建于 1835 年，是世界上最著名的蜡像馆之一，是法国杜莎夫人创建的，故又称"杜莎夫人蜡像馆"。这里经常展出 250 多位世界名流的蜡制人像，人像与真人大小比例一致，而且头发、肤色、衣服、首饰以及举止神态，都十分逼真。馆内曾展出过我国国家领导人毛泽东、周恩来、邓小平和江泽民的蜡制人像。在我国的北京、上海、重庆、武汉和香港都有分馆。

（2）出了蜡像馆就到唐人街，伦敦唐人街又称伦敦中国城，是全球十大唐人街之一，主要有餐馆、商品店和纪念品店。

（3）大英博物馆成立于 1753 年（图 7），是世界上历史最悠久，规模最宏伟的综合性博物馆，也是世界四大博物馆之一。博物馆拥有藏品 800 多万件，其中有世界各地许多文物和珍品，很多伟大科学家的手稿等。藏品之丰富、种类之繁多是世界博物馆中罕见的。

图 7　大英博物馆合影

12 日，早餐后赴伦敦机场，乘 12:50 的飞机到法兰克福，然后转乘 17:25 的飞机前往北京，早晨 8 点到达北京首都机场，结束整个考察活动。

2020 年 10 月 5 日于北京完稿

2005 年赴美国模板、脚手架技术考察记忆

中国模板脚手架协会　糜加平

　　2005 年 1 月，为了加强同发达国家模板公司的交往，学习国外模板公司的先进技术，提高我国模板、脚手架技术水平，应会员单位的要求，协会组织了参加美国在拉斯维加斯举办的国际混凝土博览会。此行目的是了解欧、美国家模板公司的模板、脚手架新产品、新技术；了解美洲模板、脚手架技术的发展动向；考察美国模板公司的产品、生产工艺和经营管理经验。

　　早在 20 世纪 80 年代，我国与美国西蒙斯（symens）模板公司就有来往，这次考察活动可以加强同美国模板公司的交往，开阔了眼界，对促进我国模板工程技术进步有一定的作用。

　　为了组织这次赴美考察活动，协会于 2004 年 7 开始与几家旅行社磋商，中商国际旅行社与我们接触较早，并已做了大量组织联系工作，在这次考察活动中，该旅行社多次改变行程，缩短公务活动的时间，造成没有完成预期的公务考察任务。另外，我们在纽约还遇上了大暴雪，影响了考察活动。总之，这次美国之行是历次协会考察活动中，最不满意的一次。

一、夏威夷檀香山考察经历

　　1 月 12 日上午 10 点，考察组人员在首都机场集合，这次出国考察的会员有 15 人，其中大部分人员都参加过协会组织的出国考察活动。13 点乘韩国 KE851 次飞机，于 16 点到达韩国仁川机场。下机后到转机处办理了手续，然后到候机室的登机口等候。晚上 8 点多乘机前往夏威夷，并在飞机上吃了两餐晚饭。早晨 8 点 30 分飞机到达夏威夷的火奴鲁鲁（Honglulu）市，这里与北京有 18 个小时的时差，但是经过这么长时间的历程，在夏威夷还是 12 日早晨。

　　火奴鲁鲁（华人通称檀香山）是美国夏威夷州的首府，人口 41 万人，2019 年全球城市 500 强榜单上名列 234 名。著名的景点有夏威夷主教博物馆、珍珠港纪念馆等。

　　飞机到了夏威夷檀香山后，办完入境手续，门口有导游来接机。我们从北京起飞，到达夏威夷已经一路辛苦了 14 个小时，但还不让我们入住酒店。我们穿的都是冬天的衣服，这里已是夏天的气候，只能在机场换衣服，脱去毛衣、毛裤。夏威夷的气候非常温暖，常年温度为 24℃～31℃。据介绍，美国有很多流浪汉，每到冬天就到夏威夷来生活，因为这里露天就能睡觉，还有收容所提供食品。我们换上夏装后马上集合，第一站到珍珠港纪念馆去游览。

　　12 日上午，我们到了珍珠港纪念馆，由讲解员陪同，参观了日军偷袭珍珠港展览并观看了电影。之后到珍珠港现场参观，并乘坐汽艇到海里，登上战争中被重创的废艇上。

12 日中午餐后，一路去参观夏威夷王国王宫、法院、州政府等。夏威夷国王王宫原来是一个富有的中国商人的住宅，1926 年出售，改建成雪兰萌苏丹的王宫，现在是国王的王宫。

檀香山唐人街是美国最早的唐人街之一，充满浓郁东方风情，是集中表现民族风情和多元文化的地方。

下午 2 点半，我们才来到 Ohana 旅馆，办理好入住手续，大家已很疲劳，休息到 6 点去旺记饭店吃晚饭。旅行社给我们宴请接风，送了一箱啤酒。到晚上 9 点，还一起到街上去转了一下。

13 日上午 8 点半，吃完早餐后一起到威基基海滩，可以看到碧蓝的海水，水面上船只和游泳的人几乎看不到。

中午去饭店途中，我们看见一个商店正在举办开幕式，在商店门口，还有一些印第安美女在表演草裙舞。这些美女都很大方，很乐意与我们交流、照相。

午饭后，我们到大风口、恐龙湾等地游览，大风口风景区位于瓦胡岛的东南部，因为在山的缝隙处，来自东北风的强风狂吹，最高可达十几级，而 2 米以外的地方却是风和日丽，有天渊之别。日军偷袭美国珍珠港，飞机就是利用大风口的地形，从大风口的低处飞向珍珠港。

恐龙湾因远看像一只趴着熟睡的恐龙而得名，是夏威夷欧胡岛上的地区海滩公园，是最受欢迎的景点之一，也是游客最喜欢去游泳和潜水的地方。这里不仅风景美丽，还有各种天然的珊瑚礁石和热带鱼类。

在去飞机场的路上，我们路过一个当地印第安人住的村庄，看他们正在用树叶加工成草裙。

14 日上午 8 点半，吃完早餐后，一起又到海边去游览，这里风景很美，天气也晴朗，在海里游泳的人也比较多一点。

午饭后，导游带我们到三宝店去购物，里面有各种大小和颜色的珍珠。我给夫人也购了一条太平洋的黑珍珠。然后，一路经过海边去了机场，准备乘 17 点 15 分的飞机前往洛杉矶，在当地 0 点 50 分到达洛杉矶，再到旅馆安排住宿，已是凌晨 2 点多了。

二、洛杉矶考察经历

洛杉矶是美国第二大城市，也称为"天使之城"，全市拥有 400 多万人口，是美国重要的工商、国际贸易、科教、娱乐和体育中心之一，也是美国石油化工、海洋、航天工业和电子业的主要基地之一。曾主办了 1932 年和 1984 年洛杉矶奥运会，即将主办 2028 年洛杉矶奥运会。

15 日早晨 9 点，全体集合到好莱坞环球影城去参观，第一站来到闻名已久的好莱坞大道。没有想到好莱坞星光大道，其实就是好莱坞大道边的一条沿街人行道，地面用黑色的地砖铺成，街道边都是剧院和娱乐设施。据介绍，星光大道建于 1958 年，是洛杉矶著名文化历史地标。导游首先带我们到中国大剧院门口，这个大剧院外形有点畸形，很像一座道观，看不出有一点中国建筑风格，在大剧院的两边是两家电影院。

在大剧院门前的人行道上，铺着很多有人物名字和手印、脚印的水泥地砖。这些

"印迹"代表着世界电影和娱乐方面有杰出成就的人的最高荣誉和纪念。在大剧院门口地砖上，中国人留有印迹的有6人。

星光大道有25000多枚水磨石及黄铜五角星，记载着演员、音乐家、导演、制作人、音乐乐队和其他人的名字。在星光大道五角星上，留有手印和名字的有4位华人，第一位是黄柳霜女士，她是广东台山人，1905—1961年，出生在洛杉矶，是最早在好莱坞演出的华裔，是美国电影史上第一位美籍华人，也是在星光大道五角星上留手印第一位华人。其次是李小龙和成龙，第四位是刘玉玲女士，她是一位美剧演员兼导演的华裔，2019年5月1日被授予镶名之星，留名星光大道。

我们沿着星光大道上一直往前走，看到一座很高的建筑，走到里面一看，原来是一个剧院，台上还有乐队在排练。

最后，到达好莱坞环球影城，在环球影城门口拍了两张奇怪的照片，一张是在马路边上有一张大床，可以坐或躺在大床上拍照。另一张是我与小高站在汽车边，景色又不美丽，不知何故小高笑得那么开心。

好莱坞环球影城，是世界著名的影城，有很多娱乐项目、各种主题公园和电影拍摄现场等，还有众多洛杉矶精品商店、餐厅和电影院等。我们看了一次实战表演和立体电影。

三、拉斯维加斯考察经历

16日早晨，我们在洛杉矶匆匆忙忙参观了一天时间，9点多出发前往机场，11点左右到了拉斯维加斯机场。拉斯维加斯是美国内华达州最大的城市，1905年正式建市，内华达州发现金银矿后，大量淘金者涌入，拉斯维加斯开始繁荣，从一个不起眼的破落村庄，发展成为一座大城市。数年之后，矿藏被采光，拉斯维加斯很快走向衰落。为了渡过经济难关，内华达州议会通过议案，同意将拉斯维加斯建成一个赌城。从此，该城又迅速崛起，现在已是世界四大赌城之一，是旅游、购物、度假的世界著名度假城市。

一路上看到了荒凉的沙漠，中途休息了两次，到达拉斯维加斯时已经是5点多了，这里已灯火辉煌。住宿安排在一家小丑小丑（Circus Circus）饭店，以前这里是马戏团，后来马戏团被关掉了。安排好住宿后，就去吃晚饭。

晚饭后，我们去参观了几个大饭店，在凯撒皇宫酒店门前，可以看音乐喷泉表演，有1200个喷嘴和4500盏灯，非常壮观。酒店里面按法国皇宫布置，顶面的天空非常好看。酒店是一幢5千多间客房的大楼，如果一个人每天住一间，可以住15年。回到了酒店后，就去酒店内的赌场参观一下，赌场内人很多，其中中国人也不少。

17日上午，原来我们要求旅行社安排两天的参观时间，到展览馆去办理入场证，展会第一天不对外开放，只进行各种研究会和论坛会，参观时间就只有18日一天了。午饭后，我们到外面去看市景，先到MGM大酒店门前拍照，这个酒店外观是绿色的。

再到威尼斯饭店游览，该饭店完全按威尼斯城进行设计，室内有一条河，里边还有人划船，天空是人造的蓝天白云，非常壮观，在里边不知道外面是白天还是晚上。

18日，早上8点集合拿上行李托寄，8点半去展览馆，并在展览馆门前合影留念。

9 点进入展览馆，中午在展览馆吃午饭。展览馆的展品比较分散，我们在 C 厅参观了 17 家较大的模板公司，N 厅参观了 13 家，S 厅只参观了 1 家。欧美许多跨国模板公司都有产品参展，比较大的模板公司有 30 多家，如德国的派利（PERI）、杜卡（Doka）、呼纳贝克（Hunnebeck）、MEVA、挪易（NOE）、巴夏尔（PASCHAL）；美国的西蒙斯（SYMONS）、ATLAS、西型模板（Western－Forms）、帕顿特（Patent）；英国的 SGB；西班牙的 ULMA；意大利的 PILOSIO；波兰的 BAUMA；加拿大的阿鲁玛（Aluma）等模板公司。

美洲地区展出的新产品很多，这里不多介绍，如想知道哪些新产品，可以看本人的《国内外模板、脚手架研究与应用》一书。

在美国混凝土博览会上，美洲地区展出的新产品很多，有两种模板即装饰模板和一次性塑料模板，我国至今还没有开始研究。但是美国、加拿大等国家在 20 世纪 90 年代就推广应用了。在这里简单介绍一下，是想引起业内人士重视。

（一）三种装饰模板：塑料装饰衬模、塑料装饰模板和铝合金装饰模板

1. 塑料装饰衬模

这种模板的建筑图案共分七大类，有 193 种和 705 个规格，其中有线条型、木纹型、砖块型、石块型、石料型。

塑料装饰衬模的材料有（1）SPS 塑料，一般一次性使用；（2）ABS 塑料，可以重复使用 5～10 次；（3）Dura-Tex 塑料，可以重复使用 40 次以上；（4）Elasto-Tex 塑料，可以重复使用 100 次以上，利用这种装饰衬模可以加工各种花纹的墙板（图 1、图 2）。

图 1　砖块型衬模　　　　　　　　　　图 2　石块型衬模

2. 塑料装饰模板

全塑料装饰墙模板的效果，超过了塑料或橡胶衬模。这种模板的边框和内肋均为高强塑料，板面为压制成各种花纹的塑料板，利用连接件可拼装成墙模或柱模（图 3）。

浇注混凝土后，可以浇注各种仿石块的混凝土墙面，外形非常逼真，还可以采用液体整体着色或渗透着色对混凝土表面进行着色处理，装饰效果很好（图 4）。

图 3　塑料装饰墙模　　　　　　　　　　图 4　仿石块的混凝土墙面

3. 铝合金装饰模板

过去美国主要采用铸铝合金模板，现在已先加工成铝合金板，再加工生产装饰铝合金模板，这种模板可以浇注各种图形的混凝土墙面（图 5）。另外，还可以在铝合金圆辊表面加工成各种图形，在混凝土地面滚压后，就可形成各种图形的混凝土地面（图 6）。

图 5　铝合金墙面装饰模板　　　　　　　图 6　铝合金地面装饰模板

（二）两种一次性塑料模板：保温泡沫塑料墙体模板和 ROYAL 塑料建筑模板

1. 保温泡沫塑料墙体模板

这种一次性模板既可以做墙体模板，又可以做墙体的保温层。在成本上与传统的施工方法相比，由于模板施工操作轻便，不用大型施工机械设备，又不用拆除模板，它的施工成本更低；墙体不仅有良好的保温效果，还有较好的隔音效果，与多数建筑墙体相比，可以降低噪声 50%；由于墙体有特殊的保护，能经受时间和大自然的考验而不会腐烂，所以使用这种墙体模板是安全可靠的；这种模板也是节能环保的产品，不仅可以节省大量木材，使用后还可以回收再利用，施工现场几乎没有废品。

这种一次性塑料模板已大量用于住宅、商场、医院和学校等建筑。

2. ROYAL 塑料建筑模板

这种一次性塑料模板是采用大型挤压机成型的塑料建筑模板，它既可作墙体模板，又可以作为墙体。这种塑料模板体系已广泛用于住宅、工厂、医院、学校、商场、施工场地的围挡等，还能适用于地震多发和飓风地区的建筑，在北美及世界多地得到大量应用。

ROYAL 塑料建筑模板的特点是：

（1）施工速度快、建筑物结构坚固。

由于采用坚硬和耐久的塑料模板，在塑料模板内浇灌了混凝土，还可以加进泡沫保温材料。混凝土浇灌完后，不用拆除模板，也不用进行墙面装修，所以施工速度非常快，并且质量很高。

（2）模板部件为模块化设计。

整个模板工程的部件设计，均为模块化部件，现场组装施工十分方便，并在设计中包括保温层、水电管道、预留孔洞和各种配件等。施工现场非常文明，建筑物室内环境干净美观，室外装饰满足建筑设计艺术的要求。

（3）降低建筑工程成本。

由于整个工程是将模板与墙体、保温层合为一体，因此，可以节省大量材料和劳动力，降低工程成本。另外，还可以缩短施工工期。

（4）具有节能、环保效果。

这种建筑墙体具有防潮湿和发霉，不会腐烂和渗漏，还有抗老化和虫害的能力。由于墙体内预置了保温层，提高了墙体的隔热和保温效果。另外，模板部件都可以回收重复利用，还可以节能和环保。

我们再回到考察行程中，原来安排由拉斯维加斯直飞到芝加哥，但旅行社给我们的机票，变更为从拉斯维加斯乘汽车返回洛杉矶，再乘飞机到达芝加哥。这一变更不但影响参观展会的时间，还要两天一夜不能休息，许多年龄大的同志都承受不了。我们与中商国际旅行社多次联系，请求直接在美国购票，第一次报价 160 美元/人，后来，打电话与地接确认时，票价涨到 273 美元/人。我们只能自行与当地航空公司联系购票，结果购到 109.20 美元/人的机票。并且，从拉斯维加斯到芝加哥的飞机上，乘客没有坐满，只有三分之一。

18 日下午 5 点，展览馆闭馆后，我们马上到酒店拿了行李，很快乘车去机场。到了 19 点 50 分乘飞机前往芝加哥，到芝加哥已是凌晨 1 点半。

四、芝加哥考察经历

芝加哥建于 1803 年，是美国第三大城市，也是世界国际金融中心之一，是美国最大的商业中心区和最大的期货市场之一（图 7）。芝加哥也是美国最重要的文化科教中心之一，拥有世界顶级学府芝加哥大学（图 8）和西北大学等。芝加哥的景色也很美丽，很有特色，如云门大彩碗（图 9）、世界上最大最古老的喷泉（图 10）。

图 7　芝加哥城市风貌 1

图 8　芝加哥城市风貌 2

图 9　芝加哥城市风貌 3

图 10　芝加哥城市风貌 4

　　芝加哥还是五一国际劳动节的起源地，1886 年 5 月 1 日芝加哥有几十万工人举行大罢工，争取八小时工作制，取得了巨大胜利，后来，把这一天定为国际劳动节。

　　19 日早上 9 点 45 分，我们去 Atmi 公司进行考察，该公司是混凝土预制厂，公司领导对我们很热情。我们参观了工厂的生产工艺，厂内设备较差，与国内差不多，工人劳动强度大，从早晨 5 点工作到晚上 10 点（可能是双班制），用挤压机生产预制板，挤压机比较先进，每台为 12 万美元。

　　下午 3 点，我们到芝加哥美国西蒙斯（symons）公司总部参观，受到公司领导的热烈欢迎，他们先介绍公司情况，放录像介绍各种模架产品，并做了技术交流。随后我们参观了生产工艺，参观分两批入内，每批 7 个人去工厂参观，但不能拍照。生产工艺不是很先进，油漆工艺为渍漆，焊接工艺采用自动焊比较先进。西蒙斯公司与我们协会已有多年的交往，并在 2007 年加入了中国模板协会。

　　美国西蒙斯模板公司创建于 1901 年，是已有百年以上历史的老企业，是美国模板公司中规模最大的跨国模板公司。创建以来，给世界各地的用户提供技术先进、产品质量好、使用范围广的模板和支撑系统，以及各种形式的衬模及混凝土表面装饰技术。该公司的模板和支撑系统等产品，在美国的建筑市场份额中约占 70%，其模板租赁业务也遍及世界很多国家。

　　美国西蒙斯模板公司也是世界化学建材巨头之一，有超过千种化学建材，尤其是与混凝土建筑领域相关建材的研发能力为世界领先，其产品在世界范围内广泛应用。

　　公务活动忙了一天，第二天就要去华盛顿，根本没有时间去游览。我们只能晚上到芝加哥市中心走一趟，高楼集中一片，夜景也很好看。由于下雪，天气很冷，街上行人很少，我们很快就回旅馆了。

五、华盛顿考察经历

20 日，我们早晨 6 点半乘车去机场，办理手续后，乘坐 9 点的飞机，到达华盛顿已是 11 点半。

华盛顿又称华都、华府，是美国的首都，1790 年建立为首都至今。华盛顿市区面积为 177 平方千米，2019 年的人口有 70 多万，最高权力机关为美国国会。华盛顿是美国联邦政府机关与各国驻美国大使馆的所在地，也是世界银行、国际货币基金组织、美洲国家组织等国际组织总部的所在地，还有很多博物馆和文化史迹。

华盛顿哥伦比亚特区所在地，原来是一片灌木丛生地，只有一些小村庄。被选定为首都后，为了纪念哥伦布发现新大陆，将此地命名为华盛顿。但是，首都还没有建设完成，华盛顿便于 1799 年故去了。联邦政府和国会为了纪念他，在 1800 年建设完成后，把首都正式命名为华盛顿。现在人们所称的首都，是指联邦政府机构占的地区，哥伦比亚特区是居民所占有的地区。

午饭后，安排好大家的住宿后，便出发去华盛顿游览。由于这一天是 1 月 20 日，在国会大厦门前的广场，刚好是美国总统小布什就职典礼，国会大厦周围的保安警察不是很多。由于国会周边的参观景点已全部封闭，只能到外围参观了。我们先后参观了肯尼迪艺术中心、黄沙战役纪念像、水门大楼、中国驻美大使馆。

21 日早晨 9 点，我们去美国国家住宅建造商协会研究中心参观。由于我们要求去的单位，旅行社没有联系上，就联系了这个单位。但是，我们不知道这个研究中心是研究什么内容的，与模板、脚手架是否有一点关系。导游说已经联系好了，研究中心也已做好接待准备，征求大家的意见后，既然人家已准备好，我们就去看一下了。

研究中心领导对我们的到来十分欢迎，简单介绍了研究中心的研究工作和绿色建材的有关内容。研究中心内有不少中国人，其中有一位叫莫争春，是一位研究员、博士。他们陪同我们一起参观了绿色建材的试验厂，最后，我们一起在室内拍照合影。

参观研究中心也是有收获的，当时听了绿色建材的介绍还有些新奇，对"绿色建材"的称呼还是第一次听到。据介绍"绿色建材"又称生态建材、环保建材和健康建材，绿色建材不是指单独的建材产品，而是对建材"健康、环保、安全"品性的评价。在国外，绿色建材早已被广泛应用，在国内它只是作为一个概念刚开始为大众认识。

几年后，我国也重视在建筑、装饰施工中的各种环保工作，也就有了绿色建材、绿色建筑、绿色施工、绿色模板等各种称呼了。

我们在华盛顿只有一个下午的时间浏览了，时间十分紧张，匆匆忙忙地游览了国会大厦、白宫、法院、林肯纪念馆等，还去了独立大道和宪法大道。

22 日早晨 9 点半，我们乘汽车一路出发前往费城，费城是美国最老、最具有历史意义的城市之一，在华盛顿建市之前，曾是美国的首都，因此，在美国历史上有非常重要的地位。费城是美国第五大城市，仅次于纽约、洛杉矶、芝加哥和休斯顿，著名景点有费城艺术博物馆和马特医学博物馆等。高等学校有宾夕法尼亚大学、德雷塞尔大学等。

到达费城已是 12 点 40 分，当时已是大雪纷飞。午饭后，我们参观了独立宣言大厦，并在大雪中照了一张相片，就匆匆赶路。离开费城后，雪越下越大，我们还是第一次遇到这么大的雪。当时我坐在副驾的位置，汽车开了十多分钟，前面的玻璃上就已经落满了白雪，司机只能马上停车，拿扫把扫雪，我也拿着毛巾，擦汽车内玻璃上的雾气。马路上一路有扫雪车，扫的雪堆在马路边上，过了一会马路上又落满了厚厚一层雪。晚上 5 点，我们才来到了纽约，安排好住房后，一起去吃了一顿大餐，雪还是下个不停。

六、纽约考察经历

纽约是美国第一大城市及第一大港口，纽约与伦敦曾并列为全世界顶级的国际大都市。纽约市的总面积为 1214 多平方千米，人口约 862 万人，它由布朗克斯区、布鲁克林区、曼哈顿岛、皇后区、斯塔滕岛等五个区组成。

曼哈顿岛是纽约的核心，面积仅 57.91 平方千米，但这个小岛却是美国的金融中心，这里还集中了世界金融、证券、期货及保险等行业的精华。位于曼哈顿岛南部的华尔街是美国财富和经济实力的象征，也是美国垄断资本的大本营和金融寡头的代名词。曼哈顿的唐人街是西半球最为密集的华人集中地。

纽约还有哥伦比亚大学、纽约大学、洛克菲勒大学等名校。著名景点有自由女神像、大都会博物馆、时代广场等。

23 日早晨，我们很早就起来了，因为我们在纽约只有一天的活动时间。外面已经不下雪了，但是，地上的雪已有厚厚的一层。

第一站要游览闻名已久的自由女神，自由女神像是自由的象征，据说是法国在 1876 年赠送给美国独立 100 年的礼物。法国著名雕塑家巴托尔迪历时 10 年完成了雕塑工作，自由女神像置于一座高 46 米的混凝土台基上，整座铜像的骨架用了 120 吨钢铁，外皮用了 80 吨铜片，共用了 30 万只铆钉装配固定在骨架上。

由于天气寒冷，又下了一天大雪，地上到处是雪，河水已经封冻，无法过河去看自由女神，只能隔河瞭望了。

接着我们去看了世贸大厦的原址，那里正在建设一座大楼，当时也不知是什么大楼。世贸大厦中心是美国纽约曼哈顿的一个建筑群，共由七座大楼组成。2001 年 9 月 11 日，恐怖分子劫持两架民航飞机撞的是双子楼即"北楼"和"南楼"，其余五座建筑物也因受震坍塌了，造成重大人员伤亡事故，震惊了全球。

目前，重建的是五座新世贸大楼及一座受害者纪念馆，到 2014 年 11 月，世贸大厦中心一号、四号、七号大楼已建设完成，其余三座大楼计划于 2020 年前完成。

这重建的六座大楼是在原址的附近建造的，而在 9.11 事件的原址上，新建了一座世贸购物中心商场，从 2004 年开始建设，到 2016 年建设完成，耗资 44 亿美元。

下一站我们去了华尔街，它位于曼哈顿岛南部，是美国的金融中心。这里还集中了世界金融、证券、期货及保险等行业的精华。著名的纽约证券交易所，几个交易所的总部，如纳斯达克、美国证券交易所、纽约期货交易所等也在这里，华尔街可是对整个美国经济具有影响力的金融市场和金融机构。

23 日下午，因为我们时间非常紧张，只能快速地去联合国总部大厦、中华人民共和国总领事馆、百乐门大街等地看了一下，拍了几张照片。

晚上，大家还不辞辛苦、抓紧时间到时代广场去看一下，那时，时代广场已经是一片灯火辉煌。时代广场是曼哈顿的一块繁华街区，时代广场原名朗埃克广场，后来，因《纽约时报》在这里设立总部大楼，因而正式名改为"时报广场"，别名是"时代广场"。纽约时报广场位于百老汇剧院区，被称为世界娱乐产业的中心之一。

24 日，由于天公不作美，在纽约赶上了暴风雪，旅行社又将住宿安排到距离市区很远的地方，并且机场不在住处附近，要到较远处的机场乘机。我们 4 点半就起床，没有吃早餐，凌晨 5 点出发，8 点 30 分匆匆赶到肯尼迪机场。听说肯尼迪机场是美国最大的机场，但机场已很破旧，许多地方的混凝土地面都破裂了。

安排好行李托运和登机手续后，导游就与我们告别了。我们登上了飞机就位后，就等着飞机起飞了。等了 2 个多小时后，获知飞机发生故障，需要更换飞机，我们拿了行李，下了飞机。

但是，不知道在哪里办理登机手续，幸好姜传库、小高等几位的英语较好，找到了办理登机的地方。只见许多外国人静静地在那里排着队，可是没有办理登机的人。

经过在机场一天的周折，大家已有 10 多个小时没吃饭，结果还是没有拿到直飞到旧金山的机票，只拿到下午 5 点 29 分的先飞到亚特兰大，再转飞往旧金山的机票。不知什么原因，飞机又晚点了一个多小时，到亚特兰大时，飞往旧金山的飞机已飞走了，只能改签第二天早上 8 点 34 分的飞机，经过姜传库等与机场交涉，机场给我们安排了住宿。

七、从旧金山到北京的经历

25 日 9 点 45 分，飞机到达旧金山机场，下飞机后，马上去取行李、办理登记手续，此时已到 11 点了。由于已安排 13 点 35 分从旧金山去汉城，所以不能再出机场，原来在旧金山安排到美国西蒙斯（SYMONS）的公务活动和游览旧金山的行程全部取消！如果早知道这次是到旧金山机场一游，就不必来了。

按照合同安排，25 日由旧金山直飞北京，在没有与我们商量的情况下，旅行社又一次改变行程，将机票改为由旧金山到汉城，在汉城住一晚上，第二天早晨再飞北京。在美国出发前，我们一再询问到汉城有无接待，住宿如何安排，他们多次讲汉城机场会安排吃住。

19 点 30 分到达汉城机场，办理转机和住宿时，机场工作人员查阅电脑后，讲旅行社没有安排吃住。我们马上与中商旅行社业务人员联系解决办法，用手机通话 8 次，他们不考虑我们经过 48 个小时旅行的劳累，尽快安排我们住宿，却让我们在机场等候他们与航空公司交涉。我们在办理处足足等了 3 个多小时，大家又饿又累。最后，还是协会先垫付费用，其中还借了团员的部分美元，自行安排了食宿。此时，已经是晚上 11 点多了，大家连吃饭的力气都没有，我们派人购回便餐时，许多人都已经睡觉了。

27 日，我们乘 10 点 30 分的飞机，只飞了一个多小时，于 11 点 40 分终于平安到达北京。

八、结语

大家一定认为出国考察是可以游山玩水，观景购物的一桩美差。可是，这次美国考察活动中，我们恰是早起晚归，东奔西走，有时还要忍饥挨饿。特别是中商旅行社4次无故改变行程，打乱了原来安排好的考察活动；在纽约还碰上了一场暴风雪，在机场又遇到了飞机发生故障和多次延误，对这次考察活动的收获和印象大打了折扣。

当然，美国之行也是有收获的，参观了混凝土博览会，到西蒙斯（SYMONS）等几个公司进行了考察，看到了许多新型模板和脚手架，开阔了眼界，增长了见识，学到了不少东西，获取了许多有价值的模板、脚手架资料。

2021 年 3 月 10 日于北京完稿

2006 年赴澳大利亚、新西兰技术考察记忆

中国模板脚手架协会　縻加平

2006 年 3 月，应澳大利亚 SPI 模板公司和 DCI 公司邀请，协会一行 21 人，赴澳大利亚和新西兰进行模架技术考察。希望通过这次考察，对澳大利亚的模架技术及市场情况，以及当地的风土人情有所了解。

SPI 模板公司的总公司是盛品国际股份有限公司。2005 年协会应邀分两批组织会员赴台技术考察，同年盛品公司参加协会在海南召开的"全国新型模架应用技术研讨会"，并做了关于滑模技术的报告。

DCI 模板公司的产品科康模板在青岛建筑工程中得到应用。董事长安迪·期托卡先生也多次来协会，介绍科康模板的技术和应用情况，并希望能在国内刊物上推广，为此我在《建筑施工》上发表了《澳大利亚科康钢模板的应用技术》一文。

一、悉尼、堪培拉考察经历

3 月 31 日晚上我们乘坐 QF192 航班 21 点 40 分飞往澳大利亚第一大城市悉尼，悉尼是澳大利亚历史悠久、面积最大和人口最多的城市，拥有发达的金融业、制造业和旅游业，是 2000 年奥运会的主办地。

悉尼歌剧院是澳大利亚的地标建筑，外形像建在海港上的贝壳般的雕塑，看起来像一只准备出海的巨船。经过 16 年的建设，于 1973 年完工，耗资超过 1 亿美元，是世界著名的建筑之一，也是世界著名的表演艺术中心。

4 月 2 日早餐后，我们游览悉尼南部与太平洋交接的海湾区，路过悉尼皇家植物园，该园建于 1816 年，据说公园中有 7500 多种植物。一路经过达令港，它是悉尼最美的港口，附近有很多古建筑，还有很多沿岸餐厅。再往前走，就到了歌剧院和海港大桥的对面。悉尼海港大桥号称世界第一单孔桥，也是唯一允许攀爬的桥，但攀爬要提前预定且收费很高，从这里看歌剧院和海港大桥的外观非常漂亮。

海德公园是悉尼最古老的公园，公园中心有一个喷水池，还有一个澳纽军团纪念馆，海德公园旁边是圣玛丽教堂，最后到了游艇船码头。

午饭后我们乘车到达首都堪培拉。在 100 多年前，这里还是一片不毛之地。1901 年澳大利亚联邦政府成立以后，为定都问题，悉尼和墨尔本两大城市争执不休，直到 1911 年联邦政府通过决议，在两个城市之间选择了这块地方。

1912 年，联邦政府搞了一次世界范围内的城市设计比赛，最后选中了美国著名设计师伯里·格里芬的设计方案，前后共建了 14 年，终于在 1927 年建成。后来又为确定首都的名字商量了很长时间，最后采用了当地居民的传统名称——堪培拉，意思是"汇合之地"。

我们首先参观了位于国会山上的联邦国会大厦，大厦的顶端是一个 81 米高的巨型旗杆，在城市各处都可看到。国会大厦有六层，有 4500 多个房间，少数展厅和房间对

外开放。再往前就到了中国大使馆。

4月3日9点，乘车前往 HUME 考察 DCI 模板公司（图1），公司董事长安迪·期托卡先生很热情地接待我们。安迪先生介绍了公司产品情况，并带我们参观了模板产品和工厂。

图1　参观 DCI 模板公司

他让几个人站在模板上，体验一下模板承载能力。看完模板产品后就地拍了一张合影照片。

DCI 模板公司成立于1994年，公司的规模较小，职工人数约20余人，办公室也较简陋，但很注重生产设备和技术的投入。科康模板技术已获得澳大利亚政府有关部门颁发的十一个奖项，在包括中国在内的多个国家取得发明专利权，在我国青岛和威海的建筑工程中也已经试用。交流活动结束后参观了模板生产工艺，厂房内比较宽敞，但也有些混乱。

科康模板是一种全钢模板，部件很少，结构简单，只有波纹拱形钢模板、槽形梁模板、马镫形支承件三种部件。车间内只有几台成型机，这些机械比较简单粗糙，像是公司自己设计制造的。公司为了接待我们，工人放假一天。

我们参观了厂内几个车间，都是用这种模板施工的。科康模板的适用范围主要用于多种结构的楼板和顶板施工，尤其适用于跨度较大的车库、仓库、多层厂房等建筑的楼板施工，也可用于墙体施工。

3日下午，离开科康模板公司后，我们到格里芬湖游览，格里芬湖是一个人工湖，长度20多千米，是以堪培拉城市设计师的名字命名的。来到堪培拉一定要欣赏格里芬湖的喷泉美景，喷泉水柱高达137米。

4月4日8点半，乘车前往 SPI 模板公司考察，公司在离悉尼45千米远的 INGLE-BURND。公司领导接待非常热情，介绍了 SPI 公司的生产和业务情况。

4月5日早上，我们乘车前往 NTP 建筑公司参观，公司负责人简单介绍了公司和施工工程的情况。施工工地很整洁，安全措施很到位，施工工具也较先进，如安全防护网、盘扣式脚手架、铝框胶合板模板等。混凝土施工质量也很好。

接下来参观了悉尼2000年奥运会的主体育场，可容纳11万名观众。体育场门口有许多钢柱，柱上刻着一些英文，当时我们感到非常奇怪。后来我才知道这些英文都是人名，是为了表彰这次奥运会作出贡献的志愿者。

我们在体育馆里面参观了一下，见有很多清水混凝土圆柱子，圆柱的表面质量还较好，但是表面还是有不少缺陷。

二、布里斯班、黄金海岸考察经历

4月5日下午15点，我们乘QF532航班于16点35分到达布里斯班。布里斯班是澳大利亚第三大城市，也是昆士兰州首府，曾是流放囚犯之地，年均日照7.5小时，有"阳光之城"的美称。布里斯班之名源于当年在这里发现一条河，为纪念这一地区的总督托马斯·布里斯班，命名为布里斯班河，该城也就以此为名。

布里斯班是一座现代化城市，市内有大小公园170多处。布里斯班市政厅建于1930年，是澳大利亚最大、最富丽堂皇的市政厅，大楼正门上，矗立着一座106米高的钟楼，每15分钟敲打一次。在钟楼上有一个观望台，游客可乘坐电梯上去。

接下来乘车前往黄金海岸，中途路过一个叫袋鼠角的地方，袋鼠角是布里斯班河的一个河套，地势较高，可以俯瞰布里斯班河和对岸的一群高楼。叫袋鼠角但是看不到袋鼠，一说是这个海湾像袋鼠的一条尾巴；二说是以前这里袋鼠泛滥成灾，政府号召捕杀袋鼠，后来袋鼠是都杀没了，但袋鼠角的名字还存在。

4月6日早餐后，我们去了黄金海岸沙滩，黄金海岸每年有两个月的秋天，其他都是夏天，得天独厚的环境使得这座城市一年四季都是旅游胜地。黄金海岸的沙滩线是由数十个大大小小的海滩组成，这条沙滩线上，最有名的沙滩是冲浪者天堂、布罗德海滩与梅茵海滩。

离开黄金海岸沙滩就到了渔夫码头，码头边停了各种各样、大大小小的游艇，有的游艇上还有小木屋。在渔夫码头附近有一个豪华的酒店，据说是六星级的酒店，在澳大利亚也是顶级的酒店，还有人说是富豪山庄。在天堂农场还可以观看牧羊犬赶羊和剪羊毛表演，只见一个工作人员拉住一只羊，用大型电动剃毛刀，仅用几分钟就把这只羊变成了无毛羊。一天的参观活动，内容很丰富，也很疲累。

三、奥克兰、罗托鲁亚考察经历

新西兰国内高楼建筑很少，因此，具有一定规模的模架企业也较少，如ADVANCED SCAFFOLD PTY LTD、PACIFIC SCAFFOLDING LTD、A-2-RIGGING—SCAFFOLDING等企业，产品营销立足于本土，向外拓展性不强。产品有钢和铝合金脚手架，十分重视产品的技术和质量，更强调产品的安全性，要求产品质量符合本国或英国脚手架安全认证体系，所有操作工人都必须持有脚手架现场施工安全证书。

4月7日，我们前往布里斯班机场，乘QF115航班，于14点50分到达新西兰奥克兰机场。奥克兰是新西兰最大的城市，是新西兰的经济、文化、航运和旅游中心，也是新西兰最大的港口城市，同时还是全世界拥有帆船数量最多的城市，故被称为"帆船之都"。

奥克兰的原住民是毛利人，后来欧洲人大批移民到这里后，使毛利人急速减少。直到 1840 年奥克兰建城时，当地居民只有 2000 人。当年英国人还与当地毛利人签订了"怀唐伊"条约，仅用了六英镑就把这块土地买了下来。

在奥克兰市区见到了地标建筑天空塔，以及情人湾和建于 1959 年的新西兰第二长公路桥——海港大桥。

随后我们去了伊甸山，由于这里原来是个火山锥，地势较高，可以俯瞰奥克兰市区全景，现在这里已是一个观光点了。

4 月 8 日，我们去了地热公园，观看著名火山地热喷泉，据说新西兰由南北两个岛组成，北岛是由火山喷发而形成的，到处都是一个个的火山锥，大多是死火山，到处雾气腾腾，喷泉是间歇的地热喷泉，间隔时间约一两分钟。喷泉喷发最强时可达数丈高，其蒸气直冲云霄。

我们还去了罗托鲁亚城郊的一片红杉树林，树种是从美国夏威夷引进的，树林里的树木很多，主干最粗的直径达一米多。据说这些红杉树只种了三十多年，而在夏威夷要六十年才能长成这样。

下一站是罗托鲁亚湖，该湖是新西兰北岛的第二大火山湖，湖面的面积有 80 多平方千米，在新西兰排名第十，由火山喷发形成。

附近的罗托鲁亚政府皇家花园曾是英国国王的行宫，专门用于接待英国王室人员。此处在历史上发生过多次重大战役，于当地毛利人具有重要意义。

4 月 9 日返程途经汉密尔顿，汉密尔顿是新西兰怀卡托大区的一座城市，位于新西兰北岛北部，是新西兰第四大城市。汉密尔顿位于怀卡托河畔，怀卡托河贯穿市中心。

汉密尔顿花园是一座很奇特的花园，位于新西兰北岛，占地面积 58 公顷，公园分天堂花园、景观花园、经济花园、神奇花园和文化花园五大部分。由于当地的气候温和，一年四季都可以看到公园里的特色树木和花草，并且还是免费开放的。

汉密尔顿还有一座名校——怀卡托大学，该校成立于 1964 年，是新西兰八所公立大学之一，在世界上享有很高的知名度。全校的学生有 12500 多名，国际留学生有 2200 多名，来自世界 70 多个国家。还有汉密尔顿手表在世界上也很闻名。

四、墨尔本考察经历

4 月 10 日早上，我们乘 QF026 航班，于 8 点 35 分到达澳大利亚墨尔本。墨尔本是澳大利亚的第二大城市。墨尔本是世界著名旅游城市和国际大都市，有"澳大利亚文化之都"的美称。

1835 年以前，墨尔本基本上没人居住，到了 1851 年发现了金矿，于是世界各地的淘金人纷纷来到这里，其中包括大量华人。墨尔本的人口迅速增加，形成了一个富有的大城市。

墨尔本是以英国首相威廉兰姆的第二代子孙——墨尔本子爵的名字命名的。1901 年，墨尔本被定为澳大利亚的首都，但当时悉尼城市也发展起来了，人口、工商业的发展也高于墨尔本，于是两个城市争夺联邦首都的地位，使得定都的问题陷入僵局。为了平衡两城之争，在 1911 年双方决定，将首都设在两城之间的堪培拉。

下一站就到了圣帕特里克大教堂，这是天主教墨尔本总教区的主教座堂，是澳大利亚最高的天主教堂，建于 1897 年，由著名的建筑师威廉·华德尔设计。建筑大部分用青石建成，整体建筑形式以歌德式的建筑风格为主，是 19 世纪时期最具代表性的建筑之一，在国际上享有一定的知名度。

教堂上方的三座很高的尖塔到 1939 年才建成，最高尖塔高 105 米，外观宏伟，装潢华丽，内部的木雕和石匠技术极为高明。这里是旅游参观的重要景点之一。在教堂的附近还看到有一个喝水的地方，上面放着一只石雕大碗，下面用金字写着：喝了这个水，就不会再渴了。

再往北走是弗林德斯火车站，又称墨尔本中央火车站，也称弗林德斯大道火车站，是墨尔本最漂亮、古老的火车站。由于墨尔本发现金矿后，大批淘金人纷纷来到这里，于是在 1909 年建设了澳大利亚第一个火车站，也是墨尔本都市区交通网中非常重要的火车站。这座百年火车站还是文艺复兴式的建筑物，并已列入维多利亚州的遗产。

10 日下午，我们到达菲利普岛。该岛以神仙小企鹅闻名于世，一进自然公园区，有一条木质通道，弯弯曲曲一直通向海边，通道的两旁都是一片小山丘，上面长着一片灌木丛，里面有数不清的小洞穴。据介绍，小企鹅在这里已有千年的历史，它们在沙丘中筑窝，每天早出晚归。

4 月 11 日早餐后，我们乘车去游览皇家植物园，它位于国王公园旁边，植物园按 19 世纪园林艺术进行布置，公园占地约 40 公顷，是全世界设计最好的植物园之一。园中种植了很多罕见的外来珍品，以及澳大利亚当地的特有植物，汇聚了国内外约一万多种植物。另外，还有很多历史名人亲手种下的纪念树，如维多利亚总督官拉特罗布、英国女王维多利亚的丈夫艾伯特亲王等。自 1845 年开园以来，植物园不断收集世界各地的植物，才达到今天的规模。

接着参观了墨尔本战争纪念馆，这是为了纪念第一次世界大战中，在欧洲战场上牺牲的一万九千名维多利亚州士兵而建造的。纪念馆建于 1934 年，位于墨尔本皇家植物园旁边，是一座规模较大的纪念馆。建筑采用了希腊古典式的设计风格，纪念馆的正面有一些浮雕，取材于古希腊神话中的和平女神的图案，象征着这些士兵为和平而战。

纪念馆前面有一个广场，广场的北端有一座纪念碑，纪念碑的顶上，有一个战士扛着牺牲者尸体的雕像，下面刻有 "1901—1945" 的文字。纪念碑旁还有一个圣火坛，是英国女王伊丽莎白二世在 1956 年亲手点燃的。

墨尔本的联邦广场非常有名，地处墨尔本的中心，南边是亚拉河畔，北边靠近弗林德斯火车站，西面是基尔达路，是一个开放式的多功能广场。联邦广场的建筑群风格是一种抽象的超现实的模式，有世界十大丑建筑之一的伊恩波特中心，联邦广场的设计也曾获得 1997 年英国伦敦雷博建筑设计大奖，已是世界著名的观光景点之一。广场附近有古色古香的墨尔本市政厅，有跨越墨尔本的雅拉河上的王子桥，高塔下是维多利亚艺术中心。

从弗林德斯火车站越过王子桥，再沿圣基尔达街步行前进 5 分钟就可以看到维多利亚艺术中心。维多利亚艺术中心于 1973 年开始建设，到 1984 年建成，艺术中心内有一个高达 162 米的尖顶剧院和维多利亚剧场，有墨尔本音乐厅、表演艺术博物馆和展览厅，以及一个圆形露天剧场。

联邦广场不远处有一座教堂，圣伯多禄大教堂是墨尔本较大较高的天主教堂。这座哥特式建筑风格的大教堂，大部分用青石建成，由英国著名建筑师华岱负责设计。1897年10月教堂正式启用，但教堂的三座尖塔直到1939年才建造完成。

墨尔本市政厅建于1870年，也是墨尔本的标志性建筑之一，建筑设计采用了庄严雄伟的建筑风格，反映了这座城市淘金热时期的富裕和繁荣。外观很美，在廊柱和大门上有代表澳大利亚的四种动物。市政厅顶部有一个巨大的阿尔弗雷德王子塔，塔上有一个很大的时钟，时钟的质量达到8.85千克。市政厅内部有一个音乐厅，其中有一台巨大的管风琴，是由八千多支管装配而成，大管风琴以其妙不可言的音响效果给人留下深刻印象。

菲兹路易公园是墨尔本五大公园中面积最大的公园，建于1857年，公园内的林荫小路上，是一幅巨大的英国米字国旗图案。后经过几次整修和树木种植，使公园更充满天然情趣和清净雅致的氛围。

菲兹路易公园内还有澳大利亚最著名的库克船长的故居，它是一幢很小的小屋，看起来很简单、粗糙，但很朴实，斜顶铺瓦、石砌墙面，透出古老的沧桑。库克船长是最早登上澳大利亚大陆的英国人，被视为澳大利亚的开国者。1728年，库克出生在英国的这一座小屋里，1934年墨尔本建市100周年大庆时，澳大利亚一名实业家出资800英镑，将库克船长在英国的故居买下，作为礼物送给墨尔本市民。人们把这座故居拆开运到墨尔本，再照原样在这里组建而成。

11日下午，这次出国考察活动基本完成了，明天早上就要回国了。导游再次带我们去参观墨尔本晚上的市容，最后去了澳大利亚土特产免税店。据说澳大利亚也有十大特产：澳洲葡萄酒、羊毛制品、绵羊油、深海鱼油、袋鼠精胶囊、蛋白石、澳洲玉、皇帝蟹、土著编织、澳洲龙虾。大家对前五个特产更感兴趣，购买得较多。

4月12日早上，我们前往墨尔本机场，于7点25分乘QF191航班，到悉尼机场转机，在20点10分到达北京首都机场。最后，大家各自取了行李，相互告别。

五、澳大利亚考察见闻

由于澳大利亚人口稀少，国内建筑工程量相对较少，因此，澳大利亚的模板企业也很少，模板企业大约有十多家，主要有BOYAL公司、PCH公司、GCB公司、ROYAL PLYWOOD公司、WIDEFOYM公司等。外国有不少知名的跨国模板公司，先后到澳大利亚设立了分公司，如德国的PERI公司和MEVA公司、奥地利的DOKA公司、美国的SYMANS公司和EFCO公司、英国的SGB公司和RMD公司、加拿大的ALVMA公司等，有些国外模板公司已在澳大利亚待了60多年，并已成为澳大利亚主要的模板公司。

RMD模板公司是英国INTERSERVE PLC集团在澳大利亚的全资子公司，是国外企业在澳大利亚最大的模板公司，是专门从事模板、脚手架、支架及其配件的设计、制作、租赁和销售的专业公司。该公司于1953年在澳大利亚创立，多年来，在澳大利亚全国主要地区设立17个分部，形成一个完善的经营网络，从咨询、签订合同，到设计制作、送货调配、安装施工、财务结算等实行全国联网。该公司不断开发了各种新产品，在模板方面有铝合金墙模、铝合金飞模、铝合金梁模、爬模、塑料模板等。在脚手架方面有早拆支架、铝合金支柱、三角形强力支架、超强承重支架、圆盘式脚手架等。这些产品在桥梁、道路、矿井、商场、塔台、高楼、场馆等工程建设中已得到广泛应用。著名工程有悉尼体育场、墨尔本容纳 10 万观众的大看台、昆士兰隧道、布里斯班大桥等。

BORAL 模板公司是澳大利亚最大的模板公司，现有职工 4700 名，在泰国、印尼等国家有 2500 名。该公司在模板方面的主要产品有钢框胶合板模板、木胶合板模板、铝合金框胶合板模板、桥梁模板、异形模板及各种模板配件等。在脚手架方面的主要产品有插销式脚手架、V 字形支撑系统、铝合金支柱、木工字梁等。

澳大利亚模板行业的发展有四种趋势。

（1）模板和脚手架向体系化方向发展。澳大利亚的模板公司虽然不多，但是有许多著名的国外模板公司已经进入澳大利亚建筑市场，因此，澳大利亚的模板和脚手架总体技术水平较高，多种先进的模板、脚手架体系已得到大量推广应用。

（2）模板和脚手架向轻型化发展。澳大利亚人口稀少，模板工人的工资很高，并且在模板施工中规定，模板质量不能超过 25kg，如果超过 25kg，必须由 2 人操作。因此，为了使模板和脚手架轻型化，开发和采用铝合金模板及铝合金支撑，以减少人工费用。

（3）在经营理念上，他们已抛弃与同行之间陈旧的对手关系及原始的价格竞争，而是致力于新产品、新技术的开发，提供完善配套的综合服务，承接大型工程项目。

（4）现场浇注混凝土向工厂预制混凝土方向发展。随着装饰混凝土和模块式建筑的推广应用，为了减少室外作业，减轻工人劳动强度，改善劳动条件，正在发展预制混凝土墙、板工厂和房屋工厂。

澳大利亚和新西兰都是社会福利较好的国家，职工的权益得到充分保障，职工的工资较高，尤其是对在室外作业和劳动强度大的工种，如模板工人的工资一般可达 55～60 澳元/小时，但是招收模板工人仍然十分困难。因此，建筑公司除了提高工人的待遇外，还要改善工人的劳动条件，采用轻质高强的模板和脚手架，减轻工人劳动强度，提高施工工效。

六、澳大利亚的十大趣事

1. 库克船长是最早登上澳大利亚大陆的英国人，他指着一只动物问身边的土著人，它叫什么名字，土著人没有搞清他问的是什么意思，顺口回了句"Kang－a－roo"，库克船长以为是这只动物的名字，便把这句话仔细地记在手册里。后来，有几位传教士来澳大利亚想看"Kang－a－roo"是什么样的动物，便四处打听，所问之人都是十分迷茫。后来，这几位传教士终于明白了，原来土著语里"Kang－a－roo"的意思是"我不知道你手指的是什么"，所以，袋鼠的名字在英语里就以"Kang－a－roo"这个词流传下来。但是，袋鼠在汉语中描述得比较贴切，因为袋鼠有"袋子"。

2. 2000 年悉尼奥运会的铜牌是用什么做的？1992 年澳大利亚发行过面值一分硬币，但是，由于这个一分钱设计得有些大，也较厚，不便于人们使用。于是在奥运会期间，回收了这些一分钱币，将它们融化后，做成奥运会铜牌。

3. 悉尼歌剧院是如何设计的呢？很多人都认为它的设计灵感来自风帆或贝壳，可事实上，设计师的灵感来自橘子。据说，当时设计师约恩·乌松正在剥橘子，不想看到剥落的橘子皮模样，马上给了设计师设计灵感。

4. 澳大利亚是个农业国家，牛羊、袋鼠、兔子等动物很多，它们的粪便给苍蝇生长提供了温床。所以，澳大利亚的苍蝇非常多，而且分布很广，苍蝇喜欢绕着人的面部和嘴部飞舞，原因是它们喜欢有水分分泌的地方。为防止苍蝇飞进嘴里，澳大利亚人不得不加快语速，减小张嘴幅度。

5. 由于澳大利亚苍蝇很多，人们会不自觉地伸手赶苍蝇，于是这个动作被称为"澳式招手"。另外，澳大利亚的俗语有不少与苍蝇有关，如"身上没有苍蝇"，指这个人较明智；"不伤害这只苍蝇"，形容此人为人温和；"与苍蝇喝酒"，是自斟自饮的意思。

6. 过马路前都要看红绿灯，中国的红绿灯是定时的，而澳大利亚的红绿灯大都是不定时的。行人过马路时，需要按指示灯的按钮，等指示灯变成绿色才能过马路。澳大利亚的公共汽车在运行时，司机不会报站名的，乘客在快到站时，要提前按下扶手上的红灯按钮，提醒司机下一站停车。

7. 澳大利亚的袋鼠种类很多，除了用"Kang－a－roo"来叫的袋鼠外，还有其他种类的袋鼠，如个头较小、但很机灵的袋鼠叫"Wallaby"；短尾巴、还有点笑脸的袋鼠叫"quokka"；树袋鼠叫"tree Kanga roo"；还有生活在岩石缝里，与猫一般大的袋鼠叫"rockwallaby"；还有一种叫"Euro"的袋鼠。

8. 澳大利亚的兔子是外来物种，由于澳大利亚没有凶猛的野兽，所以繁殖很快，并已到了泛滥成灾的地步，严重影响人们的生活，政府也曾号召捕杀兔子。所以，澳大利亚人对兔子也特别忌讳，认为兔子是一种不吉利的动物，人们看到它都会感到倒霉。

9. 袋鼠是澳大利亚的特有物种，不但品种多，数量也多，有 4400 万只袋鼠，而且用处也不少，如食品方面有袋鼠肉，药材方面有袋鼠精胶囊。就是澳大利亚国徽中的动物，也选用袋鼠，原因是袋鼠不能倒退，只能前进，体现了一种前瞻性的文化。

10. 澳大利亚有 90% 的人居住在沿海地区，是城市集中度最高的国家之一，另外，它又是人口密度最低的国家之一，平均每平方公里只有 3 人。澳大利亚有 25%～30% 的人出生在海外，或父母有一位出生在海外，有 30% 的移民来自英国、中国、越南和中东。澳大利亚有 200 多种语言和方言，还有 200 多种不同类型的文化。

七、澳大利亚的十大拥有

（1）拥有世界上最多的海滩，如果每天游览一个海滩，则需要 27 年才能游览完所有的海滩；

（2）拥有世界上最具异国风情的动植物群，数量超过 10%；

（3）拥有世界上最长的围栏，全长达 5614 千米；

（4）拥有世界上最大的珊瑚礁——大堡礁，它以浮潜和潜水而闻名；

（5）拥有世界上两种稀有产卵的哺乳动物——鸭嘴兽和针鼹鼠；

（6）拥有世界上最长的高尔夫球场，长约 1300 千米；

（7）拥有世界上最大的养牛场，它比以色列的面积还要大；

（8）拥有毒蛇 17 种，蜘蛛 1500 种，蚂蚁 4000 种；

（9）拥有绵羊的数量超过澳大利亚全国人口的三倍；

（10）拥有丰富的矿产和金属，是世界第四大黄金生产国。

2022 年 2 月 28 日于北京完稿

2006 年赴韩国技术考察记忆

中国模板脚手架协会　糜加平

2006 年 8 月，应韩国金刚工业株式会社（以下简称金刚公司）的邀请，中国模板协会组织模板、脚手架技术考察团一行 18 人，赴韩国进行模板、脚手架技术考察。参加这次考察活动单位大部分都是协会之中有较大知名度的模板和脚手架公司，其中浙江中伟建筑材料有限公司正在与金刚公司合作开发钢框胶合板模板。金刚公司热情地接待了考察团并精心安排参观了该公司的四个生产厂和两个模板施工工地。2004 年 7 月协会曾组织赴韩国模板技术考察团，相较于先前考察的专业桥梁模板公司和专业建筑模板公司来说，此次考察的金刚公司生产规模较大、生产工艺也较先进。8 月 23 日，16 时 50 分我们一行 18 人乘坐 QZ316 国际航班，前往韩国釜山机场，于 19 时 50 分到达釜山机场，金刚公司的海外营业部部长金龙源、技术顾问李忠德和翻译王志鹏到机场迎接。随后前往市区饭店吃晚饭，并入住釜山国际观光大酒店。

一、釜山、庆州考察经历

釜山是韩国的第一大港口，也是世界上最繁忙的港口之一，2019 年全球十大集装箱港口的排名，韩国釜山港排名第 6 名。釜山的工业仅次于首尔，尤其在机械工业、造船、轮胎生产方面居韩国首位。釜山的新世界是世界上最大的百货商店，并已列为世界吉尼斯纪录。

8 月 24 日早餐后，在金刚公司领导的陪同下，我们首先去釜山龙头山公园游览。公园位于釜山的市中心，而且这里的环境也很优美，有一个抗日英雄的雕像，公园里有高 120 米的釜山塔，上塔爬到高处可以看到釜山市的景色。

下午，我们乘车到庆州，庆州是千年古都，韩国的主要观光城市之一。庆州曾是统治朝鲜半岛时间最长的新罗王朝的首都，拥有多处文化遗产，在韩国被称为"没有屋顶的博物馆"，是韩国古代文明的摇篮。它代表着拥有近千年历史的新罗王，至今仍有不朽的历史价值。

我们参观了佛国寺、瞻星台等景点。佛国寺始建于公元 530 年，公元 751 年由国相金大城扩建，公元 774 年竣工，被誉为韩国最精美的佛寺。佛国寺的院落布局极具特色，保存了廊院式的风格，尤其是大雄殿前双塔对峙的格局，是中国隋唐时期寺院常见的平面布局形式。1995 年 12 月其被列入联合国世界遗产名录。

瞻星台是古代天文台，在朝鲜半岛有两个天文台，一个在韩国的庆州市，另一个在朝鲜的开城市，这两个城市都曾有一段光辉灿烂的历史。晚饭后，我们入住庆州大酒店。

二、金刚公司考察经历

8月25日早餐后，金部长、李顾问和王翻译等陪同我们，乘车前往釜山脚手架工厂考察（图1），得到了工厂领导的热情接待，负责人简单介绍了工厂的生产和管理情况。接着参观了工厂的布置和生产工艺。釜山工厂生产的产品有扣件、插销式脚手架、钢支撑、脚手板等，工厂内布置比较拥挤，脚手架、钢支撑均采用自动焊接工艺。

图1　与金钢公司座谈交流

午餐后，我们乘车前往彦阳钢管工厂参观，彦阳工厂生产各种钢管，年产量达17万吨。为金刚公司的其他几个工厂提供脚手架和钢支撑所需的钢管、镀锌钢管等。生产工艺都已形成自动化生产线，采用自动焊接工艺。

接着，我们去参观模板施工工地，首先参观了铝合金模板的施工工地，这时，韩国采用铝合金模板施工的工程已较多了。这个工程是高层住宅建筑群，铝合金模板主要用作墙模和楼板模，共有10幢左右的建筑，好像有几幢建筑同时施工，是否都使用铝合金模板就不知道了。

参观的第二个施工工程是多层民用住宅，采用轻型钢模板和钢支撑，这种模板的边框和横肋为矩形钢管，面板为厚3mm的钢板，主要应用于建筑物外部的墙、梁、柱模板施工。其特点是质量轻、使用方便，可多次周转使用。

金刚公司的经营模式很有特色，将经营的多种产品分给四个专业工厂生产，这样有利于产品的技术开发和质量管理，在我国模板脚手架企业中，还没有见到这种模式。另外，两个施工工地使用的模板，是我国还没有使用的新技术。晚上返回到庆州，金刚公司邀请我们吃晚饭，大家欢聚一堂，非常热闹。

8月26日早餐后，我们乘车前往镇川工厂参观，该厂主要生产铝合金模板和脚手板等产品，这种模板的边框和横肋为铝合金型材，面板为铝合金板，采用焊接方式将面板与边框和横肋连成一体。边框的高度也是63.5mm，规格尺寸与钢框胶合板模板相同，其特点是质量轻、装拆简便、通用性强、使用寿命长，可回收重复使用。

午餐后，前往仁川半月工厂参观，工厂生产钢框胶合板模板、异型钢模板和模块式建筑等。钢框胶合板模板边框为高 63.5mm、两端厚 8mm 的扁钢，面板为双覆膜的胶合板，板厚 12mm。模板规格长度为 900～1800mm 四种，宽度为 100～600mm 十一种。其特点是模板质量轻，面积小，搬运和操作方便；通用性强，可适用于各种结构模板施工；施工速度快、施工费用低。

参观完四个工厂，接着就前往金刚公司本部进行座谈，金刚公司领导较全面地介绍了公司生产和经营情况，协会也介绍了考察团成员的情况。金刚公司成立于 1979 年 8 月，是金刚工业集团的下属企业，金刚公司有四个工厂，彦阳工厂生产各种钢管，年产量达 17 万吨；其他三个工厂的模板、脚手架和扣件的年产量达 3 万吨左右。

金刚公司的注册资本为 2486.9 万美元，2005 年销售额达 2.144 亿美元，纯利润为 647.2 万美元。公司现有正式职工 320 人，是韩国最大的模板生产企业，2005 年模板及脚手架的市场占有率达 26％，第二位是三木精工公司，模板市场占有率达 24％，第三位是浩成产业公司，模板市场占有率达 9％。

经过两天紧张的奔走，对四个生产厂和两个工地的考察任务完成了，金刚公司有很多经验和技术值得我们学习。

三、首尔景点游览经历

8 月 27 日，早餐后，我们乘车去第一站参观朝鲜时代宫殿——景福宫，景福宫是朝鲜半岛历史上最后一个朝鲜王朝的皇族宫殿，是首尔五大宫之首，也是朝鲜王朝前期的政治中心。其建于 1395 年，历经多次破坏和重建，所有建筑均是丹青之色。

景福宫在韩国的地位，相当于北京故宫在中国的地位。但是，景福宫与故宫相比，无论在面积、规模及规格上，都没法与北京故宫相提并论。北京故宫是明朝前期建筑，那时，大明威震四海，万国来朝，而且大明是宗主国，朝鲜王朝仅是一个藩属国。所以景福宫建设的时候，只能按照北京城王府的规模来设计。北京故宫在建筑上，显得雄伟壮丽、富丽堂皇，而景福宫给人的感觉像是园林一般。故宫内有宫殿建筑 999 间房，景福宫内的宫殿建筑只有 200 多栋。

韩国国立民俗博物馆就在景福宫内，是展示韩国的传统生活方式的地方，这里展示着相关的近 4000 件民族资料，是韩国唯一的民俗生活历史的综合博物馆。博物馆的大楼像一座高塔，矗立在一层层高的平台上，非常雄伟壮丽，大家就在这里拍了一张有纪念意义的合影。

韩国总统府青瓦台就在景福宫的对面，青瓦台原来还是高丽王朝的离宫，可见这里是一块风水宝地。1426 年，朝鲜王朝建都在汉城（现已改名为首尔）后，把它作为景福宫的后园，修建了一些建筑物，还开辟了一块土地，作为国王的私人耕地。青瓦台是卢泰愚总统在任时新建的。青瓦台主楼为韩国总统的官邸，内有总统办公室、会议室、接见室、居室、迎宾楼等。

2022 年上任的韩国总统尹锡悦，放弃了将青瓦台作为总统府，把总统府迁址到龙山国防部大楼。从此，青瓦台也就能向普通民众全面开放了。

27 日下午，大家去参观了韩国战争纪念馆，纪念馆位于韩国首都首尔，建于 1990 年，1993 年竣工，1994 年 6 月 10 日正式开馆，占地面积 2 万平方米。它是收集、保存和展出历代韩国战争史料的国家级博物馆，是韩国唯一的战争史综合博物馆，也是世界上最大规模的战争纪念馆，馆内收藏有 13000 件战争纪念品和军事装备。

接着，我们去参观高丽参公卖局，公卖局大概就是国营商店，韩国的高丽参是很有名的，买一点回国给家人，或送人都是很好的礼物。

晚上，金刚公司带我们到酒店，去品尝韩国一道名菜——人参鸡，一般到韩国旅游，都会去品尝人参鸡。去韩国饭店吃饭，都会给客人先送上两个小菜，一道是泡菜，另一道是小鱼干。人参鸡这道名菜，就是一只童子鸡和一根人参，再加上一碗鸡汤，味道十分鲜美，吃完这道菜，肚子也就差不多饱了。

8 月 28 日早餐后，乘车前往三八线。朝鲜战争停战协议把"三八线"作为韩国与朝鲜的分界线。

三八线很长，我们到了自由断桥，桥上中间用铁丝网隔开，上面挂了很多布条和标语。又去了统一展望台，可以看到对面朝鲜的景象。

回来时，我们参观了南山韩屋村，该村由韩国古老房屋和庭院组成，将古老韩屋按原建筑模样，进行迁移和复建而成，每个房屋都有自己的来历和一些故事。这里也有一些传统活动，不仅是体验韩国文化的重要场所，也是首尔市民举办传统婚礼的重要场所。

接着去参观了 2002 年韩日世界杯主赛场，韩日世界杯是由韩国、日本共同主办的第 17 届世界杯足球赛，该届是首次在亚洲举办的世界杯，也是首次由两国共同举办的世界杯。

最后，前往明洞、南大门等地的商场购物，明洞是韩国代表性的购物街，街上人头拥挤，热闹非凡，不仅可以购买服装、鞋类、杂货和化妆品，还有各种饮食店等。明洞的商品以中高档为主，大街两旁都是高级品牌的店铺，而南大门的店铺以中低档商品为主。在有些商店门前，还有几个蜡人，欢迎顾客光临。

之后，我们回到金刚公司的本部休息。午餐后，金刚公司送我们前往首尔机场，办理出境手续，在 13 时 40 分乘坐 QZ333 次国际航班，仅飞了 45 分钟，于 14 时 25 分到达首都机场，结束 6 天的愉快之旅，安全回到了北京。

四、韩国模板、脚手架见闻

在韩国的建筑工地上，墙、柱、梁的平面模板，大部分为钢框胶合板模板，钢框胶合板模板体系是从美国西蒙斯公司引进的，该模板体系规格品种较多，可适用于墙、梁、柱、板等多种结构的模板施工。由于钢（铝）框胶合板模板与铝合金模板的规格尺寸基本相同，所以，有很多工程墙面采用钢（铝）框胶合板模板，楼板采用铝合金模板，也有两种模板相互通用，这些我国可以借鉴。

在韩国钢模板主要用作角模、筒模和桥梁模、隧道模等模板。韩国的组合钢模板很少见到，全钢大模板没有看到，可能是小钢模的板面尺寸太小，拼缝多，大钢模的板面尺寸较大，但质量太重。所以，韩国墙面采用轻型钢模板较多，这种模板的板面尺寸较大，质量较轻，一块 1200mm×600mm 的模板质量仅 33kg，便于人工操作，在德国 PERI 和智利等模板公司也已使用。

楼板模板的品种较多，有胶合板模板、塑料模板、铝合金模板和钢（铝）框胶合板模板等。

楼板模板的支架大部分是钢支柱和铝合金支柱，也有使用桁架作楼板模板的支架。梁模板支架采用门式支架较方便，扣件式钢管支架只用于外脚手架，扣件为钢板扣件，没有看到玛钢扣件。

铝合金模板体系在韩国许多建筑工程中也已大量应用，该套模板体系较完整，可适用于墙、梁、柱和楼板模板的施工。楼板模板支柱采用方形铝合金支柱，柱头加上快拆头，形成快拆模板体系，使用效果非常好。这种模板质量轻、使用寿命长、回收率高。但是，铝合金模板的价格也较高，许多模板生产厂都采用租赁方式，这种方式施工企业是能够接受的。

韩国的模板公司大部分是 20 世纪 90 年代发展起来的，生产规模比较小，生产工艺以手工操作为主。韩国的模板系统也是在学习和引进国外先进模板技术的基础上，加以开发和推广应用的。在韩国已建立了多家专业模板生产厂，并形成较完整的模板体系，在许多建筑工程中大量应用。

金刚公司是韩国模板行业中的龙头企业，模板、脚手架、钢支柱、镀锌钢管等产品的生产工艺，都已形成自动化生产线，采用自动焊接工艺。金刚公司能得到快速发展，主要是能不断创新技术，开发新产品，如开发了自动爬模系统、快速支撑脚手架系统等，并申办了专利，还建立了房屋工厂，生产模块式建筑。

2022 年 5 月 20 日于北京完稿

2008 年赴加拿大技术考察记忆

中国模板脚手架协会　糜加平

2008 年 10 月，应加拿大 Aluma 系统模板公司、加拿大 Tabla 建筑模板系统公司和美国 Petent 模板公司加拿大分公司，特别是张健华经理的盛情邀请，中国模板协会组织技术考察团一行 14 人，赴加拿大进行考察。考察期间，我们与 3 个模板、脚手架租赁公司，进行了广泛的技术和市场信息交流，并参观了 4 个建筑施工工地。据介绍，北美洲是最早应用铝合金模板和支架的地区，早在 20 世纪 70 年代初，北美洲的美国、加拿大等国家已开始研究和应用铝合金模板及铝合金支撑系统。由于铝合金模板和支架具有质量轻、装拆简便；使用寿命长、回收率高等特点，目前，在建筑、桥梁和电力等领域已广泛应用，取得很好的效果。

10 月 6 日，我们一行 13 人在首都机场集合，16 时 20 分乘坐 AC030 国际航班，前往加拿大温哥华机场，于 12 时 20 分到达温哥华机场。导游已在门口等待，大家都出了机场后，前往温哥华市区饭店吃饭，入住酒店休息倒时差。

一、温哥华考察经历

温哥华是加拿大最重要的港口城市和重要的经济中心，也是发展速度最快的城市之一，是哥伦比亚省面积最大的城市，是加拿大的第三大城市。世界各地移民来温哥华的人很多，至今温哥华约有三分之一的人口是亚裔，其中华人最多，达到 50 万左右，占总人口的 20%。

1792 年，英国乔治·温哥华海军上校的探险船第一个到达此地，1858 年，有人在温哥华发现了金矿，引起了一股菲沙河谷的淘金潮，约有 25000 名淘金人来到这里，温哥华一带开始发展起来。

19 世纪 80 年代，约 6500 名中国移民来到这里，参加建造了加拿大太平洋铁路，并在铁路附近安家定居，又在温哥华建立了唐人街。1886 年，加拿大太平洋铁路通车后，温哥华正式设立市，并推荐杰克·丹顿为第一任市长。为纪念第一位到达此地的探险者，将此城市命名为温哥华。

10 月 7 日早餐后，我们首先来到了斯坦利公园，这是世界上最著名的城市公园之一，被誉为温哥华人的乐园。公园是一个森林覆盖的半岛。公园内有海滩、湖泊、游乐园等。公园中矗立着原住民所做的图腾柱，手工精细、文化气息浓厚，是游客拍照留念的地方。

接着来到加拿大广场，其前身是加拿大太平洋铁路公司的码头，1982 年成立加拿大海港广场公司。1983 年建成加拿大广场，是温哥华会议中心和世界贸易中心的所在地，广场建在原来加拿大铁路公司的码头上，建筑的顶部竖立有 5 个白帆，整个建筑以巨形帐幕来做外墙，内有会议中心、商场、酒店等，这里现在是温哥华的主要游轮客运码头。

温哥华唐人街也是世界上最为著名的中国城之一，约有一百年历史，占地有六个街区。温哥华唐人街的规模仅次于美国旧金山唐人街，位居北美第二名，约有 5 万华人聚居于此。这里的房屋建筑设计，融合了英国维多利亚时期以及中国传统的古典风格。另外，区内的中山公园是中国之外的中国古典花园。逢年过节，华人在此举办庆祝会、花市、武术、功夫表演等。

接着到了盖士镇，参观著名的蒸气钟。1854 年，一个叫桑德斯的人利用这个散蒸气口的废蒸气，建成这座当时世界上独一无二的蒸气钟。后来世界各国争相效仿，到了19 世纪末，全球建成的蒸气钟多达百余座。

10 月 8 日，全天公务活动。早饭后，我们首先去考察美国驻加拿大的 Petent 模板租赁公司，经理热情地接待我们，简单地介绍公司的情况后，就放映介绍公司情况的纪录片（图 1）。Petent 模板公司是美国历史悠久的模板企业之一，20 世纪 80 年代，它与Symons 模板公司都到中国来介绍模板产品，我还参加过它们的产品介绍会。

图 1　与 Petent 公司座谈交流

Petent 驻加拿大的模板、脚手架租赁公司的产品，都是 Petent 公司自己设计的。我问经理你们公司的产品是哪儿生产的，是否可以参观？经理回答："我们没有生产厂，产品都是由国外模架公司代加工，其中也有中国加工的脚手架，我们提供产品设计图，并派专人负责监督加工、验收。"

接着经理陪同我们去参观产品，首先给我们发一顶安全帽，进入公司的产品堆放场地，只见场地非常广阔，各种模架产品分门别类、堆放整齐，并且还有几架起重机负责吊运。像这么大规模的模架租赁公司，在我国还没有见到。

经理和我们一起离开公司，去建筑施工工地参观（图 2），在进入施工场地之前，必须有一些安全措施。我国一般戴一顶安全帽就可以了。他们那儿可不行，必须从头到脚武装一番，头上戴头盔，身上穿安全服，脚上穿长筒靴，看起来像一个消防员。

8 日下午，张健华经理陪同我们，去参观 TABLA 模板公司的施工工地，由于 TAB-LA 模板公司不设在温哥华，所以就直接去施工工地，参观 TABLA 模板的施工情况。

加拿大 TABLA 模板公司为了研发早拆模板体系，投入数十个研究人员和 400 多万美元的研究经费，历经四年的研究设计，并经过三年的工厂试验和建筑工地现场实际应用。该产品取得了多项国际专利技术，并在北美市场上和中东地区得到了大量的应用，使用效果很好。

图 2　去施工工地参观

　　TABLA 早拆模板的组装工作，90％作业是在地面上操作的，4 个工人可完成整层楼板模板的装拆施工，一般熟练工人每小时安装模板能达到 31m² （约 11 块模板），拆除模板能达到 57m² （约 20 块模板）。

　　当时，TABLA 模板公司已与北京安德固脚手架工程有限公司合作，生产 TABLA 模板技术体系，并在一些模板工程中应用。晚上，张健华经理盛情邀请大家到饭店吃大餐，我记得吃了很多大对虾，据说这些大对虾是从澳大利亚空运来的，价格比较便宜。

　　10 月 9 日早晨我们去码头乘渡轮到维多利亚岛游览，维多利亚岛是加拿大第二大岛，是全球第八大岛，全岛面积达 217291 平方千米，岛的最高点为 655 米，岛的海岸线迂回曲折，造成岛周围有很多港湾，而岛上有很多半岛。岛上人口有 1707 人，其中 1309 人住在努那福特岛，岛上最少的只有 3 户人家，最大的聚居点是东南岸的剑桥湾，约有 500 人。

　　我们乘渡轮前往维多利亚岛，航程大约 1 小时 30 分。甲板上的风很大，会有一些凉，海上的风景很好看，一路路过几座小岛。到了维多利亚岛码头，码头上停靠着各式各样的船只，船的颜色都很鲜艳。

　　维多利亚岛是温哥华岛上最大的城市和海港，气候温和，繁花似锦，一年四季绿草如茵，素有“花园城市”的美称。岛上非常美丽，一幢幢的小别墅，前面有一大片的草地。地下是蓝绿色的大海，天上是蓝色的天空，一架飞机在空中飞翔。

　　9 日下午，我们乘大轮船前往举世闻名的布查特花园，游船很大，也很漂亮，大海上船只很少，可以见到几个小岛。

　　布查特花园是座家族花园。从 1904 年开始修建，经过几代人的辛勤努力，已经成为园艺艺术领域中的一枝“奇葩”，是世界著名的第二大花园，每年世界各地来的游客有 50 多万人。

　　布查特花园是布查特夫人一手建立起来的，她对园艺一窍不通，刚开始是从朋友那里，得到一些玫瑰花的种子，不经意地种在屋旁，居然鲜花盛开，于是就萌生了建立一个花园的设想。在丈夫的支持下，夫人开始将废弃的采石场建成美丽的花园。

　　经过多年的经营，一个个的花园建成，布查特花园成了一座名花园。布查特花园占地 12 公顷，分 4 个大区，第一个是新境花园，园中积土成山，有小路径和石台阶，可以登高。第二个是意大利式花园，按古罗马宫殿设计，园旁围着剪成球形的常青树。第三个是日本式花园，建有设计为红色神宫的楼，很有日本风格，花园内种有日本樱花、百合花等。第四个是玫瑰园，花园内玫瑰品种很多，有世界各地的玫瑰。

接着我们到市中心游览，来到了省政府大厦，这是一幢典型的欧洲建筑，非常气派，草坪上种植了很多鲜花。大厦附近有很多酒店、餐厅。海边停靠着很多船只。路边有一些艺人在演奏，这里的交通工具是马车，可以带着你在岛上游览。这一天的游览结束了，我们就返回温哥华了。

二、蒙特利尔考察经历

10月10日早餐后，我们乘AC030航班，10时40分飞往蒙特利尔，于18时30分到达蒙特利尔机场。导游前来接机，带我们入住酒店吃饭、休息。

蒙特利尔又称满地可，位于加拿大魁北克省的蒙特利尔岛及周边小岛上，是魁北克省的经济中心和主要港口。是加拿大第二大城市。蒙特利尔是加拿大的金融中心之一，全国八家大银行中有五家将总部设在这里。60%的居民是法裔，城市建筑保持一百年前巴黎的风格，是世界上除巴黎之外，最大的法语城市，故有"北美洲的巴黎"之称。

10月11日，早餐后我们乘车前往魁北克城，魁北克省是加拿大10个省中面积最大的。该省80%的土地处于寒冷的北方，恶劣的环境非常不适合人类居住，魁北克只有12%的土地范围内有人定居。即使这样，魁北克在全国仍占有重要地位。魁北克是加拿大内法兰西文化的发祥地，城市建在狭长的高地上，古城区约有一半建筑是建于1850年之前。魁北克是北美最古老的罗马天主教城市，全市有50座教堂。

魁北克市是魁北克省的省会，是加拿大第七大城市，也是一座法兰西风味浓郁、历史悠久的文化名城，1608年，法国人第一个发现这片土地，并在此建立殖民地。这里80%的人口为法国后裔，法国文化占统治地位，法语为省官方语言。

我们首先到达蒙特利尔老城，老城精巧细致、优美华丽，又宏伟壮观、气势磅礴，老城的每一座建筑，都是极美的艺术品。各种文化活动或艺术节日，至今还吸引了世界各地的爱好者。老城区内汇聚了很多著名的景点和地标建筑，包括兵器广场、市政厅、蒙特利尔最古老的教堂、博物馆等，老建筑、石板街和马车，营造出独特的风情。

我们到达了市区，这里看起来比较整洁、清净，游人稀少。房屋都是多年的老屋，但外表还是装饰得较好。地面都是一块一块的地砖，虽然很陈旧，但没有破碎的。接着去游览了炮台公园，这是加拿大的一处重要的国家历史遗址，里面有非常重要的兵营和军用贮藏库。炮台公园有三处历史建筑，其中有建于1712年的王妃城堡、1818年的机关总部和1903年的兵工厂。这三处建筑在1959年被列为历史遗址。炮台公园气候宜人，四季分明，是各地游客必到之处。国家战场公园有一片广阔的丘陵，地形起伏变化，又名亚伯拉汗平原。这里曾是英法战争的古战场，1759年英、法两军在此发动了一场具有决定性的战争，法军在这场战役中打了败仗，从此魁北克市成为英国的殖民地。参观了市政厅及附近的一些美景后，我们乘车返回蒙特利尔。

三、渥太华考察经历

10月12日，早餐后我们乘车前往渥太华，渥太华是加拿大的首都，全国政治中心，是加拿大第四大城市。首都地区包括安大略省渥太华市、魁北克省加蒂诺市及其周围城镇。渥太华在 1826 年以"拜顿"之名建立，为爱尔兰和法国的基督教乡镇，1855 年以渥太华之名取代，并不断发展成为加拿大的政治和工业技术中心。

渥太华市中心有一座老城，老城还保存着完好的城墙，城墙上有一个碉堡，城墙中有一个大门洞，两边各有一个小门洞。城区外有几个雕塑，人物非常逼真。城区内有一个广场，广场周围有长木板，可以坐着休息。

渥太华最著名的地标是国会大厦，初建于 1859 年，不幸在 1916 年毁于一场大火，之后新的国会大厦在原址上重建，并于 1922 年完工。国会大厦建在国会山庄，三栋哥特式的建筑，象征着加拿大不屈的民族精神。国会大厦前面的广场上，有一座引人注目的百年火炬台，自 1967 年至今，一直燃烧，长年不息。

国会大厦中央耸立着一座钟楼，称为和平塔，塔高 90 米，是加拿大最著名的标志之一，从塔上的观景台，可以鸟瞰渥太华的 360 度奇妙景观。和平塔被誉为世界上最精致的哥特式建筑之一，也是国会大厦中最高的建筑。

和平塔上还安装一座高 4.88 米的和平钟及 53 个铃铛，和平钟是英国于 1927 年赠送给加拿大的，它现在已不工作了。

从国会大厦可俯视渥太华河，沿着河岸走，可看到渥太华河上的桥叫亚历山大桥，站在桥上可以欣赏到里多大运河，里多运河全长 212 千米，连接着渥太华。里多运河于 1832 年竣工，是 19 世纪工程技术的奇迹之一。里多运河旁边有一座建筑，造型非常别致，四周建了很多柱子，像是一个教堂。

12 日下午，我们游览了建于 1833 年的总督府，它是嘉奖加拿大优秀公民和接待世界各国领导人的荣誉之处，自 1867 年起，总督府是历任总督工作和居住的地方。

接着我们来到矗立在渥太华市中心联邦广场的阵亡将士纪念碑，起初是为了纪念在战争中捐躯的烈士而建的。1982 年演变成对加拿大所有在战争中死亡的加拿大烈士的纪念地，2000 年在纪念碑的基础上又建造了加拿大无名战士墓，以纪念每一个为国捐躯的烈士。整个战争纪念碑由 22 个烈士铜像组成，每个高 2.44 米，象征着自由与和平。

四、多伦多考察经历

多伦多市是安大略省的省会，是加拿大第一大城市和经济中心，汽车工业、电子工业、金融业及旅游业在多伦多经济中占重要的地位。其高科技产品占全国的 60%，90% 的外国银行在多伦多设有分支机构。

多伦多市坐落在安大略地区，面积为 632 平方千米，多伦多是移民城市，48% 的居民来自世界各地的移民。来自世界各国共 100 多个民族的移民，使得这里汇聚着世界各地 140 种语言。多伦多还是有名的华人聚居地，在多伦多地区约有 70 万华人。

10 月 13 日早餐后，我们从渥太华乘车前往多伦多，首先到市区观光，多伦多市中心是加拿大安大略省的商业中心区，南临安大略湖，北至布罗尔街，东临当河，西至巴佛士街。多伦多市中心是加拿大的银行和金融业的重镇。市内有多个地标建筑，每天有约 80 万人进出多伦多市中心。

接着我们到了多伦多市政厅，该厅建于 1965 年，位于市区中心，其形状似一个贝壳，由两栋弯曲的大楼构成，中间包围着拱形的市议会大楼。它的设计新颖而独特，整个建筑设计出自芬兰建筑大师之手，它代表着多伦多的历史和成长史。两座大楼中，东侧一幢为 27 层，西侧一幢为 20 层。从天空俯瞰，整个市政厅就像一只眼睛，因此，人们称它为"天眼"。

一路上，我们路过多伦多 CN 电视塔，电视塔已成为现代城市中最高的建筑物。随着时代的发展，电视塔已经不单是播放电视，还作为当地的一个观光点，有些电视塔上面设有旋转餐厅，已和旅游事业结合在一起，成为一种多用途塔。

多伦多 CN 电视塔的高度，在当时全世界内排名第三。第一是日本东京的天空树 634 米、第二是中国的广州塔 600 米、第三是多伦多 CN 电视塔 553 米、第四是莫斯科电视塔 540 米、第五是上海东方明珠电视塔 468 米。我们来到电视塔附近，由于电视塔太高，要想拍电视塔的前景，就必须离得远远的。

离开了市中心，我们到了安大略省议会大厦，整个建筑古老庄严、雄伟壮观、气势宏大。大厦东西两侧建筑风格各异，东侧是欧式建筑风格，西侧的意大利云石和石柱上的恐龙化石更加引人注意。大厦内部装饰得古色古香，各种富有特色的雕刻和壁画展现了大厦的无穷魅力。

13 日下午，我们乘车到了安大略湖，此湖是北美洲五大湖中面积最小的，安大略的意思是"美丽之湖"，安大略省由此湖而得名。此湖的湖盆面积 70400 平方千米，水域面积 19550 平方千米。著名的尼亚加拉大瀑布上接伊利湖，下灌安大略湖，两湖落差 99 米。安大略湖周围人口密集，安大略省三分之一的人口聚居于此。

我们团这次游览安大略湖，专门租了一艘游艇，乘车来到了安大略湖，这里已经来了很多游客，可能都是来办理租赁游艇手续的。只见有的游艇慢慢游来，有的游艇已停靠在湖边，小高提议我们三位协会秘书长一起拍了一个合影。

安大略湖虽然面积不是很大，但湖水十分清澈，风景十分美丽，尤其是四周岸边有很多奇异而精美的房屋，给安大略湖增添了很多美景。

10 月 14 日，早餐后我们前往 Aluma 模板公司进行考察（图 3），模板公司迎接我们的几位领导都是中国人，有工程设计部经理区彭深、中国区域代表叶伟雄、模板公司联系人魏铭等。所以，这次考察交流非常放松，进了接待室后，首先放映了介绍公司情况的影片，又拿了公司的一些样本给我们，大家对公司的样本内容很感兴趣。

图 3　参观考察 Aluma 公司

加拿大 Aluma 系统模板公司位于加拿大多伦多，自 1972 年 1 月成立以来，从事设计、生产及销售铝合金模板以及高承载力支撑系统。产品已广泛应用于所有现浇混凝土结构，如高层建筑、桥梁、水坝工程等。Aluma 产品广泛地被世界各国建筑施工承包商认可，在 50 多个国家里，有 2000 多个施工承包商广泛使用。

该公司不但为建筑公司提供模板材料，而且不断在此领域研发创新更安全的产品，提高工程施工效率，加快工程进度。Aluma 系统模板公司集市场所需，结合木材可塑性以及钢材高强度等特点，研发出一套以铝合金为主要材料的模板体系。

接着我们进行了广泛的交流，交流他们在这里的工作和生活情况，我们介绍国内模板和脚手架以及模板协会的发展情况。仇铭华将他们模板公司的产品和在国内推广应用的情况也作了介绍。他们对国内的模板、脚手架市场很感兴趣，希望有机会能与协会合作。然后，大家一起到大楼外面拍了两张合影。

我们又去参观了公司的产品，没有见到他们的生产厂，而是走进了一个产品堆放场。场地的面积很大，里面还有起重机，各种模板、脚手架堆放非常整齐。

场地内还有一些组装成台模之类的成品，有些模板、脚手架我们还没有见过，还有一些产品也不知道是干什么的。

10 月 15 日，早餐后我们乘车前往尼亚加拉大瀑布，我们很早就有耳闻，尼亚加拉大瀑布是世界第七大奇景之一，是由三组瀑布组成的马蹄形，分别是南端尼亚加拉峡谷的瀑布、跨越边境的美国纽约瀑布和加拿大的安大略瀑布。较小的美国瀑布，处于美国境内。尼亚加拉大瀑布位于尼亚加拉河，排水到伊利湖，再与安大略湖合并成瀑布。瀑布最高流量处的高度超过 50 米，尼亚加拉瀑布每年吸引约 3000 万旅客，在瀑布大的地方水汽很大，必须要穿塑料衣服。有的地方可能离瀑布远一点，就不需要穿塑料衣服。

离开大瀑布区域，这里有一个美国的小瀑布，看不到一点大瀑布的情景。只见旁边路上有一条彩虹非常美丽，一般彩虹都在天空，这条彩虹横在路上真是奇景。远看后面还可以看到多伦多的 CN 电视塔，可能这里离多伦多并不太远。

从尼亚加拉返回多伦多已是晚上了，明天就要结束这次考察活动返回北京了。晚饭后，我们就到附近的小镇去散步。小镇上非常幽静，没有高楼大厦，都是一幢幢一、二层的平房。外国人很喜欢用花草在屋内外装点房子，有的家庭有花园，没有花园的家庭也在家门边放几盆鲜花。

我看见一家门前有一张桌子，上面放着一个花瓶，里面插着几个英文字，两旁放着两把椅子。后面有一个树桩，上面放着一盆鲜花，十分好看，我忍不住坐下来拍了一张照片。回到北京我问他们照片上的字是什么意思，他们回答："这个地方是给女人染指甲的，你一个大老头坐在那儿干什么？"

10 月 16 日，早餐后我们收拾行李，乘车前往多伦多机场，14 点 45 分乘坐 AC031 国际航班，第二天的北京时间 15 点 55 分平安到达首都机场，考察活动到此顺利完成。

2022 年 10 月 8 日于北京完稿

行业专家记忆文

刘鹤年：为什么钢模板始于冶金部并能推广全国

在 1977 年末、1978 年初，中共中央政治局和国务院领导进行了两次讨论，作出在上海建设宝钢的战略决策。经过 1977 年、1978 年两年的调查研究、规划、对外谈判、择址勘察、施工准备等紧张的筹备，1978 年 12 月正式动工兴建，确定 1985 年 9 月一期工程基本完成，并继续二期工程。一、二两期工程总概算 300 亿元人民币。在施工准备阶段宝钢工程指挥部预测到宝钢工程一、二期有混凝土工程量约 360 万立方米。在当时这么大的混凝土量肯定要用大量的木材做模板，所以在开工之前就向国家计委申请 10 万立方米木材做模板和其他施工用材。上点年纪的人都知道，自 1958 年到 1976 年，林区已经严重超采，甚至无材可采。这时计委为木材问题反馈冶金部，"国家没有木材可提供，你们是冶金部，可以允许用钢模板"。因为钢模板在国内没有大规模使用过，马上在工程上使用是非常困难的，而且当时冶金部也捉襟见肘，做模板的薄钢板极为稀缺。当然宝钢建设过程中技术上的难题很多，最大的困难为上海的地下是淤泥，通常的承载力是 $8t/m^2$，而各种重型设备要求的承载力是 $30\sim50t/m^2$，为此要求打桩，而且是 $50\sim60m$ 的长桩，这又是从未实践过的难题。地基问题能不能解决，决定着宝钢是否建在上海。

当然还有一系列其他技术难题。为此冶金部领导当机立断，明确要求冶建院的技术力量全力投入宝钢建设，与设计、施工单位共同解决宝钢建设中遇到的技术难题。从此时开始冶建院的领导立刻决定将工作方针明确为"全院为宝钢"。本人当时任冶建院工业化室主任，院领导将宝钢建设中的钢模板、压型钢板和焊接 H 型钢的技术问题和量产任务交到工业化室。工业化室的技术人员既紧张又兴奋，因为大家深知责任重大。关于钢模板量产问题我们就组织以糜加平（中国模板脚手架协会第一任秘书长）为首的一些技术人员开展工作。在宝钢工程开始前，有多批冶金部领导和专家去日本、西德等国家和地区考察，我院老领导林华副院长，当时他已是冶金部领导并参与宝钢工作，他在去日本考察期间，得到了一份日本定型钢模板的图纸，交给了冶建院，这就是在我国推广钢模板的基础。糜加平等技术人员按我国具体国情，特别是国产钢材规格的要求，参照日本钢模板图绘制出在国内批量生产的定型钢模板成套图纸。接下来最关键的是谁来生产，当时我们选择了武钢钢结构厂、20 冶钢结构厂、13 冶钢结构厂等进行试制，试制初步成功后在上海开了现场交流会，接着在宝钢焦炉基础工程上首先使用。由于基础体积大，所以使用时拼装成 $2\sim3m$ 高和宽的大模板来组成墙面模板。拆模后混凝土表面发光，拼缝很小，满足了工程要求，于是钢模板在宝钢工程中全面推广使用。当然在这个过程中，有一系列细节问题还是颇费周折，例如 2.3mm 钢板的替代、模板本身转角和凸缘的轧制技术、模板连续轧制和肋板的焊接技术问题等，后来各个制造厂经技术人员和高级技工共同攻关并一一得到解决。在这个过程中，因为都是冶金系统的制造厂，技术上能够经常交流和相互参照，并在冶金部直接关照下及时得到必需的钢材。当时全国钢铁总产量大约只有 4000 万吨，规格也不完善，尤其是薄板稀缺。不像现在年产钢铁 8 亿吨，规格完善，钢材供应上不存在任何困难。

　　组合钢模板在宝钢工程成功应用后，开了全国交流会（图 1），逐步在全国冶金建设中推开，其他工业部门也开始在工程上试用组合钢模板，包括铁道、化工、煤炭、水利等。由于全国推广的需要，在冶金部和建设部的支持下，于 1994 年由冶建院主持成立中国模板协会，负责全国钢模板的推广和技术发展工作，同时冶建院严希直工程师借调建设部协助钢模板推广工作。

图 1　刘鹤年在全国交流会上

　　钢模板在全国推广应用 30 多年后的今天，首先是在中国形成了一个以民营经济为主体的模板行业，同时也形成了一些骨干厂家，更重要的是这批厂家通过实践锻炼出了一大批年轻有为、知识丰富、有新的经营理念和国际眼光的领导和技术人员，这是中国模板行业的希望所在。他们的产品在全国销售，并不断改进提高，满足各种复杂工程要求，有的已经打开了国外市场。国内模板的品种已有钢模板、铝模板、钢木结合模板、塑料模板、竹胶板模板等，一些厂家生产高铁、桥梁、地铁、水坝等专用模板，相当多的厂家生产城市建设用的大型拼装专业模板，当然还有其他各种各样技术和经营上的进步。中国很大，任何产品的市场都很大，任何一个行业，任何一个产品都有条件可以做成世界一流或世界名牌。目前我们和欧洲老牌模板企业如 DOKA、PERI 等，无论是技术、规模或经营模式等方面还有差距，我们要继续奋进，一定要在模板行业孕育出中国的海尔、华为和小米，进入国际上一流企业的行列中，这是我们老一代人的愿望。

从武汉去昆明，从昆明到重庆，从重庆上北京；从学校到机关，由机关变企业；从总部到基层，由基层返总部；从国内到国外，由国外回国内；从技术到管理，由管理融技术；从技术人员到国家级专家、行业领军人物，从中国建造师到英国皇家资深特许建造师。丰富的人生阅历与工作经验，成就了他在行业内的影响力。他就是中国建筑股份有限公司总工程师——毛志兵。

毛志兵：我的建筑人生

一、退休了，我们不说再见

终于这一天还是如期而至，今天迎来了告别职业生涯的特殊时刻。我有十分的喜悦，又有几分的伤感。我一直不愿停下手中的事情，可如今还是要从公司工作岗位上离去了，这是自然规律。我只能说：退休了，但我们不说再见。

岁月如歌弹指过，光阴似水不再来。回顾我走过的职业生涯，在中建奋斗了 39 个年头，见证了公司的发展壮大、迈向辉煌，经历了自己由一名青涩学生向一位略有行业影响的科技老兵蜕变，目睹了一位位老领导和老同事为公司发展倾情奉献毕生，关注了一个个年轻人在公司茁壮成长。回顾我的职业人生，下文可以简要概括。

二、我是一名自豪的中建人

1977 年 12 月，在祖国的西南边疆昆明，我以下乡知青的身份，有幸参加了高考，考入了重庆建筑工程学院（现重庆大学），从此改变了自己的命运，开启了建筑人生。从 1982 年加入中建到今天，39 年从未离开过这家令人尊敬的企业，中建博大、稳重、包容，造就了我的建筑人生。在我加入公司的时候，中建总公司尚未组建，我经历了从国家机关到企业的质变，从"小中建"到"大中建"的升华，目睹并参与了公司的跨越式发展，到今天中建已经成长为稳居全球第一的特大型投资建设集团。"中国建筑功勋员工"的荣誉是对我这名中建人的最好肯定，我为之奋斗，为之骄傲，为之自豪，更充满感激。

图 1　2006 年，在"水立方"指导工作

图 2　2018 年春，在西安看望
张锦秋院士并合影

三、我是一名奋斗的海外人

作为改革开放后首批从事海外工程的土木人，在中建我把前 20 年的职业生涯奉献给了海外。从工地助理工程师干起，逐步走向主管工程师、项目经理、海外机构负责人和公司总部技术管理岗位，秉承着坚守岗位、默默耕耘的初心，经历过现场踏勘、商务谈判、决策签约和组织实施条件极为严苛项目的艰辛考验，分享了实施的重大工程圆满完成的胜利喜悦，实现了中建在海外承包工程的实质性突破。我的海外人生，到访过 60 多个国家和地区，在北非、欧美、亚太耕耘坚守，打下了持续发展的基础，见证了中建实现海外大发展的辉煌，为中建的海外事业自豪，为自己的海外人生骄傲。同时，我把学习到的国际工程承包先进经验和技术，如工程总承包、全过程工程咨询，分享到国内，为国内与国际接轨略尽一份绵薄之力。

四、我是一名创新的科技人

我职业生涯后 20 年的大部分时光奉献给了公司的科技事业，从科技部总经理到总工程师，也曾长期管理过集团的设计板块和信息化业务，为持续提升公司相关业务发展献计献策。我提出了企业科技工作要坚持"服务经营、支撑发展、引领未来"的方针，倡导"国际国内一体化、设计施工一体化、技术经济一体化"的大科技战略，组织健全完善公司科技体系，设立面向全国工程建设领域的"中建总公司科学技术奖"，加强中建工法建设管理，以"科技进项目、项目促科技"的思路构建以科技示范工程为载体的科技成果推广机制，为上海环球金融中心、央视新台址、北京中国尊等高难度重大工程提供技术保障。作为公司的科技创新组织者，主持了中国建筑千米级摩天大楼建造关键技术等重大科研项目，率先开展结构预变形控制技术研究，率先提出"数字中建""绿色中建"等理念，主持"十五"国家科技攻关和国家"863"攻关等建筑企业信息化领域的课题，在十几年前就形成了中国建筑数字建造技术成果，对推动绿色建造、智慧建造和建筑工业化发展，为公司科技实力的提升贡献了力量。我个人也收获了 2 项国家科技奖、工程建设最高科学技术奖、全球 AEC 行业卓越贡献奖的首位年度创新者、2008 年度 CIO 领军人物、全国建设科技进步先进个人等多项荣誉，这些奖项让我的科技人生载誉而归。

图 3   2015 年，荣获国家
科学技术奖留影

图 4   2019 年，工程建设
最高科学技术奖颁奖

五、我是一名激情的跨界人

从 2007 年 11 月到 2011 年 6 月，我主持公司办公厅工作，对我来说是一次专业的跨界。我领略了行政办公的特殊性，特别是经历了公司上市、中央巡视组进驻、领导换届、利比亚大撤离、张德江副总理来公司视察等重大事件的艰巨考验，推动了办公厅各项工作的改革发展，提出了在国资委办公系统要争创"央企一流、行业排头"的奋斗目标，对集团办公系统能力的全面提升产生了重要影响，这段经历丰富了我的职业人生，让我受益终身。

六、我是一名积极的土木人

我是一名中建人，也是一名土木人。这些年来，我主编了《建筑工程施工工艺标准》《建筑工程细部节点做法与施工工艺图解丛书》及国家一级建造师教材等工程技术人员广泛参阅的案头书，提出新型建造方式、深化行业供给侧结构性改革、做强做优中国建造等理念，担任英国皇家特许建造学会（CIOB）中国区主席，参与了国内外多个行业协会学会的活动，是行业内较早提出和开展绿色建筑、智慧建造研究及实战的科技人员。应邀长期担任国家科技奖、詹天佑奖等科技奖和国优鲁班等工程质量奖评委，服务了行业发展，也维护了企业利益，被业界人士俗称"老毛"，尊称"天下第一总工"。

回首我的职业人生，一直在国内外从事工程建设，在人生路上不懈攀登、默默耕耘，经历了时代变迁、国家巨变，为祖国的繁荣昌盛感到自豪。我的建筑人生，目睹了我国工程建设行业的辉煌成就，见证了中建成长为全球最大的投资建设集团，为行业和公司的改革发展感到骄傲。作为改革开放的亲历者、受益人，奋斗在伟大的时代，与时代同行、与祖国同行、与世界同行，我感恩党和国家，感激中建集团，感谢领导、同事、朋友和亲人，为自己的职业选择无怨无悔。

图 5　2020 年 5 月 29 日，中建集团党组周乃翔书记
颁发中国建筑战略研究院特聘研究员聘书

回首往事忆岁月峥嵘，砥砺奋进铸明日辉煌。我衷心希望中建集团能越来越好，科技事业能越来越好，各位领导、同事和朋友能越来越好。时代在变，世界在变，中国在变，中建在变。展望未来，面向新时代，站在新起点，有几点想法和感受与大家分享、共勉。

承担新使命。我们的国家迈入了中国特色社会主义新时代，我们的行业迈入了转型升级的新阶段，我们的企业迈向了"一创五强"的新目标。面对新使命、新目标，我们必须做出新变革。这是时代赋予大家的课题。当今时代，面临百年未有之大变局，科技发展日新月异，行业竞争日趋激烈，一大批优秀的企业在探索质量变革、动力变革、效率变革。逆水行舟，不进则退。展望未来，我们的任务仍然艰巨。要把握好当今时代由制造经济迈向平台经济的大势，推动生产建造向服务建造跨越；要把握好新型城镇化的大势，推动传统建造向新型建造转型；要把握好市场变革的大势，推动市场模式向投资建设一体化迈进；要把握好创新驱动的大势，推动创新链向产业技术研究应用升级；要把握好科技变革的大势，推动科技体系向共建、共享、开放提升。

明确新要求。对工程建设者而言，"勤""思""严""实"是我们要永葆坚持的精神品质：以勤奋不断攀登，以思考不断突破，以严谨减少偏差，以务实埋头苦干。此外，我们在精神传承的基础上，要根据新形势、新要求，不断加强业务学习和能力建设，提高职业素养。要学会"三看"：一是要"回头看"，要善于总结经验、汇聚成果、提炼升华、以利传承，同时要善于发现问题、研究策略、以利改进；二是要"左右看"，要看准我们的参照标准，找准定位，认真对标，寻找差距，迎头赶超；三是要"向前看"，要研判形势，未雨绸缪，先人一步，抢抓机遇。要实现"三化"：专业化、差异化、资本化。专业化就是提升自身专业素质和专业能力，专业化能力永远是技术人员的立身之本。差异化就是要有培育比较优势，按照产业链上下游关系，横向错位发展，纵向分工协作。资本化就是要产融结合，以"金融＋"的思维，用资本手段推动科技进步，助力产业发展。要做到"三通"：一是"融会贯通"，专业领域内的知识，不但要知其然，更要知其所以然，要力争做专业集大成者，惟精惟一，允执厥中；二是"触类旁通"，他山之石，可以攻玉，要有跨界思维，立体思维，临界处才是创新点，多维度才有新视角；三是"中外兼通"，既要有国际视野，了解国际趋势，熟悉国际标准，遵循国际惯例，加强中外合作；又要坚持民族自信，拒绝盲目崇拜，善于把中国的优秀经验和成果推广到全世界，为人类拓展幸福空间。

展现新作为。新时代的中国，中国的新时代，让我们有一种"处身大历史"的感觉，到中流击水还看今朝！在时间的叙事里，当下连接着未来。盘点时代发展的共同回忆，站在新的起点，我们有"轻舟已过万重山"的快慰，也有"无限风光在险峰"的激动。面对机遇我们有"乱云飞渡仍从容"的定力，面对挑战有"不到长城非好汉"的追求。国家已踏上新征程，行业面临新机遇。我们需要从更高层次来寻找自己的使命感，审视自己的定位和行为，用我们的创新和行动，担当大国复兴建筑业的重任，不忘初心，牢记使命，扛起"中国建造"的大旗。

最后，我衷心感激领导和同事们对我长久以来的指导关心支持，下一阶段我将尽所能为公司和行业积极发挥余热，还望得到大家持续的帮助。此时此刻，我的心情五味杂陈，体会到"桃花潭水深千尺，不及众位送我情"的不舍，更感受到"莫愁前路无知己，天下谁人不识君"的洒脱。"此心安处是吾乡"是中建在我心底的烙印；"前浪远去后浪更磅礴"是我对大家未来发展的期盼。

张良杰：液压滑升模板的发展历程

图 1　张良杰

　　滑模是一种先进的施工工艺，在构筑物施工中应用广泛，20 世纪 80、90 年代在高层建筑施工中应用广泛，为国民经济建设做出了重大贡献，迄今在多个建设领域仍有着重要应用。本文简要介绍了滑模工艺的概况、发展历程、经验教训和发展前景，供行业同仁参考。

一、滑模概述

　　滑模施工是混凝土竖向结构工程特殊的一种模板施工工艺。

　　滑模是按照结构平面形状和尺寸要求，组装一定高度的模板，并安装滑模装置和液压滑升设备。施工过程中，混凝土从模板上口分层浇灌，分层振捣。当模板内最下层的混凝土达到设计强度时，模板依赖滑升机具的作用，开始不断向上滑升。通过模板运动并连续浇筑混凝土，使成型的混凝土结构达到并符合设计要求。

　　如果是高层建筑，则每层混凝土浇筑到楼板底标高后，内模板空滑到楼面标高，然后支设水平结构模板及支撑系统，并绑扎钢筋、预埋水电管线，待楼板混凝土浇筑完成后，继续墙体滑模施工。

二、滑模的优越性

　　滑模是一种先进的施工工艺，同其他模板相比，有明显的优越性：

　　（1）模板配置量少，高层建筑一般为 0.9～1.2m 高度，构筑物一般为 1.2～1.5m

高度，组装成型后，可以一直滑升到顶，并可根据设计需要进行变截面。

（2）施工速度快，墙体、筒壁每小时滑升高度 0.15～0.2m。对于高层建筑结构（包括墙梁板）施工一般为三天一层，甚至更快。

（3）工程质量好，结构整体性好，增强了建筑物的抗震性能。由于模板之间没有对拉螺栓，结构的气密性好，施工简便。

（4）操作安全、方便，不需要搭设脚手架，绑扎钢筋与浇筑混凝土等项工作始终在操作平台上进行，方便操作和检查。

（5）滑模装置及液压设备可实现多次周转使用，每次摊销费用少，综合经济效益好。

三、滑模施工的特定要求

（1）滑模对混凝土配置要求严格，特别是混凝土入模的塌落度、初凝时间、出模强度应提前进行试验。滑模施工时，浇筑入模的混凝土不能与模板黏结，以保证模板顺利的滑升。

（2）出模的混凝土应具有一定的强度，不致塌陷。并且其强度能正常地继续增长，不仅能承受结构自重，且能稳固支承。

（3）上、下层浇筑的混凝土能很好地结合成一整体，并且在振捣上层混凝土时，不至于使下层混凝土遭到破坏。

（4）在模板滑行过程中，各项工序必须保证同步进行。竖向结构体的钢筋绑扎、预留洞口、水电管线等各项工序必须紧密配合同步施工。

四、滑模的发展历程与工程应用

滑模是现浇混凝土工程中机械化程度较高的工艺之一，滑模工艺创始于 20 世纪初，随着技术的进步，这项工艺应用的范围也不断扩大。我国早在 20 世纪 60 年代曾用手动千斤顶施工过一些筒仓、造粒塔等工程，20 世纪 70 年代初，随着 3.5 吨穿心式液压千斤顶的不断改进和多种类型工程的实践，滑模进入了推广应用时代。

1975 年，我参加了四川泸州天然气化工厂造粒塔和主框架滑模工程。当时，我负责滑升模板及装置设计，该工程造粒塔直径 ϕ20m，高 63m，壁厚 200mm，塔壁顶部壁厚 600mm。那时，我国还没有组合钢模板，技术条件基础薄弱，存在很多施工难点，该工程所有滑模装置及模板全部自行设计、自行加工，项目克服种种困难，高质量地完成了设计目标。该项工程后来获得国家银质奖。四川泸天化造粒塔见图 2。

1985 年，我们在北京丽都饭店 3 栋 15 层公寓楼进行高层建筑滑模施工。丽都饭店采用组合钢模板作为滑模模板，通过该项目的滑模实践总结，我们

图 2　四川泸天化造粒塔

积累了不少新的经验和教训，提出并汇总了很多滑模的改进意见。1986 年，我们成功研发了新型的定型大钢模板，这是行业首次用于滑模技术。1988 年，6 吨、10 吨的大吨位千斤顶和 48×3.5 钢管支承杆进一步集成于滑模系统应用中，从此，液压滑升模板施工工艺得到长足发展。

中国的滑模工艺应用范围广泛，除高层建筑采用滑模外，在构造物方面普遍应用在烟囱、水塔、筒仓、造粒塔、桥墩、竖井、电视塔等。

典型的滑模工程有：深圳国际贸易中心（50 层，160m 高）；武汉国际贸易中心（52 层，206m 高，标准层建筑面积 2300m²）（图 3）；广州海珠广场花园 3 栋高级住宅（46 层，139.7m 高，标准层面积 615m²）（图 4）；安庆石化总厂干煤棚（框架滑模、网架托带顶升，整体滑升面积 5180m²）（图 5）；天津电视塔（滑升高度 280m，总高 405m）；大连北粮二期 60 万吨粮食筒仓（20 座，内径 φ32m，高 48.5m）等，从这些典型工程上反映了我国滑模施工技术水平有了很大的发展，在一些工程上滑模综合技术达到国际先进水平。

图 3　武汉国际贸易中心

图 4　广州海珠广场高级住宅

图 5　安庆石化总厂干煤棚框架结构滑模施工托带钢结构顶升

五、高层建筑滑模装置组成

高层建筑滑模装置由下列系统组成。

（1）模板系统包括模板、围圈、提升架、模板截面及倾斜度调节装置等；

（2）操作平台系统包括固定平台、活动平台、挑平台、吊脚手架、料台、随升垂直运输设施的支承结构等；

（3）液压提升系统包括液压控制台、油管、千斤顶、阀门、支承杆等；

（4）施工精度控制系统包括千斤顶同步、建筑物轴线和垂直度等的观测与控制设施等；

（5）水电系统包括动力、照明、信号、广播、通讯、电视监控以及水泵管路设施等。

六、滑模设计工作内容

1. 滑模装置设计

（1）绘制滑模起步结构层模板图、上部变化结构层及终止结构层平面图；

（2）设计模板施工图：包括滑模装置剖面图，模板、围圈、提升架及操作平台的平面布置图、主要部位组装图；

（3）各类零部件的加工图、节点大样图等，提出全部构件的规格、数量；

（4）设计油路布置图，确定千斤顶、油路及液压控制台的位置，提出规格、数量，液压千斤顶的选用主要根据工程的具体情况、液压千斤顶的技术参数和液压千斤顶的主要性能而定，千斤顶额定荷载总和应为滑模施工总荷载的 2 倍（图 6）；

（5）制订施工精度控制措施，设计测量观测布置图、相应的加工图，提出相应的构件、设备、仪器的规格、数量；

（6）进行特殊部位处理及特殊措施（包括与滑模装置相关的垂直和水平运输装置等）的布置与设计。

图 6　液压油路系统在工程中应用

2. 滑模施工组织设计

滑模工艺是一项技术先进但又比较复杂的工艺，滑模施工必须有严密的劳动组织和施工管理，可以说一项成功的滑模靠的是"三分技术、七分管理"。

滑模工程必须编制滑模施工组织设计，其主要内容有：工程概况、滑模概况、滑模施工程序、滑模设计原则、滑模装置各系统的设计、滑模组装、混凝土施工设计、滑模施工方法、滑模施工的测量与纠偏、水平结构施工、特殊部位处理、水电安装配合、滑模装置拆除、滑模施工进度计划、劳动组织与岗位责任、施工总平面图、主要机械设备计划、工程质量措施、施工安全措施、季节性施工措施、应急处理措施等。

七、滑模往事回顾

（1）20 世纪末期，滑模装置全是由施工单位或模板公司自行设计、自行加工。我国虽然具有液压设备生产厂家、专业生产千斤顶及液压油路系统配件的厂商，但滑模始终未能成为上述企业独立的工具化专用产品。

这是由于滑模装置除了液压设备外，还有模板配件等许多组成构件，设计、组装和配合工作系统比单纯的液压设备难度大多了。我们也在积极寻找优秀的企业合作，以提升滑模的专业化能力。江苏揽月模板公司率先改变经营思路，进行滑模装置设计、液压系统集成、滑模装置生产、现场指导施工全套服务，产品在工程中应用以后，效果良好，这为滑模及以后的爬模、顶模的发展打下了坚实的基础。

（2）我国最初的液压千斤顶是 3.5t、采用 Φ25 圆钢作为支承杆，承载力和稳定性都比较差。1988 年，我们帮助安庆石化总厂干煤棚工程进行框架滑模、网架托带顶升施工，该工程采用 6t 和 10t 千斤顶、采用 Φ48 钢管作为支承杆。当时，生产厂家是第一次生产这种千斤顶，他们在厂里进行了多次滑升试验，确认没有问题。

为了慎重起见，在施工现场临时搭设了试验架，再次进行试验，但试验失败了，滑上去掉了下来，再滑上去又掉了下来。我们花了很大的精力分析原因，因为配套的千斤顶是卡块式的，那么承载时支承杆上应该留有刻痕；而检查发现，现场试验的支承杆没有刻痕。通过进一步分析，才了解到试验的支承杆是施工单位提供的高强无缝钢管，不是我们原始设计的 Q235 焊接钢管，很可能是材质的原因。钢管更换后，试验获得成功，工程顺利施工完成。这次经历说明，滑模装置的质量检验非常重要。如果不在施工现场做支承杆试验，直接就插入千斤顶，钢网架 5621m²、自重及施工荷载共 3814kN，那框架滑模和网架顶升后就有着极大的滑落风险，后果很难想象。

（3）武汉国际贸易中心工程主楼 52 层，裙房 6 层，建筑高度 206 米，平面轴线尺寸：长 63 米，中间宽 37 米，两端宽 32 米，四角为圆弧，标准层面积 2300m²。结构形式：内筒及四角为剪力墙，外筒为框架，水平结构为密肋梁板，12 米长的密肋梁多达 144 根，墙柱截面变化大。该工程由经中建三局二公司承建，北京利建模板公司负责滑模设计和提供成套滑模装置并指导施工。武汉国贸中心是我国采用滑升模板施工工艺高度最高、单层面积最大的工程，做到了高速度、高质量、高效益，顺利完成了主体结构施工任务。获 1997 年国家科技进步三等奖、1996 年中建总公司科技进步奖一等奖。

本工程的滑升模板具有以下特点：

① 采用模数化、大型化钢模板作滑模，模板拼缝少，刚度大，面板平整光洁。

② 采用 6 吨千斤顶和 $\varphi48 \times 3.5$ 的钢管支承杆，在剪力墙、框架柱及梁部位，支承杆设在结构体内，在密肋梁及斜梁部位支承杆设在结构体外，体内、体外同时整体滑升。

③ 根据提升架所在的不同部位，分别设置固定提升架、收分提升架、单柱提升架和升降提升架。所有的提升架均同模板直接连接，且可调整模板锥度和截面尺寸。

④ 梁板底模采用独立支撑系统。

⑤ 采用"滑二浇一"方法，即先滑 N 层墙、柱、梁，后浇 N−1 层楼板，然后 N 层剩余部分与 N＋1 层连续滑模，施工缝设在每层密肋梁下 200mm。

⑥ 我国高层建筑采用大吨位千斤顶、支承杆在结构体内外同时滑模，本工程是单层面积最大、千斤顶最多的。

⑦ 高层建筑施工与无黏结预应力工艺同时进行，预应力筋与滑升模板立体交叉，本工程是国内首例，亦是面积最大的。

（4）细节决定成败，滑模也是如此。滑模施工应该按照滑模规范、施工组织设计要求和科学规律进行，有些施工单位往往忽视细节，造成工程质量弊病。哈尔滨有个高层建筑，每层混凝土浇筑完成后，在距离顶部 600～900mm 处，很多墙体混凝土总要坍塌或疏松，经查看滑升记录和检查现场实际情况，发现每层混凝土浇筑完成后，没有按照要求进行匀速滑升，而是连续不断的滑升，造成混凝土出模强度太低，问题找出来后，再进行正常滑升，坍塌问题得以解决。

1993 年广东顺德有 3 栋高层，第一栋楼采用木模板施工，施工进度很慢，建设单位很不满意，为此施工单位改用滑模施工，结果墙体质量很差，同一层中，有的墙体拉裂，有的墙体表面混凝土浆呈褶皱形流淌（"穿裙子"），建设单位要求施工单位拆除滑模装置，施工单位着急了，请我立即前往广东协助解决。我检查后看到，滑模装置的设计和布局还算合理，问题出在模板安装时没有调节好锥度。有的地方没有锥度，滑升时混凝土易拉裂；有的地方锥度太大，就会出现混凝土浆流淌。问题找到后，现场快速进行了改进，施工效果得以保证。建设单位很满意，要求把木模施工的那栋楼换成了滑模施工。

（5）滑模是多工种、多专业、多部门相互配合施工的，要有素质良好的施工队伍、组织严谨的管理制度，但有的施工单位做不到这一点。有个住宅工程，总包单位决定采用滑模施工工艺，滑模公司设计的滑模装置合理，各种配件加工质量良好，组装之前和施工之前都做了技术交底，组装以后检查也都符合规范要求，但滑模施工出问题了。

施工队伍是由没有经过培训没有实际工作经验的工人组成，钢筋绑扎、混凝土浇筑都跟不上计划进度，而且混凝土浇筑顺序混乱，造成混凝土出模强度有的很高有的很低，墙体的外观质量惨不忍睹。分包单位提出干不了滑模，而总包单位不是去总结经验教训，居然同意分包单位的意见，拆除滑模装置。由于员工素质差，给先进的施工工艺造成不良影响，也给国家造成很大损失。

八、滑模的发展前景

（1）我国的构筑物如粮仓、水泥仓、烟囱、高桥墩等大多采用滑模施工，近年来大直径筒仓、连体群仓应运而上，再创新纪录，滑模工艺得到更大发展。

（2）近20年来高层建筑滑模发展几乎停滞，这是因为一些地方的质量奖对混凝土要求过高，滑模的外观质量不能满足要求；施工单位也很难组织有一定素质的操作队伍，一般管理人员也不愿意为滑模操心和承担责任；新的爬模工艺和铝合金模板的出现，比滑模省事，混凝土外观质量也比较好。这些因素影响了高层建筑滑模的发展。

（3）滑模特有的优越性与新型模板相结合仍有良好的发展前景：

① 滑模的模板和滑框倒模的模板可采用铝合金模板或带肋塑料模板。

② 当高层建筑核心筒不适合采用爬模相隔几层才能浇筑楼板时，可采用滑模工艺，进行一层墙一层板的施工。例如楼板中有暗梁时，楼板厚度较大，采用滑模就比较合适。

③ 滑模施工的竖向结构，模板之间没有对拉螺栓，结构混凝土的气密性、防水性和结构整体性都比较好，当竖向结构有这方面要求或不能采用对拉螺栓时，滑模是最佳选择。

施炳华：难忘的结构计算工作五十年

图 1　施炳华

在历史上的重要科技革命中，数学计算大都起到先导性和支柱性的作用。建筑工程中往往需要科学性地回答很多为什么的问题：如当模板和脚手架受到静载荷和动载荷的压力时，结构能够产生多大的变形？模板和架体自身会不会发生强度不足损坏？会不会发生小于屈服极限的情况下的失稳，从而丧失承载能力造成工程事故？模架产品设计的材料长度、宽度、厚度和结构值如何优化？如何选择最优的性价比取值等？

模板脚手架的结构计算工作像许多其他的计算领域一样，是受到工程发展的推动而不断深化的。我自己对模架的计算研究也有了更深的学习和了解。

20 世纪 50 年代，我国建筑业的规模不大，大量采用传统的现场制作安装的木模板。我刚到单位工作时，看到国家建委 1956 年批准的《建筑安装工程施工及验收暂行技术规范》，其中第 3 篇《钢筋混凝土工程》中对模板的设计、制作、安装和使用提出了具体要求，但还满足不了大体积混凝土温度场和温度应力的要求。这阶段的模板技术，在设计上只是按工程施工图要求进行配板计算，复杂的还需要放样；在制作上，量大的用木工机械加工，量小的用手工机具加工。混凝土浇筑过程中木模工种负责模板的安装和拆除，与钢筋工种、混凝土工种相互配合，保证模板不漏浆、不倒塌。模板技术基本上是由能看懂施工图纸的木工师傅掌握和操作。

到了 1961—1965 年，建设部修订颁发了《钢筋混凝土工程施工及验收规范》（GBJ10—65）。在现场制作散装散拆木模板为主流的情况下，为了缩短模板支拆时间，提高模板周转使用次数，出现了定型木模板。它因显著优越性被很快地推广应用。这是一次很好的模板标准化、定型化、系列化、工具化的尝试。

20 世纪 60 年代，我们学习并实践苏联推广混凝土预制构件的经验，实现建筑工业化，于是工业厂房的梁、柱、板、桁架和民用建筑的梁、板等构件，许多在预制厂生产。出现了预制构件模板，相应的施工现场的模板量大大减少。但大型构件或复杂异型构件还在现场预制。预制构件的模板，一般采用土、砖、混凝土为底座，钢材、木材、钢木混合为模板侧板和支撑。预制构件模板技术比较复杂，在模板的设计、制作和安装方面，比先前的现浇模板技术发展了一步，突出了模板的拆装技术，预制构件模板的允许偏差也比现浇构件模板的要求稍严了些。

20世纪70年代以后，随着我国基本建设规模迅速扩大，对木材的需求量急剧增加，在我国木材资源难以满足的情况下，提出了"以钢代木"方针及滑模、升板等施工技术。我和几位专家就投入到升板建筑结构技术领域开发研究，因为升板建筑施工方法可节省模板95%。为此研究并提出了格梁楼板、无梁楼板及密肋楼板设计计算方法，通过现场试验及专家鉴定，编制了国家规范，推广应用的工程约500多万平方米。

当时，滑框倒模、爬模、升模、小流水段的台模、隧道模、筒子模、快拆模等施工方法层出不穷。同时，以其他材料代替木模板，如组合钢模板、大钢模、木胶合板模板、竹胶合板模板、中密度纤维板模板、玻璃钢模板、塑料模板等模板材料相继出现。冶金部建筑科学研究院与一些施工单位共同研制成功了组合钢模板，并编制了《组合钢模板技术规范》（GBJ214—82）予以配套，并组织推广应用。

组合钢模板的出现和广泛采用，打破了我国过去现场设计制作安装的木模板传统技术，它只要求现场进行配板和简单灵活的拼装，将模板的制作技术提高到机械化水平，从而保证了模板质量，降低了模板成本。这是模板技术的一大进步。

20世纪80年代以来，建设规模进一步扩大。一方面，预制技术发展不快，但模板设计的变形计算提出来了，已包括在近年来颁发的《预制构件钢模板》产品标准中。另一方面，现浇建筑结构的建筑成倍增长，组合钢模板在数量上和技术性能上均满足不了实际工程的需要，人们找到了木胶合板做模板的新型材料。这种模板具有自重轻、幅面大、可周转使用30次以上等优点，特别适于制作大模板，以利于浇筑剪刀墙和大楼板。

1987年初，中国铁道建筑总公司北京工程公司承包北京华侨大厦施工任务，而总承包单位（芬兰）要求中铁采用半隧道模板施工，因此我有幸参加了半隧道模模板的设计和应用工作。

我国首次采用钢框胶合板半隧道模板，所以在设计与应用技术上都很生疏，幸亏总承包单位将他们的半隧道模板整套装置图（图2、图3）给了我们。我们结合北京华侨大厦施工图，学习研究开展工作。当时国际上开始采用半隧道模板只有十几年的时间，只有十多个国家使用过这种模板。1989年我们在北京华侨大厦首次采用半隧道模板施工获得成功，模板长度为11.66m，是国际上最长的半隧道模板。这次的技术主要涉及三点，一是半隧道模，二是飞模，三是早脱模。我参与了全部详细的计算。

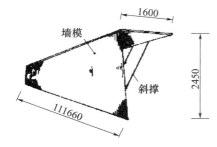

图2 华侨大厦半隧道模板（单位：mm）

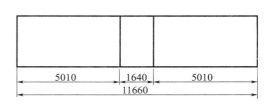

图3 模板分块示意（单位：mm）

这一阶段，我还进行了常用截面剪应力分布不均匀系数的计算公式、无梁楼板在垂直均布荷载下的反弯点位置、桁架式承重销受力性能的试验研究等工作。

钢框胶合板模板用高强胶合面板的研究与应用取得良好进展，我们对该产品的静曲强度、弹性模量、冲击强度、胶合强度等进行了系统的测试，在上海市南浦大桥等重点工程结构施工中广泛应用。自1988—1992年国家科委与建设部结合实际工程连续召开了5次现场交流推广会，并把它列为"八五"期间重点推广项目。

我对"胶合板模板及其钢框布置"做了一些计算，根据胶合板两个方向的力学特性，优化了垂直和平行方向的参数优化设计。

1995年，建设部颁布了《钢框胶合板模板技术规程》（JGJ 96—1995）。进一步延伸了大型的整装整拆大模板体系、钢框胶合板组合式半隧道模体系、钢框胶合板三铰链筒子模体系、钢框胶合板密框悬臂模板等模板体系，这些模板体系适合于常规的现浇施工技术，且施工效率成倍提高，浇筑的混凝土表面质量大面积平整，受到人们的重视和好评。

21世纪以来，针对脚手架的安全问题，我又开展了清水混凝土模板的设计计算、脚手架的倾覆与稳定计算、扣件式钢管模板支架的稳定设计计算问题等研究。

早在2008—2009年，张良杰与我为江苏省揽月公司设计钢框铝合金模板方案，力求最优的强度和性价比的组合。迄今为止市场上全面推广全铝合金模板，充分发挥了铝合金自重轻，可以回收等优越性。但使用中也发现一些不足之处，比如模板刚度不足，可以通过设计和计算加以改进，进一步发挥铝合金模板的优点与长处。

2015年，中国模板脚手架协会主持编制了《独立支撑应用技术规程》，这本标准对铝模板、装配式建筑的发展意义重大。可调独立钢支撑是一种广泛应用于垂直方向结构支撑的支撑构件，施工方便操作简单，周转次数多，适用性强，提高了施工效率，同时在模架支撑体系家庭中多了一名成员。我对其中的计算公式做了比较详细的推导，并通过试验研究，编制的计算软件证实其是安全可靠的。在编制过程中，有一位其他领域的专家，找我要其中的计算公式，被我拒绝了。我是这本标准的计算负责人，要保证标准的先发性和原创性。

回顾自己近五十载的计算生涯，或多或少为我国模架事业的发展尽了一些自己的绵薄之力。

赵玉章：从事模板脚手架研发的回忆

图 1　赵玉章

我 1964 年大学毕业后，被分配到北京市建筑工程研究院（所）工作，干到 1999 年退休。但因液压爬升模板研究课题正在进行中，研究工作需要一直持续到 2009 年 9 月底，届时我才能真正退休回家。我至今仍然高度关注并从事一些模架标准、顾问、技术等相关工作，一晃贴近一线与模架打交道已经 40 多年。

那时的北建工所学风浓郁，老一代专家们坚持不懈和勤勤恳恳的工作精神深深地教导了我，感染了我，他们对刚入所的我倍加关心爱护。在他们的感召下，我发奋学知识、钻技术，打下了扎实的研究基础和培养认知实践的工作作风。

在我从事模板脚手架技术研究之前，曾从事过页岩陶粒（浮石）轻骨料混凝土的试验研究，其制品在北京饭店等工程中被应用。也曾参加过"超高压液压油泵和现场混凝土搅拌站"等课题的试验研究，其中研制的超高压液压油泵，成功应用于北京饭店贵宾楼等多项预应力结构工程施工中，于 1975 年通过国家建委的成果鉴定。

1976 年年底，我参加毛主席纪念堂工程的建设。纪念堂工程竣工之后，我从 1978 年至今的 40 年里，一直在从事着模板脚手架技术的研究开发与推广应用等相关工作。四十载的栉风沐雨，回首往事真是心潮澎湃，历历在目，记忆犹新。

一、科研成果与参编、评审的规范标准

40 多年来，我国模板脚手架行业取得了辉煌的发展成就，作为亲历者，我也开展了系列的开发研究。

1. 研究课题与科研成果

本人主持或作为主要参与者与建筑施工等单位合作开发完成了 10 余项研究课题并取得科研成果，主要有：生产 5 厘米厚混凝土隔墙板的柔性板成组立模，密肋楼盖施工用的

大型塑料模壳、玻璃钢模壳，轻型钢框胶合板模板，模板早拆施工技术，新型门式脚手架，轻型钢模板，保温模板，梯形支撑架，液压爬升模板和液压爬升脚手架等。其中获得部级市级科技进步奖二等4项，三等5项；获得发明专利2项、实用新型专利18项。

另外主编的2项工法获得国家级工法：MZ门架式早拆模板工法（国家级工法YJGF18－96），电控附着式升降脚手架与模板一体化成套技术施工工法（国家级工法YJGF43—2002）。

2. 参编与审查的规范标准

参加了下列标准的编写：《钢管脚手架、模板支架安全选用技术规程（DB11/T 583—2008)、《液压升降整体脚手架安全技术规程》（JGJ 183—2009)、《液压爬升模板工程技术规程》（JGJ 195—2010)、《混凝土结构工程施工规范》（GB 50666—2011)作为（模板工程编写组顾问)、《建筑施工模板和脚手架试验标准》（JGJ/T 414—2018)。

参加了下列标准的审查：《建筑施工承插型盘扣式钢管脚手架安全技术规程》（JGJ 231—2010)、《建筑施工扣件式钢管脚手架安全技术规范》（JGJ 130—2011)、《混凝土结构工程施工规范》（GB 50666—2011)、《建筑施工脚手架安全技术统一标准》（GB 51210—2016)、江苏省标准《建筑施工承插型盘扣支架安全技术规程》（DGJ32/TJ 69—2008)、广东省标准《建筑施工承插型套扣式钢管脚手架安全技术规程》（DBJ 15-98—2014)、北京市标准《北京市钢管脚手架模板支架安全选用技术规程》（DB11/T 583—2015)。中国模板脚手架协会团体标准：《台式模板早拆体系施工技术规程》（CFSA/T 02—2014)、《插接自锁式钢管支架安全技术标准》（CFSA/T 05—2017)。

3. 参编的论著

参编由杨嗣信主编的《建筑工程模板施工手册（第一版)》《建筑工程模板施工手册（第二版)》和《高层建筑施工手册（第三版)》等一些专著的编写工作。

二、主要成果简介

1. 柔性板成组立模

在20世纪70、80年代，由于轻质隔墙还未发展，所以多层建筑和高层住宅建筑的隔墙多为砖墙，这样就使得本来面积就不大的房间用砖做隔墙还需两面抹灰，不仅导致房间的使用面积有所减小，而且又使得施工周期加长、施工效益降低，所以当时急需进行隔墙的试验研究。

为了探索内隔墙的改革途径，进一步提高装配化程度与缩短施工总周期，从1978年开始，对成组立模主要是对柔性板振动成型混凝土内隔墙板的设备与工艺进行试验研究。研制成功的成组立模为上行式构造，主要由五块柔性板和六块刚性模腔及其相应的底模、侧模组成的成套模板系统及其成套装备。它可以安装在构件厂进行预制生产，也可以安装在施工现场进行预制，它一次能够生产一个结构单元所需要的20余块混凝土隔墙板，最大制品的尺寸为宽3240mm、高2740mm、厚50mm。

成组立模的柔性板是一块厚度为12～15mm的钢板，在其一端安装有附着式震动器，用它来振动成型混凝土制品。此项振动成型技术填补了该领域的一项空白，获得了北京市科技成果三等奖。该项成组立模技术的社会效益特别显著，直到20世纪90年代仍然在应用。

2. 大型塑料模壳与玻璃钢模壳

塑料模壳具有整体性好，表面效果好，自重轻，承受强度高，施工方便，支撑操作简单，加快施工速度，降低施工成本等优势。

20 世纪 80 年代初期，位于紫竹院公园北侧的中国国家图书馆新馆（原名北京图书馆）开始建造，由北京建工集团三建公司承建。其中，10 万平方米的密肋楼板密肋尺寸主要为 1200mm×1200mm×300（400）mm，结构设计单位采用组装式塑料模壳设计，材质为聚丙烯塑料，通过工业化生产方式一次注射成型出 1/4 模壳，然后用螺栓将 4 个 1/4 模壳组装为一整体。

北京市建筑工程研究所负责对塑料模壳产品进行物理力学性能试验，主要包括：模拟施工情况进行静载、动载试验，以及高温、低温情况下强度、刚度和抗冲击等试验。实验室模拟施工和小型混凝土工程放样测试表明：仅采用螺栓连接组装成的模壳产品原样刚度存在不足，4 个 1/4 模壳组装而成的产品刚度较小，满足不了施工要求。鉴于此种情况，我们提出，在 4 个 1/4 模壳组装部位增加设置薄钢板以提高塑料模壳顶面的垂直刚度，在塑料模壳边肋的内侧增加设置小角钢以提高塑料模壳的侧向刚度。经在实验室进行施工测试，塑料模壳的侧向刚度及垂直刚度都提高了，能够满足施工要求。但要在 4 个 1/4 模壳组装部位设置薄钢板，非常不便于加工和组装。为此，研究改为在模壳顶面中心位置采用 4 个短角钢进行组装，经测试既提高其刚度又便于组装。即必须经过型钢加固之后方能满足使用要求。

据调研，欧美等国的塑料模壳最大尺寸都小于 900mm×900mm。我们经过试验之后，研制成功了新的塑料模壳产品，尺寸可以增大为 1200mm×1200mm 和 1500mm×1500mm，并称其为钢塑结合的大型塑料模壳。在进行塑料模壳物理力学性能试验的同期，对手糊成形玻璃钢模壳成功地进行了探索性试验研究，由于本人担任科研管理科科长，此项研究课题转由丁志文同志负责完成，他的气动拆模技术非常成功。

3. GZM 门式脚手架及早拆模板技术

GZM 是国内外门式脚手架中的一种新形式，上部设计为构架，具有刚度大，承载力高，稳定性好，构造简单，可以设置多个集中荷载支撑点，功能多，用途广，技术经济效益好的多个优点。用它作为模板支撑架使用，既能够简化支撑系统，节省支撑材料，又能够形成宽敞的通道，为支模、拆模和进行质量安全检查提供了便利条件。

GZM 新型门式脚手架、GZB90 系列轻型钢框胶合板模板以及模板早拆支承梁、卡板式快拆托座等 4 部分组成了门架式早拆模板体系，这 4 部分既可以组成体系配套使用，也可以各自独立与其他技术一起使用。在 20 世纪 90 年代，该体系在北京、山东、广东、安徽、江西等省市都有着广泛应用。

其中 90 系列模板构造新颖，板块尺寸较大，自重轻，刚度大，承载力高，通用性强，是一种质轻高强的组合模板。

卡板式早拆托座与国内外的相比是一种创新型的多功能早拆托座，除早拆功能之外，还能调节高度和快速实现二次顶撑技术。

4. 液压爬升模板与液压爬升脚手架

我为什么要研究爬模与爬架呢？这得从 1996 年 8 月在张家界举行的中国模板脚手架协会专业委员会的年会说起。在年会的开幕式上，时任北京建工集团的韩立群总工程师通报了一起附着式升降脚手架在北京国家经委工程 A 座工地从 44.3 米高处坠落而造成 8 人死亡、11 人受伤的特大伤亡事故，并告诫大家要深入研究安全施工技术避免类似伤亡事故的发生。当时我一边听韩总的讲话一边在想：我作为模架技术研究所的所长，要研究不会坠落的爬架。就是这么一个念想促使我于 1997 年提出了模板与模架不会掉下来的研究课题。

爬模爬架研究课题经过两次专家论证与评审列入北京市科委科研合同项目，设计建造了爬模爬架实验平台。1999 年底研制成功的液压爬升模板成套技术在北京六建公司承建的北京林业大学公寓楼工程施工中首次试用考核成功，特别是由于施工工期要求比较紧迫而将结构施工及外檐装饰施工一并考虑，所以在进行爬模爬架设计时考虑了施工的需求，把大模板施工技术、爬模施工技术以及吊篮施工技术即三种施工技术都融入到爬模架技术的设计之中，以取得更加显著的技术经济效益和社会效益。

北京林业大学 2001 年新生宿舍楼（图 2）要求结构施工中液压爬模能够正常施工，而当结构施工到一定高度时插入外墙装饰施工，即爬模架的下架体由于是吊挂式，安装上吊篮相应装置后，爬模架的下层吊架可以在结构施工的同时进行下层的施工。

图 2　林业大学新学生公寓

北京财富中心工程，位于北京市朝阳区东三环中路内侧，与中央电视台隔路相对，是 CBD 核心区。其中一栋为办公楼，楼高 165 米，标准层高 3.7 米，该期工程于 2001 年 9 月开工，2005 年 3 月竣工，获得了北京市结构长城杯金奖和鲁班奖。其中办公楼为内筒外框劲性混凝土结构，施工难度极大。2013 年初，其内筒自标准层起使用了北京建筑技术研究院研发的液压带模爬架，极大地提高了施工速度，有力地保证了施工质量，为保证工期和结构工程质量做出了不可替代的贡献。

北京建工研究院与北京六建公司双方密切配合，共同努力，进行难点攻关，顺利完成了我国自主研发创新的新型附着式升降脚手架和大模板机电一体化成套施工技术，经过第一个工程考核及工程实践，此项技术达到了预期效果并获得了成功，受到各界欢迎与好评。之后相继在首都机场 T2 航站楼塔台（图 3）、国家大剧院（图 4）、城建大厦、财富中心等工程以及其他省市推广应用。

图 3　液压爬升模板在首都机场工程应用

图 4　液压爬升模板在国家大剧院工程应用

　　同期，北京建工研究院与北京建工集团总公司共同对不带模板的液压爬升脚手架即液压爬架在清华同方工程上进行了顺利考核，并取得了良好效果。北京清华同方科技广场 AB 两座综合楼工程，地下 3 层，地上 26 层，高 99.7m，标准层高 3.6m，框架剪力墙结构，核心筒四周柱网尺寸为 33.0m×38.2m，向外悬挑 4.45～4.6m，悬挑梁高 0.7m、厚 0.3m，四角凹入 2～3m。根据工程结构平面尺寸和外形特点，每栋楼设置了 26 组共计 60 个附着机位，爬架最大跨度为 4.8m，架体长 7.2m。根据施工进度，每栋楼配备了 4 个液压油缸和 4 组小型液压泵站进行周转使用。之后，相继在北京尚都国际中心、北京电视台等工程以及其他省市推广应用，均取得良好效果。

　　由北京建工研究院于 20 世纪 90 年代末期研究开发成功的新型液压爬升模板和液压爬升脚手架，经与北京建工集团、北京城建集团以及中国新兴公司、中建等其他单位共同合作，在许多超高建筑工程中推广应用，使我国的爬模和爬架技术上了一个新台阶。

三、心得体会

如今，我国模架事业的快速发展经历了近 40 个年头。回望过去 40 年，不禁感慨万千，很多影像至今都在我脑中不断重演。在写本篇模架记忆中，我翻阅了一些印象深刻的笔记，摘录一些难忘的记录，与大家一起分享。

博观约取，厚积薄发。既要广泛地学习，又要努力搞好本职工作。我 1964 年大学毕业被分配到祖国的首都参加社会主义建设，在北京建工研究院一干就是几十年，先是参加建工局大学生劳动实习队到建筑工地实习半年，又到农村实习半年，每一个阶段都感觉收获很大。之后的工作业务范围广、变化多，有建筑经济、建筑材料，混凝土搅拌站后台上料装置以及预应力张拉用的超高压油泵和混凝土制品工艺设备及模板脚手架等等。在这些工作中，能够服从工作分配和调动，能够注意互相团结、密切配合，能够搞什么爱什么，钻什么就决心干好什么，不懂就问，不懂就学，拜行家为师，拜工人为师，虚心向同志学，实践了自己的一个信条：干一行爱一行学一行，在干中学，要学习、学习、再学习。

勤于实践。科研课题源自实际，要扎根实践中学习和创新。刚参加工作时各级领导都告诉我们要深入施工现场，要善于发现问题、提出问题、研究问题，即研究课题源自施工实际，特别是对于专门从事施工技术研究单位的年轻人尤为重要。"聪明在于学习，天才由于积累"，我从事的研究课题多是来自在施工现场通过仔细观察和与工人师傅的面谈而提出来的，比如，新型门式脚手架研究课题的提出，就是因为在配合设计单位对单向塑料模壳试验研究过程中，看到工人在拆除 0.6m 宽的塑料模壳时不仅难度大、效率低且损坏现象严重。分析其原因主要是在 1.2m 宽的门式架立杆上面铺设双层水平支承系统造成的，如果能够在 1.2m 宽的门式架立杆上面铺设单层水平支承系统就可迎刃而解，但已有的 1.2m 宽的门式架经过力学性能试验难以做到，由此提出了对门式脚手架的研究课题，结果研究出了 1.2m 宽的门式架上面能够设置多个支承点满足不同宽度塑料模壳使用的新型门式脚手架成套技术。

敢于设想，科学求证。要重视科研项目的科学试验，我从事的十余项研究课题，大都制订了项目试验大纲，详细说明试验内容、试验目的和具体的试验方法，既包括在实验室内对其项目进行相应的物理力学性能试验，又要结合实际情况对其科研成果在工程考核与工程实践中进行相应的性能测试等工作，以期取得符合施工实际要求和经济适用的科研成果。

比如，对塑料模壳研究课题的试验，首先在实验室内模拟施工实际情况，采取一组可以支承三个模壳的荷载试验箱（以中间模壳的测试验数据为准）置于试验台上，模拟施工在模壳静荷载试验箱内按设计荷载值填充砂子，之后在砂子上面铺放整块钢板，再继续按照加载步骤施加铁砖等构件或按照分配梁的加载方法进行自动设计荷载，以测得极限荷载值（图 5）。

在对塑料模壳进行不同温度特别是较高温度时物理力学性能的测试，是在荷载箱内放置特制水袋，按照试验方法及要求，加入热水并采取电加热的方法完成相应测试项目。在对塑料模壳低温性能的测试中，主要是在冬季室外或室内，采用不同重量的铁球在不同高度时自由落体冲击塑料模壳顶面不同部位（纯粹塑料面板的部位和带有塑料筋的部位），以检验其耐低温冲击的性能（图6）。

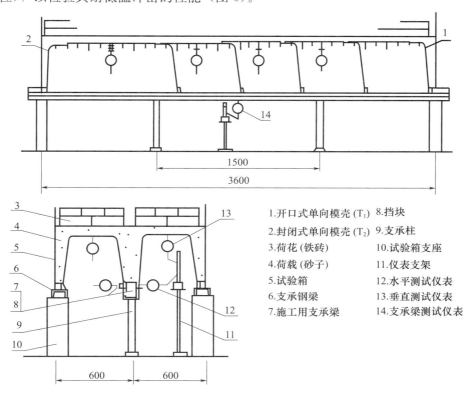

1.开口式单向模壳 (T₁)　　8.挡块

2.封闭式单向模壳 (T₂)　　9.支承柱

3.荷花 (铁砖)　　　　　　　10.试验箱支座

4.荷载 (砂子)　　　　　　　11.仪表支架

5.试验箱　　　　　　　　　12.水平测试仪表

6.支承钢梁　　　　　　　　13.垂直测试仪表

7.施工用支承梁　　　　　　14.支承梁测试仪表

图5　对单向塑料模壳进行力学性能试验的情况（单位：mm）

图6　低温条件下对塑料模壳的冲击试验

四、痴心如初，共同续写模架振兴新篇章

我对模架事业的热爱，工作的执着与热忱始终没有改变。几十年来，我勤勤恳恳、踏踏实实、高高兴兴、自觉自愿地和同志们一起从事着建筑模板与脚手架技术的研究开发及相关工作，与施工单位共同为我国模架事业的进步与发展做了自己的一点贡献。

人生总是在不断地奋斗，不断地迎接新的挑战。学到老，奋斗到老，今后我还要继续努力发挥一点余热，为我国模架技术高水平的发展，与各位同仁一起做出一点新的奉献。

郭正兴：盘扣式钢管脚手架的发展及标准编制历程

东南大学　郭正兴

江苏速捷模架科技有限公司　钱新华　温科

　　2021 年 7 月底正当南京疫情相对比较严重，有幸收到了快递来的中国模板脚手架协会主办的《中国模板脚手架》2021 年第 3 期，并拜读了《我国盘扣式脚手架行业发展概况与展望》一文，令人吃惊地看到了协会统计到 2021 年 1 月底，我国盘扣脚手架市场存量约 1800 万吨，关联企业达 1700 家以上。回想我国盘扣式钢管脚手架的发展历程，作为见证盘扣式钢管脚手架从少量试点工程应用到全国面广量大推广应用的建设科技工作者，不禁让人感慨规范标准引领新型脚手架科技进步的重要性。

一、盘扣式钢管脚手架行业标准编制的历程

　　2005 年，在无锡市建设局领导的引荐下，无锡市锡山三建实业有限公司与东南大学土木工程学院郭正兴教授科研团队在考察了无锡生产基地的盘扣架生产线及产品后（图 1），达成正式产学研合作意向，针对锡山三建公司生产的盘扣式钢管脚手架产品进行试验研究并编制企业标准，再编制江苏省工程建设标准。

图 1　考察无锡生产基地的盘扣架生产线

　　2006 年 6 月，受江苏省工程建设标准站委托，由无锡市锡山三建实业有限公司、南通新华建筑集团有限公司和东南大学土木工程施工研究所，开始编写江苏省地方标准《建筑施工承插型盘扣式支架安全技术规程》，东南大学对盘扣钢管支架的节点构件及整架的力学性能等进行了系列试验研究，试验项目共 34 项。

　　2007—2008 年，无锡市锡山三建实业有限公司会同东南大学和南通新华建筑集团有限公司开始编制江苏工程建设标准《建筑施工承插型盘扣式钢管支架安全技术规程》，并于 2008 年 1 月形成了征求意见稿。江苏省建设厅于 2008 年 5 月 23 日邀请国内有关专家，在南京组织召开了《建筑施工承插型盘扣式钢管支架安全技术规程》（以下简称

《规程》审查会（图2），在进一步完善的基础上 2008 年 9 月形成报批稿。2008 年 10 月 9 日江苏省建设厅批准发布江苏省工程建设标准《建筑施工承插型盘扣式钢管支架安全技术规程》（DGJ32/TJ 69—2008）。

图 2   《规程》审查会

2008 年，《规程》编写组组织申报住房城乡建设部的 2008 年工程建设标准规范制订。2008 年 6 月 4 日住房城乡建设部印发《2008 年工程建设标准规范制定、修订计划（第一批）》（建标〔2008〕102 号），《建筑施工承插型盘扣架安全技术规程》被列为该计划的工程建设的行业标准制订项目。主编单位为南通市新华建筑安装工程有限公司和无锡市锡山三建实业有限公司，计划起止时间为 2008 年 6 月至 2009 年 2 月。2008 年 8 月 1 日在南通组织召开了编制组成立暨第一次工作会议，2008 年 11 月 25 日在无锡组织召开了编制组第二次工作会议（图3）。

图 3   编制组第二次工作会议

2009 年 3 月，行业标准《建筑施工承插型盘扣式钢管支架安全技术规程》编写组在江苏工程建设标准的基础上，形成了初步的征求意见稿，在征求意见稿编写过程中重点开展了针对专家提出的水平杆销接在立杆连接盘上的插销抗拔脱的意见和要求，无锡市锡山三建实业有限公司与无锡速捷脚手架工程有限公司对带自锁功能和弯钩插销进行了四次改进和试制，并在东南大学结构试验室做了相应试验。试验结果表明，经过四次改进后的插销，完全能满足工程应用安全以及专家要求；针对专家对焊接于立杆上连接盘的环焊焊缝影响程度做试验的要求，进行了焊缝剖面热影响区的晶相显微试验（图4），得出了薄壁钢管未焊穿和焊接工艺合理的结论。2009年9月在征求意见稿的基础上，形成修改的正式征求意见稿。

检 测 结 果

No.08D7214 (MMA)　　　　　　　　　　　　　　　　　　　　共2页，第2页

序号	检测项目	单位	检验部位	检测结果
1	抗拉强度 R_m	MPa	钢管母材	575，570
			盘扣焊接接头	695，615
2	焊缝宏观酸蚀试验	——	焊缝	①盘扣与钢管根部未焊透②焊缝及热影响区未发现裂纹，未熔合等缺陷。如图1，图2。

图1　焊缝宏观①　　　　图2　焊缝宏观②

图4　晶相显微试验

2010年1月26日，建设部建筑安全标准技术归口单位在北京主持召开了《建筑施工承插型盘扣式钢管支架安全技术规程》审查会。审查委员会专家组由9人组成，中国建筑学会模架专业委员会教授级高级工程师赵玉章、同济大学教授应惠清担任审查委员会正、副主任委员。2010年4月《规程》主编单位及编制组主要成员召开工作会议，采纳了专家们提出的意见和建议，对《规程》报批稿初稿进一步补充完善，最终形成《规程》报批稿，并于2010年6月正式报批。2010年11月17日中华人民共和国住房和城乡建设部发布公告，批准《建筑施工承插型盘扣式钢管支架安全技术工程》为行业标准，编号为JGJ 231—2010。经过近5年多努力，为盘扣式钢管脚手架的工程应用打开了绿色通道，使其成为继扣件式钢管脚手架、门式钢管脚手架和碗扣式钢管脚手架之后，又一类主流新型钢管脚手架。

2013年12月3日，根据《住房和城乡建设部关于印发2014年归口工业产品行业标准制订修订计划》（建标〔2013〕170号），《承插型盘扣式钢管支架构件》列为该计划归口工业产品行业标准的修订项目。主编单位为无锡速捷脚手架工程有限公司（现公司名称变更为江苏速捷模架科技有限公司）、东南大学和无锡市锡山三建实业有限公司，计划起止时间为2014年3月至2015年3月。在编制时，为与国际标准充分接轨，特邀请了具有国际产品销售和工程应用经验的云南大力神金属构件有限公司、天津恒工模架工程有限公司、北京盛明建达工程技术有限公司等单位参与编写。在制订编写大纲后，

为精准提出工业行业标准中关键的构件强度指标值，安排进行了构件节点性能、杆件性能和结构性能的系列试验研究，并增加了参编单位提供的不同产品的对比试验研究（图5）。在此基础上，2014年8月在无锡召开了工标的征求意见初稿和定稿讨论会，2014年12月形成了建筑工业行业标准《承插型盘扣式钢管支架构件》的征求意见稿。

图 5 不同产品的对比实验

2015年6月23日，在云南昆明召开了建筑工业行业标准《承插型盘扣式钢管支架构件》的送审稿专家审查会，2015年12月形成报批稿，2016年2月正式报批，2016年11月15日中华人民共和国建筑工业行业标准《承插型盘扣式钢管支架构件》JG/T 503—2016正式批准发布，由此，盘扣式钢管脚手架的构件生产和进入工地应用有了相应的产品检验标准。

2016年4月，行业标准《建筑施工承插型盘扣式钢管支架安全技术规程》JGJ 231—2010的编写组在积累标准推广应用满5年后，根据住房城乡建设部《关于印发2016年工程建设标准规范制订、修订计划的通知》（建标〔2015〕274号）的要求，正式启动了规程的修订工作。重点结合颁布的建筑工业行业标准《承插型盘扣式钢管支架构件》JG/T 503—2016的基础上，修订的主要内容有：明确承插型盘扣式钢管脚手架根据用途分为支撑架和作业架；修改了分项系数；增加了结构重要性系数及承载力设计值调整系数；修改了支撑架立杆的长度计算公式；修订了支撑架的斜杆布置构造要求等。2016年6月编制组在充分讨论后，形成了修订编制的工作大纲，并做了相应的整架承载力试验研究（图6）。

图 6 整架承载力试验研究

2018 年 6 月，在编写组多次修编讨论会后，形成了修订的《建筑施工承插型盘扣式钢管脚手架安全技术标准》的征求意见稿。2021 年 6 月 30 日住房城乡建设部批准了《建筑施工承插型盘扣式钢管脚手架安全技术标准》为行业标准，编号为 JGJ/T 231—2021。

从 2005 年起至 2021 年 6 月，围绕盘扣式钢管脚手架相关标准的制订及不断完善，经历了十五个年头，其中也倾注了主持和参与编写单位及工程技术人员的大量心血，其脚手架试验研究工作量大，持续时间长，真正体现了产学研的合作，为模板脚手架的施工安全提供了强有力的技术支撑。

二、标准的关键技术亮点

1. 坚持与国际标准材质和耐久性要求接轨

在编制标准的初期，有不少专家曾建议盘扣式钢管脚手架的主立杆材料采用 Q235 钢，如同已颁布的门式钢管脚手架和碗扣式钢管脚手架主立杆一样。编制组对比了国际市场上向国内外贸出口生产商订货的盘扣式钢管脚手架的主立杆均为 Q355 钢，并结合相关国际标准的规定，坚持采用了 Q355 钢的材料。今天看到大量工程应用的支撑架钢管材料，盘扣式钢管脚手架主立杆采用 Q355 低合金钢管的承载力高，成为独树一帜的架体形式。

对于盘扣式钢管脚手架的外表面涂装，国外特别是日本和德国均以热镀锌处理为主，其主要原因为工地的使用环境条件恶劣，钢管内外进行热镀锌处理能保证架体及配件的耐久性，使用寿命可长达 15 年以上。在讨论编制标准中，也有技术人员认为可以允许钢管外涂防锈漆等档次低一些的涂装要求，后考虑到充分与外贸出口要求的一致性，还是规定了热镀锌的质量要求。因为这一坚持，今天的工地应用银白色的盘扣式钢管支撑架成了绿色施工的一道亮丽的风景线。

对于可调底托和顶托的螺杆直径，标准要求直径为 48mm 的标准立杆应配置直径为 38mm 的丝杆，也有单位在参与标准审查时曾提出是否降低丝杆直径要求为不小于 34mm，对此编制组讨论后认为应坚持共同商定的杆径标准。因为，外商订购盘扣式钢管脚手架时均提出该质量要求，今天去对比建筑工程工地扣件钢管架立杆配置的市场上供应的 U 托，其丝杆直径小至 28～30mm，与盘扣架应用工程工地的立杆插入的可调托撑形成鲜明的丝杆直径粗细对比（图 7）。

图 7　丝杆直径粗细对比

2. 科学测定盘扣式钢管脚手架的节点抗扭刚度

在借助计算机有限元对钢管脚手架进行计算分析中，必须知道立杆与水平杆扣接的"半刚半铰"节点的抗扭刚度。为此，东南大学研究团队布置硕士研究生和博士研究生共同开展了试验研究，试验的方法有常规的立杆与水平杆扣接的节点单元部件加载测扭转刚度试验，也有规模较大的利用整架侧边加水平荷载测各节点位移值的抗扭刚度反分析试验，试验研究后提出其抗扭转刚度可取 $8.6 \times 10^7 \text{N} \cdot \text{mm/rad}$。

3. 延续简化计算复核立杆承载力的特色

对于一种钢管脚手架作为浇筑混凝土的支撑架，其立杆承载力的计算复核是编制施工专项的重要内容。当年在编制扣件式钢管脚手架安全技术规程时，其立杆承载力计算公式是参考英国标准的立杆局部稳定计算公式表达方法，在立杆的计算长度上结合整架整体稳定承载力试验进行修正处理。盘扣式钢管脚手架的立杆承载力计算公式也是参考扣件式钢管脚手架的立杆承载力简化计算方法特色，参考德国 Layher 盘扣架的技术手册，还根据编制组的整架承载力试验值考虑必要的安全储备后给出了立杆承载力计算公式。

4. 区分不同工程应用工况下的斜杆设置

盘扣式钢管脚手架的突出优点是立杆上的连接盘有 8 个孔，能实现 8 个方向的杆件连接。在编制 2010 版盘扣架的标准时，结合工程作为模板支架应用初期的实际情况，在构造要求中允许竖向斜杆采用扣件钢管剪刀撑的形式，后在工程应用量扩大后发现了对于扣件钢管剪刀撑的设置认识不一致，导致施工现场设置不规范，出现了形形色色的搭设方法。因此，对比国际上标准的斜杆搭设方法，在修订盘扣式钢管脚手架标准时，编制组一致认为应规定盘扣式脚手架的斜杆必须采用工具式标准斜杆，保留水平剪刀撑依然采用扣件钢管剪刀撑，这更有利于盘扣支架的整体稳定性。但在竖向斜杆设置上，根据支架立杆承受的载荷及搭设高度等关键技术参数，允许间隔设置，荷载大和高度高的 I 类风险高支模架斜杆应满设。

三、保证盘扣式钢管脚手架可持续良性发展和应用的建议

在《中国模板脚手架》2021 年第 3 期中，糜加平先生写的《插销式钢管脚手架在风波中不断发展》一文中提到盘扣式脚手架发展最快，应用最多。某地区大批微小企业也生产盘扣式脚手架，有人担忧盘扣式钢管脚手架是否会重走碗扣式脚手架每况愈下之道路，三年内会崩盘。笔者认为这种担忧不是空穴来风的，巨大的应用市场导致微小企业飞蛾扑火般地不顾产品质量而低价倾销。因此，狠抓盘扣式脚手架的源头生产商对保证其质量是很有必要的，应实施可溯源的品牌战略，严格执行建筑行业标准《承插型盘扣式钢管支架构件》（JG/T 503—2016）中第 8.8.1 条规定的"产品主要构件上应刻有制造厂商的标识"。

向苏州市住建局学习。该局于 2020 年 7 月 13 日发出通知，要求从 9 月 1 日起，政府投资的工程项目必须使用承插型盘扣式钢管支架，2021 年元旦起，所有新开工的房屋建筑及市政基础设施工程应使用承插型盘扣式钢管支架。2020 年 11 月 18 日该局又发出了《关于明确承插型盘扣式脚手架和模板支架计价问题的通知》，解决了采用盘扣

式脚手架的合理计价问题。2021年2月1日，苏州市住建局又发出《关于建立盘扣式钢管支架构件进场检测监管制度的通知》，为保障现场施工过程盘扣式钢管支架安全可靠，建立盘扣式钢管支架构件进场检测监管制度，在盘扣构件的进场检测、已进场盘扣构件的现场抽检、盘扣构件的现场监管、盘扣构件检查处理等四个方面提出了明确的要求。特别是提出对使用不符合质量要求的盘扣式钢管支架构件，坚决责令退场；对质量不合格的盘扣构件生产企业或租赁企业应予以通报，并依法依规对擅自使用的施工单位进行处罚，作为不良行为记入企业信用档案。同时，施工单位不得再次使用该租赁企业提供的盘扣构件。政府出台系列管理政策是保证盘扣式钢管脚手架的质量和规范市场应用的尚方宝剑。多个省市建设管理部门结合本地的高支模施工现状，提出了推广使用盘扣式钢管脚手架的规定，也希望能制订出防止"劣币驱逐良币"的相应管理政策，避免重走扣件式钢管脚手架的质量一路下滑到不可控之路。

结合盘扣式钢管脚手架大面积应用和产品买卖市场中出现的新问题，不断跟进行业标准及时修订，及时查漏补缺。鼓励采用产品的先进生产工艺和优质配件，进一步加强盘扣式钢管脚手架应用技术的研究，充分发挥盘扣架立杆承载力高的优势，达到高效经济施工的目的。

忻国强：参加协会三十三年的回顾

回忆是人生历史的留痕，是人生经历的总结。我自 1966 年到新疆工作，到 2008 年退休，在新疆整整工作了 42 年。新疆是个好地方，天山南北好风光……回顾 40 年来，新疆面貌发生了翻天覆地的变化，新疆的基础设施建设取得了巨大的成就，作为一个建筑模架人，我对新疆城乡建造技术的发展有着最直接的体会，对模架行业设计、建造、施工技术的变迁有贴身的感知，我对模架行业的发展有着深厚的感情，也对中国模板脚手架协会的发展有着深刻的记忆。

图 1　忻国强

一、承担新疆首家组合钢模板的研制与生产

20 世纪八十年代初，改革的春风吹遍神州，新疆迎来了历史上第一次城市建设高潮。巨大的城市建设需求，给当地的大型建筑单位带来了繁重的建设任务。传统的木模支模建造工艺客观上已难以满足建设需要，新疆建工局决定研制组合钢模板，这项任务交给了工业设备安装公司和新疆一建。

1980 年至 1984 年，新疆一建启动了组合钢模板课题研发组考察，研发组先后赴武汉、青岛等地实地考察，最后抵达上海。上海市当时的工业设备安装公司刚刚研制成功一台钢模板轧棱机，效果非常好。我们组第一次看到该设备时非常兴奋，征得对方同意后，连夜测绘样机，仔细研究相关参数。回到新疆以后，我作为课题组主要成员，负责了组合钢模板主要生产设备与工模夹具的设计与研制工作，经过团队几个月的共同努力，课题组先后研制成功了钢模板一次成型轧棱机、分段冲孔机、切头机、焊接组装台及工模夹具。同时，在新疆首次研制成功了四种型号 16 种不同规格的组合钢模板，这在当时新疆建筑圈引起了广泛的轰动。随即，新疆建工局指定一建为首家钢模板定点生产单位。同年，上海工业设备安装公司也被引荐为第二家钢模板定点生产单位。在当时，这两家模板生产单位研制的双滚、三滚钢模板压棱机；4～8孔冲孔机；10孔20鼓全液压双缸卧式一次冲孔机；10滚连轧机等设备，体系完整，生产效率高，是全国模板先进的流水作业线。定型钢模板生产工艺及机具改革项目也先后获新疆建工局"重大科学研究成果奖"和自治区"优秀科技成果奖"。

在良好的市场和经济效益下，新疆一建决定成立钢模板生产车间。由于在钢模板研发和生产中的突出表现，我被任命为第一任车间主任。1983年，受单位委派，我参加了由国家计委施工总局和基建物资局在邯郸召开的全国组合钢模板技术与管理工作会。会上，冶金部建筑研究总院介绍了《组合钢模板技术规范》和《钢模板制作质量检查及评定办法》的制订依据和技术要求，二十冶和铁道部专业设计院介绍了钢模板制作工艺、质量管理等应用情况，我也在会上将新疆的组合钢模板情况与各位专家进行了交流。自此，我与建筑模架就结上了割舍不断的情缘。

二、协会是促进新疆和江、浙、沪地区模架技术进步的桥梁与纽带

1984年，中国模板工程协会在北京成立，这是中国模架行业的大事。新疆建工局领导高瞻远瞩，敏锐地察觉到模板行业发展战略机遇期的到来。新疆一建在协会成立同年，就向协会提交了入会申请，很快新疆一建被协会正式批准为团体会员单位和个人会员代表，是新疆第一家申请入会的单位。到1987年，新疆一建在模板行业的工作得到业内广泛肯定，在太原召开的第二届协会代表大会上，被批准为理事单位和个人理事。协会理事长刘鹤年、秘书长廉加平等协会领导特别关心新疆的建设与发展，专门到新疆会员代表住处看望大家，详细了解新疆钢模板生产与推广应用情况，使新疆代表深受鼓舞。协会根据新疆的实际建设情况，精心组织并吸纳新疆会员单位对国家标准《组合钢模板技术规范》（GBJ 214—1989）提出的书面修订建议。在行标《钢框胶合板模板》征求意见稿中，也对新疆代表的修订建议高度重视。

1990年，在冶金部建筑研究总院，中国模板协会（原中国模板工程协会），新疆计委、建设厅和建筑工程总公司的大力支持与委托下，新疆一建与冶金部建筑研究总院签订了联合开发钢框麻屑板模板协议，并承担模板研制工作。经过两年的工程试用，证明该课题研制的钢框覆面模板设计结构合理、幅面大、重量轻、保温效果好，支、拆模方便，在工程中有着良好的应用和推广价值。新疆自治区政府鉴定部门对本项研发成果给予了高度评价，建议加大力度推广应用。

受国家技术监督局钢模板检测中心委托，以陶茂华为组长的专家组对新疆几个主要模板生产厂进行了产品抽检。经严格检测，被抽检的4个模板厂中，新疆一建和工业设备安装公司生产的组合钢模板各项技术指标都高标准地符合国标要求，产品过硬，质量优良。新疆建筑工程总公司从行业发展的角度出发，盛情邀请协会赴新疆指导工作。中国模板协会组织了建设部施工管理司、国内贸易部等领导首次到新疆考察与指导。协会副理事长严希直、康山，秘书长廉加平等领导对新疆模架的研制开发和推广应用等方面所取得的成绩给予了充分肯定。为推进新疆和全国兄弟省份的模架技术交流，进一步加

强新型模板脚手架技术的推广与应用力度，协会组织无锡力嘉模板公司、河北黄骅市津南建筑设备制造厂、浙江德清莫干山竹胶板厂、上海康德工程技术研究所等单位在新疆设立了办事处或总代理处，这些兄弟企业的引入使新疆的模架技术得到了进一步的发展。

20世纪90年代中期，中国模板协会根据新疆的实际情况，组织召开模板协调会议工作。在协会的支持下，新疆主要模架生产厂自愿组织起来，深入交流、沟通、协调与合作，每隔1～2个月，轮流召开一次厂家协调会，随时通报各单位原材料的采购渠道、材料进价、生产销售量、销售价格、原材料库存、生产成本、利润等基本情况调查数据，并留档记录。从1994—2003年十年左右的时间里，新疆地区连续召开了41次厂家协调会。模板协调会议的顺利召开，有效稳定和规范了新疆模架销售市场，生产企业以质量为优先前提，主动协调产品销售价，抑制不正当竞争，维护行业公平竞争秩序和企业自身利益。

新疆地区建筑模架协调会议，走出了一条中国建筑领域行业特色的组织沟通协商道路。在祖国的西北部地区，模架行业能够连续10年不间断地在生产销售、经营管理、施工技术等领域互相交流切磋，在质量上互相监督，在用户反馈中互助提醒，这种统一协调、融洽交流的合作模式是罕见和珍贵的，得到了来自各地兄弟企业的真心赞赏。

1995年，建筑业10项新技术的推广与应用工作有序开展，建设部新型模板脚手架推广服务中心成立。中国模板协会作为模架篇的主编单位，在北京召开了全国新型模板脚手架推广应用经验交流会，在协会推选的全国21家首批成员单位中，将新疆一建列为成员单位，我也被协会推荐为领导小组成员。回新疆后，我把学习到的全国同行业模架技术新进展进行了汇报。受新疆维吾尔自治区计委工程建设地方标准编制组和建总司科技委委托，我负责起草、编写了新疆地方行业标准《建筑安装工程施工技术操作规程——模板工程》。新疆建设厅科技成果推广中心对模架新技术的发展十分重视，先后组织召开了北新新型模板脚手架应用座谈会和湖南洪江"雄溪"竹胶模板推广应用座谈会，近距离吸收全国同行业的先进技术成果。在协会的支持下，我与新疆兄弟企业先后受邀到湖南华厦、北京奥宇、康港模板公司，湖南洪江、浙江莫干山竹胶板厂，郑州六冶模板公司，北京星河、盛明达脚手架公司，河北涿州三博模板公司，无锡速捷、锦正、晨源、正大生、中润脚手架公司，苏州长城模板厂，大连旅顺模板修复机厂、光明设备厂，石家庄太行模板公司，浙江省建筑材料设备公司，浙江可信、雁杰、七超竹胶板公司，浙江中伟、通达模板公司，宁波建工设备租赁公司、上海捷超脚手架公司，江苏双良、新疆玉悦塑模公司、河南巩义模板公司等企业学习考察，受到了会员单位的热情接待，在此向这些单位的老朋友表示衷心感谢。

上世纪末，计算机引领的第三代浪潮到来。新疆一建在计算机管理方面走在了前列，为提高模板脚手架租赁管理水平，一建计算机中心在新疆首次对建筑机具的微机化管理进行了可行性研究，成功开发了建筑周转材料租赁管理系统软件。该软件的开发成功不仅满足了租赁管理工作的需要，也提高了租赁单位适应市场的应变能力和工作效率。为此，新疆建设厅和建工集团专门组织召开了该系统软件的现场推广会，对计算机的科学便捷化管理模式进行观摩交流。

2000年，协会组织了全国10多个省（市）、自治区的多位会员代表在新疆召开了全国建筑周转材料租赁微机管理研讨会。同年，为进一步促进施工单位、模架生产厂和租赁单位与协会的相互联系，经协会第 32 次常务理事会批准，中国模板协会正式筹建新疆办事处，由我担任办事处主任。后经新疆民政厅批复，国家经贸委行业办公室审查，最终经民政部审核并批准。2003 年，协会在新疆组织召开了六届二次理事会暨协会新疆办事处成立大会。当时，新疆会员单位最多时达 20 多家，入会数量在全国地区入会总数中排第四位，其中被协会推荐为常务理事 2 人、理事 3 人。进入 20 世纪以来，模架技术的发展更新迭代速度很快。新疆办事处的成立，加速推动和促进了新疆地区企业和内地企业的沟通联谊，保障了新疆地区模架施工技术与内地的同步发展。新疆建工集团领导多次带领部分建筑施工单位及模架生产厂分别到北京康港模板公司、涿州市三博桥梁模板公司、苏州市长城钢模板厂、上海建工集团技术中心、浙江德清莫干山竹胶合板厂等单位学习考察，使全国的最新模架技术在新疆落地生根。

2016 年至 2016 年，协会原副理事长、秘书长糜加平，原秘书长赵雅军，现任秘书长高峰等协会领导多次到南方调研考察，了解模架推广应用、经营管理及企业发展情况。在 2016 年青岛召开的协会第九届四次理事（扩大）会暨 2016 年年会上，和在上海浦东国际博览中心 2016 年 BAUMA 展览会上，分别组织召开了江、浙、沪地区会员单位座谈会，与江、浙、沪会员单位近距离接触、交流。会后，又先后到浙江谊科、可信、森亚、东龙、宝杰、凯雄等单位进行了调研和考察。

三、参与制订、修订国家、行业与协会模架标准

自 1985 年参加协会以来，在协会指导下，我多次参加了国家、行业、协会和地方模架技术规范和施工技术操作规程的制定与修订工作。随着模板施工技术的不断完善，为满足使用需求，在广泛征求江、浙、沪地区钢模板生产企业对国标《组合钢模板技术规范》的修订意见后，2010 年 11 月，2011 年 2 月和 4 月，协会分别在北京和石家庄三次组织主、参编单位召开组合钢模板技术规范修订会。我作为第三起草人，直接参与了规范的修订。

盘销式钢管脚手架是我国近年来，在广泛吸收国外同类产品的基础上自行研发的一种新型钢管脚手架。2007 年 5 月，协会原秘书长糜加平专程到无锡组织召开了插销式钢管脚手架安全性座谈会。2008 年 3 月，协会在北京成立了《插接式钢管脚手架》和《圆盘式钢管脚手架》行业标准编制组，随后在完成标准初稿的基础上，协会先后组织专家委员会，主、参编单位在北京、无锡连续召开了 5 次修订会、初审会、审定会、报批会，先后经过 21 次修改，历经 5 年的时间终于在 2013 年 5 月正式出版发行。我作为第二起草人，直接参与了标准的编制与修改。2008 年 10 月到 2013 年 12 月，我还先后给国标《组合钢模板技术规范》管理组，行标《钢框胶合板模板》《液压爬升模板施工技术规范》《钢框胶合板模板技术规范》《钢框胶合板模板》《塑料模板》《建筑塑料复合模板技术规程》编制修订组提出了 8 次书面修改建议。

四、组织会员单位进行工程技术专业资格的评审

2005 年 12 月，经协会工程技术专业评审委员会研究，同意在江、浙、沪地区筹备

成立工程技术专业评审小组，我担任地区评审小组组长。评审小组具体负责指导和监督江、浙、沪地区各单位的初级工程技术职称评审工作，组织该地区会员单位的中、高级工程技术职称初审和材料整理工作。为做好评审工作，我先后制订了协会江、浙、沪地区工程技术专业评审量化考核参考表（包括 5 个答辩考核内容，6 个基本要求和 5 个基本条件）。量化考核均采用百分制进行打分，最后由评委进行无记名投票。协会工程技术系列中级专业技术职务任职资格评审委员会副主任委员糜加平和李玉芬专程到上海参加了江、浙、沪地区第一次职称评审工作。协会领导全程跟踪并参与了评审，对评审小组的组织工作、申报人员的综合评价、资料申报、量化考核评分、无记名投票过程给予了充分的肯定和高度评价。

2006 年 8 月到 2009 年 7 月，我先后四次组织江、浙、沪地区的初级评审和中、高级初审并做好材料整理工作，又四次去北京参加了协会的职称评审会。经地区和协会评审，江、浙、沪共有 15 家企业的 75 人取得了相应的技术职称，其中 3 人被评定为副高级工程师，32 人评定为工程师，40 人评定为助理工程师。专业技术职称的评审，大大提高了地区会员单位专业技术人员学习文化理论和专业知识的积极性，同时也进一步提高了这些会员单位专业技术水平。

五、组织会员单位进行企业资质的申报与评审

2003 年 2 月，我受协会委托，在对部分模板脚手架企业进行充分调研的基础上，起草了《建筑模板脚手架企业资质管理办法（调研初稿）》《建筑模板脚手架企业资质等级标准》《资质申请表（样本）》及《建筑模板脚手架企业资质申请表》填写说明等。2007 年 1 月，先后组织江、浙、沪地区的部分模架生产企业对协会下发的《建筑模板脚手架企业资质管理规定》和《建筑模板脚手架企业综合（专项）资质等级标准》修改意见稿进行了专题讨论，并提出了修改建议。同年，协会在北京组织有关专家进行了讨论、修改，并通过了该管理办法和等级标准。2008 年 2 月，我受协会委托，起草了《竹胶合板模板企业资质等级标准（征求意见稿）》并向协会竹胶板专业委员会广泛征求意见，为协会最后讨论和审定竹胶合板模板企业资质等级标准提供了基础样本。同时，我先后担任协会模板、脚手架企业资质等级评定工作委员会副主任和评定专家组成员。先后三次向协会提供了《建筑模板脚手架企业资质等级标准对照表》和《企业资质管理办法》《企业资质等级标准》《等级标准申请表》《等级标准考评表》的修改建议和评审建议。协会连续 10 年先后对 68 家模架企业进行了 105 次资质等级评审（包括升级或复审）。我也在 8 年间参加了 17 家模架企业（内地 5 家；江、浙、沪 12 家）共 23 次资质等级评审。评审结果如下：有特级企业 2 家，一级企业 12 家，二级企业 3 家（包括 6 次属升级或复审）。通过企业资质评审，使江、浙、沪地区模架企业的技术装备、人员配置、科学管理、质量保证体系、管理水平和企业信誉得到了进一步提高。企业获得资质等级后，也增加了承接大型、重点建设工程项目的机会，满足了施工方对工程规模和技术难度资质标准等级的要求。

六、向协会年会、专业会和期刊撰写论文与稿件

1985 年 2 月加入协会以来，我撰写的论文与稿件先后在全国公开发行的专业刊

物——《化工施工技术》和《施工技术》选登 2 篇；新疆有线电视台、经济电视台选用 1 篇；西部建设报刊登 16 篇；全国模架年会（专业会）上发表、选登的论文、交流材料 22 篇（其中 11 篇颁发了论文证书，7 篇编入论文汇编或专集）；全国模板脚手架核心期刊选登 9 篇；中国模板简讯上选登 22 篇；有关国标、行标、协标、地方标准的制订和修订建议 14 篇；企业资质评审标准的制定和修订建议 18 篇；企业职称评审建议 1 篇；协会工作建议 5 篇；其他模架相关文稿等 18 篇，共计 128 篇近 32.5 万字。

七、参加协会组织的国外模架技术考察

自 2002 年 9 月至 2017 年 10 月，我先后 9 次参加了由协会组织的赴欧洲 12 国及美国、澳大利亚、新西兰、加拿大等 19 个国家的模架技术考察。通过出国考察，学习国外先进的模架新材料、新技术、新工艺，使自己增长了见识，开阔了眼界。在此，特别感谢协会和上海尚辉钢材制品公司、浙江德清莫干山竹胶合板厂、涿州市三博桥梁模板公司、北京康港模板公司、北京星河人施工技术公司、北京盛明达工程技术公司、浙江中伟建筑材料公司、江苏双良复合材料公司、上海捷超脚手架公司、北京奥宇模板公司、浙江可信竹木公司、浙江通达钢模板公司、浙江雁杰建筑模板公司等单位给予我的出国资助。是协会和各会员单位的支持与帮助，促成了我出国考察的愿望，我对协会和各兄弟单位的关心、支持与帮助表示由衷的感谢。

八、协助协会筹建江、浙、沪地区分会

筹建地区分会是江、浙、沪会员单位多年的愿望与期盼。2009 年 5 月，在浙江德清莫干山竹胶合板公司召开的江、浙、沪地区模板脚手架推广应用工作调研会上，地区会员单位都希望通过座谈、交流能更及时地了解行业发展方向、模架技术信息，尤其是希望地区会员单位之间能更广泛地接触、沟通与交流。江、浙、沪会员单位地处长三角地区，现有会员单位 72 家，这些单位基本上都涵盖了模架行业的钢、铝、木、竹、塑、脚手架、施工、设备加工、材料生产、软件开发和模架租赁等方面。会员单位分布相对集中，模架推广应用量大，模架新技术、新工艺、新材料的应用也相对较广。为使同一区域模架企业能更好地做到互相沟通、交流、合作、资源共享，会员单位都期盼能尽早组建一个地区分会。

为使协会不断地得到发展与壮大，协会秘书长高峰非常关心、支持地区分会的筹建工作。2016 年 10 月，在青岛召开的协会第九届四次理事（扩大）会暨 2016 年年会上，高秘书长利用各种场合，广泛征求协会老领导、老专家和地区会员单位的意见，商议组建形式。11 月 23~25 日在上海召开的 2016 年宝马展会上，高秘书长与 10 家江、浙、沪地区会员单位开会，调研会员单位模架生产、经营管理、市场拓展等情况，并征求分会筹建建议。2017 年 3 月高秘书长又与浙江可信竹木、森亚板业、东龙工贸、宝杰环保科技、浙建材料设备公司、上海大熊建筑设备公司、立涛建筑金属结构公司等单位沟通、交流，听取分会筹建意见。6 月 7 日，协会常务副理事长赵雅军、副秘书长马利军在浙江谊科建筑技术发展有限公司召开了江、浙、沪地区分会筹备会，参加会议的 9 家会员单位领导都一致表态支持组建地区分会。谊科公司及很多会员单位都主动提出要直

接参与分会的工作，承担相应的义务。

在筹建分会过程中，考虑到江、浙、沪地区属一个地域、跨省区，并由不同产品、类别的模架生产、租赁和施工等会员单位组成，与现已成立的协会分会在组织机构方面会有所不同，在参照协会分支机构管理规定的同时，协会先后起草了《协会江、浙、沪地区分会管理办法》《协会江、浙、沪地区分会管理办法实施细则（征求意见稿）》《年度工作计划》等。考虑到地区分会的特殊性和延续性，协会正在探索一种新的地区分会组织形式，以便更有利于发挥地区模架企业的沟通、协调、互补与整合。相信在协会直接领导下，在地区广大会员单位的积极支持与参与下，分会的组建将带动地区模架技术和管理上的进一步提升，并为地区模架会员单位提供互相沟通、学习和合作的平台。

三十三年来，通过与协会和各会员单位之间的互相沟通，使新疆和江、浙、沪地区会员单位代表更加了解了国内外新型模架技术的发展，同时也学到了很多模架新技术、新材料、新工艺。尤其是 2014 年 2 月 26 日，我参加了协会行业 30 年回顾与展望老专家座谈会，协会名誉理事长刘鹤年及历届老领导、老专家欢聚一堂，回顾协会组建、发展、壮大的过程，畅谈从事模架行业工作的感受、体会及对我国模板、脚手架发展的期盼与愿景，留下了难忘的回忆。

三十三年来，在协会历届领导和行业老专家、同行朋友的关心帮助下，在协会大家庭中，我时时处处感受到协会给予自己在工作和事业上的影响。从 1986 年 5 月以来，我先后担任了协会第二、三届理事会理事，第四、五届理事会常务理事，第六、七、八、九届理事会常务理事兼副秘书长，建设部全国模板和脚手架推广服务中心领导小组成员，协会第七、八、九届专家委员会委员，协会工程技术专业评审委员会委员，协会模板脚手架企业资质等级评定工作委员会副主任、评定专家组成员，原协会新疆办事处主任。目前在协会第一、二届理事会中，仍留在九届理事会的有名誉理事长刘鹤年、原副理事长兼秘书长糜加平，我也有幸在三人中。参加协会三十三年来，我先后六次被协会评为积极分子、促进模板工程技术进步先进个人、推广应用新型模板脚手架先进个人、协会优秀会员、全国模板脚手架优秀工作者和模架行业贡献奖，这充分体现了协会对新疆和江、浙、沪地区及本人的重视、关心与支持。

我在新疆工作了 42 年，加入协会也已整整 33 年，有近 80％的时间与模架结伴，亲身经历了协会不断发展和壮大的过程。协会自 1984 年 5 月成立后，在 1990 年 6 月又先后成立协会租赁委员会、竹胶合板、脚手架、木胶合板、铝模板、塑料模板、模架施工安全专业委员会，协会专家委员会，北京北城办事处，山东、郑州分会及铝模板产业发展联盟，协会江、浙、沪地区分会也正在筹建中。

回顾本人参加协会三十三年来在新疆和江、浙、沪地区所做的工作，借此文再次感谢协会历届老领导、老专家、老朋友、业内同行以及秘书处辛勤工作的同志长期以来对新疆和江、浙、沪地区模架企业及我本人的关心、支持与帮助，这是自己人生经历中一段难忘的回忆。

刘辰翔：守初心、履使命、敢担当的好厂长

在苏州虎丘山下、山塘河源的白洋湾街道提起刘辰翔这个名字，可谓无人不晓。他曾多次荣获中国模板脚手架行业优秀企业家和贡献奖，省、市优秀党员，市劳动模范，市关心下一代先进个人，十大公仆等荣誉称号。

图 1　刘辰翔厂长

一、办企业尽心尽力

他上任时，该厂账面上欠外债数十万元，而仓库里只有积压的躺椅和小铁床。刘辰翔有决心改变企业现状。他在首次召开的全厂职工大会上坚定地说："我愿与大家同甘共苦向前闯，既然我是厂长就一定以身作则，团结全厂职工苦干实干、攻坚克难，三年内不改变落后面貌就下台。"从而树立了职工对企业的信心。

他千方百计处理库存积压产品的同时，大胆调整产品结构，通过市场调研，抓住机遇、整合技术、筹措资金、增加科技投入，转产建筑行业需求量大的钢模板。

长城钢模 80 年代就加入了中国模板协会，并且第一批参加了协会在邯郸煤机厂举办的钢模板技术培训班，受到了很大启发，协会还派人到厂进行技术指导。当时还和协会联合办了租赁业务，一起参与了协会和兄弟厂家编制的国家标准组合钢模板技术规范。由于我们诚信合作，产品质量上乘、拆装方便，深受用户青睐，企业知名度迅速提高，先后又引进关键设备：铣边机、数控等离子切割机、联合冲剪机、阻力焊机，还有专门为轨道交通生产的特种 H 型钢的埋弧焊机流水线……生产出自调圆弧型平面钢模板以及各类异型模板，扩大了市场需求。

产品先后被北京亚运村，芳庄小区，西单华威大厦，上海地铁隧道，沪宁、苏嘉杭高速公路，杭州湾跨海大桥，江西上饶梨温高速公路（中国公路中南市政总公司 2001年 5 月赠锦旗：支援梨温高速公路，振兴革命老区经济），无锡人民大会堂及轨道交通，苏州人民大会堂，苏州内外环高架、苏州轨道交通 1～5 号线采用……被现在的西电东送白鹤滩入苏通道 500 千伏常熟梅李直流变送工程、国家电网吴江同里换流站、京杭大运河济宁运河大桥、苏州段长浒特大快速桥、寒山桥、鹿山桥、索山桥、晋源桥等重点工程建设项目所采用。

图 2　设计制造的异型钢模板

2019 年 10 月，国防工程模板要求质量严、时间紧、平整精度高、难度大，厂部专门组织党员及技术人员和生产骨干多次召开专题会议（图 3）。大家为国防献计献策，有时讨论到深夜，并与央企中水电公司多次进行技术沟通，到现场进行实地分析和调研，最后现场三方通过专家论证，制作并使用特大钢模的方案被批准。

图 3　专题会议

在制作过程中，厂部一丝不苟、认真负责，用户多次来生产现场检查质量、核对技术、测量尺寸，经检验都符合要求。大钢模运到工地后，厂部专门派人协助现场安装，工程进展顺利，提前圆满完成了工程任务。在确保工程安全的前提下，用多台重型汽吊小心谨慎地把大钢模依次顺利拆下并清理现场，放到仓库整形上油，保证下次工程再可使用，为施工方节约了好几十万费用。项目部特赠了"携手军民融合助力富国强军"的大红锦旗。在用户良好口碑及众多锦旗的光环下，大大提升了企业的社会知名度和经济效益，连续多年被评为全国钢模板行业先进单位以及第九届中国新技术产品博览会金奖、苏州市文明单位，并保持30多年江苏省重合同守信用的企业。

他担任厂长十几年，一心扑在工作上，经常全年无休息，但他无怨无悔，有人对他说，"你这样干值得吗？如果干个体，早就百万富翁了"（当时万元户就不得了）。刘辰翔说，有的人论业务，还是我的学生，因为他干了个体，现在有别墅、有汽车。不过，我不眼热，我是共产党员，不能只想着自己。我办厂十几年，从两间破旧房、两台旧钻床起家，彻底改变了企业贫穷落后的困境，从欠外债数十万元到现在拥有固定资产1000多万元、职工收入成倍增长。因此，我感到我做的一切都很充实、很值得。

二、对职工胜似亲人

他深知工厂面貌的改变和发展靠的是党和政府的政策支持及全厂职工的努力。经济上去了，要让职工也得实惠，因此不管是本地的还是外来打工的，都一样善待。当时有一家亏损企业已确定并入长城钢模板厂，但尚未到位时，有一位工人在工作中不幸手臂被机器轧断，刘辰翔听到后，立即奔赴该厂将伤员送往市一院，但医院手术室忙，医生简单处理了一下伤口后就叫转上海医院，刘辰翔十分焦急，他想伤势这么严重，大量出血，万一送上海医院路上出事怎么办？他马上赶到手术室对医生跪下恳求。医生以为他是伤者的儿子，当得知是厂长后，深受感动，想方设法为这个重伤职工进行了手术，后来又给他安装了假肢。这位老职工拉着他的手激动地说："厂长，是你救了我这条命。"1992年，厂里有个湖北来的外来工，回家过年后一直没返苏，他不放心，就去信问候，得知这个工人因大女儿淹死，异常悲痛，影响了节后上班。他即寄去几百元钱，并亲切抚慰。那位工人收到汇款后回信说："厂长，我一个打工者能得到你的厚爱，非常感谢，我无论如何不会忘记长城厂对我的关照。"他对已退休的老职工、老党员也从不忘记。每逢年节，都亲自上门给他们拜年，送上党和组织的关爱。值得一提的是，在企业转制的"浪潮"下，长城厂没有一个工人下岗，没有职工被辞退，更没有一个职工被买断工龄。

三、献爱心捐资助学

刘辰翔出生于教师家庭，从小受父母教育："做人要正直、要真诚，有能力一定要帮助困难家庭学生，使他们不因贫困而辍学。"因此，20世纪90年代初，他就在企业设立职工教育基金，建立关工委小组，勉励职工子女好好学习、感恩父母、励志成才、报效祖国。并按不同的学业年龄段把奖励标准分成六个档次，涵盖从小学到大学。只要在本厂工作职工的子女考上大学就奖励1000元，另外，对每学期评到三好学生的职工子女也给予一定的奖励。三十多年中，职工子女受助100多人次。他还通过政府部门牵线后结成助学对子。例如，苏州铁道师范学校有个贵州遵义的仡佬族学生就获得刘辰翔各方面的资助，该学生患病时，他安排夫人陪她上医院就诊挂水，就像自己的孩子一样守着她，该学生及家属感激不尽。

任春同学也是一位长期受他资助的学生。任春的父亲是个退伍军人，20世纪90年代，在追捕一名抢劫银行歹徒中不幸牺牲，后被市政府追认为烈士。刘辰翔深为烈士英勇事迹所感动。当了解到烈士身后尚有一个还在幼儿园就读的孩子时，就主动上门结对认亲，并承诺，包揽烈士孩子在学校的所有费用（图4）。

图4　刘辰翔（左一）与烈士子女（右一）

20世纪90年代末，他还在当时的虎丘第二中心小学、长青中学、虎丘实验中学等学校设立了尊师助教基金，对获得市、省、全国的优秀教师，分别给予5000元至10000元的奖励。此外，厂里还适时组织召开职工子女的"三好学生"和家长座谈会，举行奖励仪式等活动，调动了职工积极性，激励了学生勤奋学习的热情。

四、树新风廉洁奉公

他牢记党的宗旨，始终以党员标准严格要求自己。作为一名厂长，他廉洁奉公、勤俭节约，从不搞特殊化。企业效益好了，他出差乘火车仍只坐硬席，住宿只住旅馆不住宾馆，用餐只到面馆不上饭店，出行只坐公交不打的士。1998年的大水淹没了苏州312国道97公里处，为使国道畅通，刘辰翔及时成立抗洪突击队，连续奋战在抗洪一线。因过度疲劳病倒住进医院后，医生得知他是厂长，就安排他住有卫生设备和空调的单人病房，他一问价格很贵，当即要求住普通病房。医生见他体弱，建议打几针丙种球蛋白，他一听要200多元一针，马上婉拒。正是这次抗洪，连续几天浸泡在水里受寒，造成了严重的关节炎。即使是炎热的夏天，膝盖还必须戴着护膝。他守初心履使命敢担当、廉洁奉公的高尚品质被干部、职工传为美谈，成为学习的榜样。

五、再贡献余热生辉

2020年初，新冠疫情后，刘辰翔不畏艰险，大年三十下午，接到当地政府指令后，顾不上吃年夜饭，立即组织厂里全体党、团员和管理人员投入疫情防控一线，当天傍晚就将急用的盘扣脚手架等物资运抵工厂附近的国道口，冒着寒风，克服困难，成功地在国道关键部位和进出多村的道路口搭建了卡口封堵"墙"作为路障，堵住外来车辆的主路、支路，发挥了对病毒外防输入、内防扩散的防护作用。从 2020 年 1 月 30 日至 2 月 10 日共出动 56 人次和 7 车次，搭设使用镀锌盘扣 43.83 吨，为"守住北大门，保护姑苏城"防止扩散疫情起了很大作用。与此同时，他发动、组织党员干部为疫情捐款，并做好复工复产的准备。

2021 年 7 月 29 日，河南郑州新乡发生洪灾，为保证交通安全和运送速度，刘辰翔全程跟坐货车，连续 48 小时来回奔袭 2000 多公里路，及时将姑苏区民族宗教局支援的救灾物资直接送到灾区。当地政府有关领导亲临高速公路出口处迎接，拉着"感谢苏州，河南加油，暴雨无情人有情，中华民族心连心"的大红横幅深表感谢。刘辰翔回苏后，劳累过度引发心梗，再次急诊住院并装了支架。2022 年 2 月初，刘辰翔同志组织厂里志愿者 22 人，动用铲车、汽车并提供盘扣支架帮助社区搭建奥美克绒核酸测试棚，并按社区要求设置检查路障，协助社区医务人员做核酸的后勤工作，全力以赴配合政府遏制疫情反弹。由于天冷下雨，路滑导致志愿者小张的脚扭伤，但她也轻伤不下火线，坚持工作。

刘辰翔同志所在的苏州市长城钢模板厂从中国模板脚手架协会成立初期，就一直是协会的会员单位，多年来一直积极参与协会各项工作和活动，同时为协会江浙沪地区会员单位提供帮助和支持，刘辰翔一直用守初心、履使命、敢担当的实际行动，为党和国家，为协会事业不断作出贡献！

杨秋利：追求卓越，创新求发展

从世界最长跨海大桥——港珠澳大桥首个预制桥墩，到杭州湾跨海大桥 50 米成套预制箱梁，从承担美国轻轨，到世界最豪华的迪拜轻轨预制节段拼装模板系统的制作，近年来，涿州市三博桥梁模板制造有限公司在国内外桥梁模板设计、制造领域业绩卓著、名声显赫。

二十年来，三博通过自主创新和引进，把高、精、尖的产品作为发展的重点，以质量过硬打造了业内知名的"三博模板"的中国驰名品牌，不仅始终保持了中国桥梁模板行业排头兵的地位，而且得到了世界上同行业的认可，产品出口到世界五大洲二十多个国家。

三博公司董事长、总经理杨秋利说："我们的经营理念是'博科技、博质量、博市场'，所以我们的公司叫'三博公司'。我们把'博科技'放在首位，科技是质量的前提，质量是开启市场最好的钥匙。我们的这个'博'，不是拼搏的搏，意思是不能简单地、粗放地、硬性地去拼搏，而是广博的博，就是要有尖端的核心技术、一流的产品质量和广大的市场。"

杨秋利，高级工程师，现为中国模板脚手架协会副理事长、第十届专家委员会专家。杨秋利认为，生产工艺核心的不可复制性、创新性和长期的市场积累，是一个企业在产品档次、产品创新能力和加工能力方面处于行业领跑地位的重要条件。从 1997 年至今，杨秋利和他带领的三博公司凭借"博科技、博质量、博市场"的经营理念，从开始一路追赶，到现在发展成为我国桥梁模板行业中的领跑者。

在当今建筑市场飞速发展的时代中，企业科技创新的能力和水平已经成为兴衰存亡的决定因素，企业之间的竞争已成为创新能力的竞争。因此，创新求变是企业唯一不变的主题。随着国内各大高速铁路、公路、跨海大桥的建设，三博也在大力增加科技投入，不断提升科技创新的软硬件，引进了专业人才，先后研制出一大批高技术含量和高效益的产品。

总经理杨秋利通过多年的实践，锻炼出较强的解决实际问题的能力，他带领同事们不断研发技术含量高的新产品，积极申报多项专利技术。通过不断创新，将科技成果转化为现实生产力，实现了企业经济活动的知识化、高效化和高值化，给企业注入了新的生机和活力，使企业进入良性发展的轨道，从而实现从规模增长型向科技增长型的转变，在科技创优的同时，也让自己的品牌享誉全国乃至世界。

经过多年的积累，三博公司在高速铁路、桥梁、隧道、水利应用方面取得了重大突破，成为涉及铁路、公路桥梁、隧道、水利等工程品种最全的企业，拥有城际高速铁路、高速公路异型钢模板、MSS 造桥机、挂篮、隧道衬砌台车、液压翻模、液压爬模、预制节段拼装模板系统、预制模板系统等丰富的产品体系。

杨秋利注重团队协作与市场开发，取得了一系列重大科技成果与显著的经济效益，陆续主持、组织、完成了多项国家及省部级科研项目，获得"河北省高新技术企业"称号，以及"中小企业创新基金"的支持，特别是在液压爬模、液压内模、轨道板模具、预制模板系统、隧道衬砌台车、挂篮等工艺设计方面精益求精，为国家节约了大量资金，为施工方提高了工作效率，为企业创造了经济价值。

建设部组织各相关部委、协会、院校等数十位专家对1994年《建筑业10项新技术》进行了重新修订，杨秋利同志在行业内所做的杰出贡献，得到了建筑业专家的认可，因此他成为建设部组织的《建筑业10项新技术应用指南》编写人之一。清水混凝土施工技术是《建筑业10项新技术》推广应用技术之一，为了做好清水混凝土模板施工技术的推广应用工作，促进行业进步，由建设部编制的行业标准《清水混凝土应用技术规程》（JGJ 169—2009），邀请杨秋利同志作为参编之一参加了制定。

多年来，杨秋利同志带领三博克服了常人难以想象的困难，为企业的振兴发展做了大量的工作，取得了较大成绩。杨秋利同志一直坚持用"为顾客负责，打造诚信三博"的理念统领营销全局，以诚信、负责的态度塑造品牌形象，取信客户，赢得市场，实现厂商的互惠双赢。付出才有收获，杨秋利同志凭着对事业的执着追求和敬业精神，以他的实际行动在平凡的岗位上，创造了不平凡的业绩，实现了自己的人生价值。

几年前，我在台湾模架市场做过深入调研，琳琅满目的种类不时让我忆起儿时旧事，思绪翻滚着两岸模架的过去、现在与未来。

高峰：难忘模架数十载的现代化蝶变

一、儿时印象

我小的时候，就住在中央新影厂的旁边，算是在大院里度过的童年。那个年代，看电影是孩子们最喜欢的事情之一，也刚好是新闻纪录片的黄金时代。

父亲从事纪录电影工作，经常带着我看好多的风情纪录片，既有大陆，也有台湾，那时的两岸差距让我印象深刻。父亲阅历丰富，学识渊博，言传身教培养了我很深的家国情怀，开阔了我的视野，潜移默化地带给我很深的影响。

那时的北京，处处是胡同和大杂院儿，平房与低层的楼房很多，街道旁边的文化墙上，随处可见宣传画与宣传标语："为早日实现四个现代化贡献力量""发挥工人阶级主力军作用，加速实现四个现代化"等。

那个计划经济的年代，楼房建设其实不多。青砖青瓦修砌的房子很是常见，只有高的楼宇才用木工拼板浇上混凝土，用上很多木支撑、拉条、横木和楞木。师傅们踩在传统的木、竹脚手架上，晃晃悠悠。施工场地偶尔也是我们玩耍的秘密花园，我和小伙伴们捉迷藏，无忧无虑地度过欢乐的童年。

20世纪80年代初大学毕业后，我来到中冶建研院工作。那时，院里大师云集，极富盛誉。在原国家城市建设总局领导去日本考察后，提出了"以钢代木"重要政策，优中选优将"开发组合钢模板"的课题交给总院。我在院里参与组建了国家建筑钢材检测中心，并参与65攻关、"可焊接钢筋"和"45sicr调质钢筋"等多项国家级重点课题，后来到模板总公司从事模架工作，开启了挚爱的模架事业。

二、模架行业的艰辛历程

党的十二大提出了"全面开创社会主义现代化建设的新局面"，也真正揭开了我国模架行业发展的序幕。改革开放后，现代化住宅、公共建筑快速拔地而起，一栋栋高楼如雨后春笋般涌现，造型各异的新建筑不经意间就矗立在街头，模架用量突然爆发式增长。一方面，通用模板如组合钢模板、木模板、竹模板、钢框木竹模板、全钢大模板等不断革新；另一方面，专业模板如桥梁模板、隧道模板、道路模板、水坝模板等新技术快速迸发。脚手架也由传统的扣件式脚手架快速发展为门式、碗扣式、方塔式、轮扣式等多种脚手架并驾齐驱。

图 1　散支散拼的木模板和传统脚手架

　　建筑模板脚手架行业是非常艰辛的，烈日酷暑，风霜雨雪，模架工人不息劳作。由于技术成本所限，那时的木模板散支散拼，两三层就要更换。工地到处是泥浆、铁钉、木板角料、锈迹斑斑的钢管和各种建筑垃圾，那一代人特别不容易。如今，沧海桑田，铝模板等定型模板轻质、精密；镀锌的新型脚手架美观大方，大量代替了传统脚手架；很多高层建筑用上了全钢爬架，节约了很多密密麻麻的脚手架。

图 2　混凝土工程铝合金模板

图 3　镀锌盘扣型脚手架

图 4　新型盘扣、爬架等模架体系

　　20 世纪 90 年代，台湾开放赴大陆探亲。我的堂兄从台湾来京探亲，一家人团聚感慨万千。堂兄在台湾也从事建筑业，我们享受着难得的亲情与温馨的同时，他自然也跟我说起台湾的很多建设发展。从那时起，交流学习的信念便在我心中萌发，我开始组团带队到港、台考察。我也多次带队到欧洲学习交流，观摩借鉴发达国家与地区的先进技术经验。那是锐意进取、敢闯敢试、敢为人先的时代，现代化理念注入了"中国特色社会主义""建设小康社会"等新内涵，解放思想和改革开放的大潮席卷神州，引领着我们实现了史诗般的跨越。

图 5　在欧洲与国际模架企业家交流

三、对标国际、实现跨越

　　21 世纪以来，中国式现代化在更高的维度上继往开来，深入拓展。特别是党的十八大以来，立足新的历史方位，登高望远，洞察时代发展大势；谋篇布局，迈向新征程，跑出加速度，擘画了"创造中国式现代化的新道路"的宏伟蓝图。

中国式现代化，拥有着立足中国、着眼世界的广阔视野；拥有着为人类谋进步，世界谋大同的深厚情怀。中国式现代化蕴含着独特世界观、价值观、历史观、文明观、民主观、生态观及其伟大实践，蕴藏着大国风范的厚积薄发的底气、一往无前的勇气、以和为贵的正气、惠及他国的义气、胸怀天下的豪气，行稳致远，铸就伟业。

因为历史原因，我国模架现代化进程缓慢，与国外发达国家长期存在显著技术差距。中国模架人紧紧抓住新一轮科技革命和产业革命赛道转换的契机，迎难而上，砥砺前行，在多个细分领域，成功跨过"新门槛"，开拓出自主研发的辉煌硕果。

今天，中国建筑业正进入中国式现代化的重要节点，工业化、数字化、智能化技术革命多重叠加交汇。模架现代化是建造现代化的核心，正越来越成为建造科技创新的重要引擎。

建筑模架领域正对标国际实现模仿、跟跑、并跑、超越、引领、自主创新的跨越。

空中造楼机在上海中心、中国尊、上海环球大厦等项目广泛应用；超高层智能施工平台把模板脚手架工程、钢筋工程等各类施工设备集成，打造了令人瞩目的"超高层建造工厂"；港珠澳大桥、白鹤滩水电站、首都新机场、雄安高铁站等大型工程桥梁节段箱梁模板、大承载挂篮、大截面主墩、清水混凝土模板等取得系列开创性成就。

图6 港珠澳大桥钢模板施工技术

40年来，我国模架行业对标国外制定了多项行业标准，筑牢了行业发展的基石，逐步赢得了应有的尊重与话语权，行业前景日益广阔。

行业变革只是国家现代化的一个缩影，只有在中华民族伟大复兴的历史大视野中，才能看清中国式现代化的使命和内涵。

中国式现代化关键在科技现代化。新一轮科技革命正在深入发展前行，正在重塑全球经济结构，这次革命是在信息革命基础上的飞跃，是一场全方位、多层次的重大革命。

四、为两岸统一贡献力量

众人拾柴火焰高，我自觉做好弘扬伟大时代精神的坚定拥护者和践行者。1997年，我荣幸被推选为北京市台联副会长。2018年，更承蒙厚爱被推选为会长并工作至今。

近30年来，正值两岸交流从小到大，由浅入深的时期，特别是"三通"极大地促进了两岸消弭隔阂、交融合作的蓬勃开展，两岸同胞互动日臻热络，感情更加融洽。

两岸交流也不是一帆风顺的，风雨兼程一路走来，在各界同仁的齐心支持下，北京市台联充分发挥"台胞之家"作用，凝心聚力频结硕果。我多方调研，积极吸纳建议，并将自身专业和身份优势融入，集合台联理事会各方资源，创新创办了多个品牌交流活动，做好理事赴台交流和接待岛内团组来京参访等，将祖国日新月异的现代化成就展现给台胞们看，把中央对台优惠政策讲给台胞们听，以实际行动让台胞们感受到热心、爱心、真心，不断增进认同、深化共识，促进两岸同胞心灵契合。

图7　接待台湾参访团

作为政协委员参加全国两会期间，我先后提交了《关于加强海峡两岸行业协会交流交往》《发挥北京全国文化中心优势，促进海峡两岸文化交流融合发展》等提案，作为亲历者、参与者、推动者、奉献者贡献绵薄之力。

图8　全国两会接受采访

　　千秋伟业，金瓯无缺。中国式现代化新征程前景光明，国家好，民族好，两岸同胞才会好。中国式现代化的最终实现，中华民族的伟大复兴，台湾不能缺席。两岸的交流和发展有着广阔的市场机遇和极大的发展空间，两岸的民众携起手来，一定能够共创中华民族绵长福祉，共享民族复兴伟大荣光。